重庆市职业教育教学改革重大项目建设成果
人工智能与大数据专业群人才培养系列教材
重庆市大数据高技能人才培训基地建设教材
重庆市双高校软件技术专业群教材建设成果

大数据技术导论

主 编 汤 东 陈 艳 黄 源
副主编 缪 琦 胡予星 雷雯雪

电子工业出版社
Publishing House of Electronics Industry
北京·**BEIJING**

内 容 简 介

本书深入浅出地讲解大数据技术的基础知识与实际应用。本书共 10 章，分别是大数据介绍、数据采集、大数据架构、大数据存储、数据清洗、大数据分析与挖掘、大数据可视化、大数据安全、数据治理及大数据的应用。

本书可作为本科院校和职业院校的专业课教材，也可作为大数据技术爱好者的参考书。

未经许可，不得以任何方式复制或抄袭本书之部分或全部内容。
版权所有，侵权必究。

图书在版编目（CIP）数据

大数据技术导论 / 汤东，陈艳，黄源主编. -- 北京 ：
电子工业出版社，2025. 7. -- ISBN 978-7-121-50556-0

Ⅰ. TP274

中国国家版本馆 CIP 数据核字第 20256LT758 号

责任编辑：李　静
印　　刷：三河市鑫金马印装有限公司
装　　订：三河市鑫金马印装有限公司
出版发行：电子工业出版社
　　　　　北京市海淀区万寿路 173 信箱　　　邮编：100036
开　　本：787×1092　　1/16　　印张：17.5　　字数：406 千字
版　　次：2025 年 7 月第 1 版
印　　次：2025 年 7 月第 1 次印刷
定　　价：54.80 元

凡所购买电子工业出版社图书有缺损问题，请向购买书店调换。若书店售缺，请与本社发行部联系，联系及邮购电话：（010）88254888，88258888。

质量投诉请发邮件至 zlts@phei.com.cn，盗版侵权举报请发邮件至 dbqq@phei.com.cn。

本书咨询联系方式：（010）88254604，lijing@phei.com.cn。

前　言

新质生产力是指通过科技创新和数据驱动，实现生产效率、产品质量和创新能力显著提升的生产力。大数据是指数据量大、种类多、处理速度快、价值密度低的数据集合。大数据技术包括数据采集、存储、处理、分析和可视化等环节，能够从海量数据中提取有价值的信息。当前，大数据技术与新质生产力之间的关系日益紧密，大数据技术已经成为推动新质生产力发展的重要驱动力。

党的二十大报告指出了深入实施科教兴国战略的重要性。在这个背景下，大数据技术作为新时代的关键技术之一，对于推动科教兴国战略的实施起着至关重要的作用。例如，大数据分析能够为政府制定科教政策提供科学依据，帮助识别教育和科研领域存在的问题，预测发展趋势，为科教兴国战略的有效实施提供有力的数据支持。此外，利用大数据技术，可以更有效地评估人才培养的效果，发现人才成长的规律，为改进教育教学方法、提高人才培养质量提供参考。

随着信息技术的飞速发展，数据已经成为现代社会最为宝贵的资源之一。从互联网、物联网到社交网络，从科学研究到商业运营，数据的产生和积累达到了前所未有的规模。大数据技术应运而生，成为处理和分析海量数据的强大工具。本书旨在全面、系统地介绍大数据技术，帮助读者理解大数据的核心概念、关键技术及其应用。

本书共 10 章，分别是大数据介绍、数据采集、大数据架构、大数据存储、数据清洗、大数据分析与挖掘、大数据可视化、大数据安全、数据治理及大数据的应用。在阅读本书的同时，编者鼓励读者动手实践，尝试使用一些开源工具和技术栈来构建自己的大数据项目，以加深理解和提高技能水平。本书可作为有关院校的专业课教材，也可作为大数据技术爱好者的参考书。

本书由汤东（重庆化工职业学院）、陈艳（重庆公共运输职业学院）和黄源（重庆航天职业技术学院）担任主编，缪琦（武汉文理学院）、胡予星（重庆航天职业技术学院）、雷雯雪（重庆航天职业技术学院）担任副主编。感谢重庆百行智能数据科技研究院专家的指导及电子工业出版社编辑们的帮助。

由于大数据技术是当前网络技术发展的热点之一，加之编者水平有限，书中难免有疏漏和不当之处，望广大读者批评指正。

如果读者需要教学资源或反馈本书问题，请联系邮箱 17751119@qq.com。

编　者

目　录

第1章　大数据介绍

本章学习目标

- 了解大数据的定义。
- 了解大数据的特征及技术框架。
- 掌握不同数据的分类。
- 了解大数据与人工智能的关系。
- 了解大数据在我国的发展现状。

1.1　大数据概述

1.1.1　认识大数据

大数据概述

1. 大数据的定义

大数据（Big Data）是指无法在一定时间范围内用常规软件工具进行捕捉、管理和处理的数据集合，是需要新处理模式才能具有更强的决策力、洞察发现力和流程优化能力的海量、高增长率和多样化的信息资产。

当前，我国正处于数字化转型的过程中，产生了大量的数据。数据不仅指人们在互联网上发布的海量信息，还包括各种设备、建筑、系统、人员、业务、场景等产生的各种结构化与非结构化数据，这些数据随时测量和传递着有关对象的各种状态及其变化，这是一个产生大数据的时代。

相对于传统的数据分析，大数据以采集、整理、存储、挖掘、共享、分析、应用、清洗为核心，正广泛地应用在交通、教育、医疗、军事、金融、通信、农业等各个行业中。

大数据的概念最早是由全球知名咨询公司麦肯锡在2006年提出的。在之后的10年间，大数据从商业新概念发展成了新经济增长和企业战略的关键引擎。麦肯锡认为："大数据的应用，重点不在于堆积数据，而在于利用数据做出更好的、利润更高的决策。"因此，大数据的核心在于对海量数据的分析和利用。

按照麦肯锡的理念来理解，大数据并不是神秘的、不可触摸的，它是一种新兴的产业，从提出概念至今不断在推动着世界经济的转型和进一步的发展。例如，法国政府在 2013 年投入近 1150 万欧元，用于 7 个大数据市场的研发项目，目的是通过发展创新性解决方案，并将其用于实践，来促进法国在大数据领域的发展。法国政府在《数字化路线图》中列出了 5 项将大力支持的战略性高新技术，大数据就是其中的一项。

2. 数据要素

当社会从农业经济、工业经济迈向数字经济时代时，数据已成为基础性资源、重要生产力和关键生产要素，业界形象地将数据称作数字经济时代的"石油"。数据的流动带动技术流、物质流、人才流、资金流，就像石油的燃烧可以产生动力并带来价值。与土地、劳动力、资本等生产要素相比，数据具有可复制、非消耗、边际成本接近于零等新特点，打破了自然资源有限供给对经济增长的制约，对其他生产要素的放大、倍增作用不断凸显。用数据决策、用数据治理、用数据创新日渐成为各国的普遍共识和积极行动。目前，我国数据规模呈现指数级增长，数据颗粒度越来越细，数据生产主体日益多元，数据需求更加旺盛。但数据要素还属于新事物，对其市场化配置规律的认识仍处于探索期，数据的价值潜力尚未得到充分挖掘和释放；并且与世界数字经济强国相比，我国数字经济还面临大而不强、快而不优的问题。推动经济的高质量发展，还需要数据这个关键生产要素发挥更大的作用。

3. 大数据的发展历程

大数据的发展主要历经了三个阶段：出现阶段、热门阶段和应用阶段。

1）出现阶段（1980—2008 年）

1980 年，未来学家阿尔文·托夫勒在《第三次浪潮》一书中将大数据称为"第三次浪潮的华彩乐章"。1997 年，美国宇航局研究员迈克尔·考克斯和大卫·埃尔斯沃斯使用大数据这一术语来描述 20 世纪 90 年代的挑战：模拟飞机周围的气流——是不能被处理和可视化的。数据集之大，超出了主存储器、本地磁盘，甚至远程磁盘的承载能力，因而被称为"大数据问题"。

2006 年，谷歌首先提出了云计算的概念。2007—2008 年，随着社交网络的激增，技术博客和专业人士为大数据概念注入了新的生机。2008 年 9 月，《自然》杂志推出了名为大数据的封面专栏。同年，大数据概念得到了美国政府的重视，计算社区联盟发表了第一个关于大数据的白皮书《大数据计算：在商务、科学和社会领域创建革命性突破》，其提出了当年大数据的核心作用：大数据真正重要的是寻找新用途和散发新见解，而非数据本身。

2）热门阶段（2009—2012 年）

2009—2010 年，大数据成为互联网技术行业中的热门词汇。2009 年，印度建立了用于身份识别管理的生物识别数据库；联合国"全球脉动"项目研究了如何利用手机和社交网站的数据源来分析和预测疾病暴发之类的问题；美国政府通过启动政府网站的方式进一步开放了数据的大门，该网站的海量数据集被用于智能手机应用程序来跟踪信息，这一行动激发了从肯尼亚到英国范围内的政府相继推出类似举措；欧洲一些领先的研究型图书馆和科技信息研究机构建立了伙伴关系，致力于改善在互联网上获取科学数据的简易性。2010 年，肯尼斯·库克尔发表了大数据专题报告《数据，无所不在的数据》。2011 年，IBM 的沃森计算机系统在智力竞赛节目"危险边缘"中打败了两名人类挑战者。

2012 年，大数据一词越来越多地被提及，人们用它来描述和定义信息爆炸时代产生的海量数据，并命名与之相关的技术发展与创新。数据正在迅速膨胀并"变大"，它决定着未来的发展，随着时间的推移，人们将更加意识到数据的重要性。

3）应用阶段（2013—2016 年）

2013 年，Apache Hadoop 作为处理大规模数据集的关键开源框架继续成熟，并得到了更广泛的采用。这一年，许多企业开始在其生产环境中部署 Apache Hadoop 集群，以支持数据分析任务。

2014 年，大数据一词首次出现在我国的政府工作报告中。其中表明：要设立新兴产业创业创新平台，在大数据等方面赶超先进，引领未来产业发展。大数据概念逐渐在国内成为热议的词汇。

2015 年，国务院正式印发了《促进大数据发展行动纲要》，其明确指出要不断地推动大数据的发展和应用，在未来打造精准治理、多方协作的社会治理新模式，建立运行平稳、安全高效的经济运行新机制，构建以人为本、惠及全民的民生服务新体系，开启大众创业、万众创新的创新驱动新格局，培育高端智能、新兴繁荣的产业发展新生态。

2015 年，大数据"十三五"规划出台，其通过定量和定性相结合的方式提出了 2020 年大数据产业的发展目标。在总体目标方面，该规划提出到 2020 年，技术先进、应用繁荣、保障有力的大数据产业体系基本形成，大数据相关产品和服务业务收入突破 1 万亿元，年均复合增长率保持在 30%左右。

在应用阶段，大数据技术在中国得到了广泛关注和应用，政府、企业和学术界共同努力，推动大数据产业快速发展。这一时期的发展为后续大数据产业的进一步壮大奠定了坚实的基础。例如，在这一阶段，我国的大数据产业取得了显著的成果，许多企业开始利用大数据技术来优化生产、管理和营销等，提高企业竞争力；同时，大数据产业链逐渐形成，包括数据采集、存储、处理、分析和应用等环节。

1.1.2 大数据的特征

随着对大数据认识的不断加深，一般认为大数据具有 4 个特征：数据量大、种类多、处理速度快，以及价值密度低。

大数据特征

1. 数据量大

大数据的数据量大，就是指的海量数据。大数据往往采取全样分析，因此大数据的"大"首先体现在其规模远远超出传统数据的测量尺度，一般软件工具难以捕捉、存储、管理和分析的数据，通过大数据的云存储技术都能被保存下来，形成浩瀚的数据海洋，目前的数据规模已经从 TB（太字节）级升级至 PB（拍字节）级。大数据的"大"还表现在其采集范围和内容的丰富多变，能存入数据库的不仅包含各种具有规律性的数据符号，还包含各种非规律性的数据（如图片、视频、声音等）。

目前大数据的规模已经远远超出了传统数据的测量尺度。过去，人们使用 TB 来衡量数据量，但现在已经升级至 PB 甚至更高的级别。据国际数据公司（IDC）的报告，2020 年全球数据存储量已达到 44ZB（泽字节），预计到 2030 年，这一数字将增长至 2500ZB。这个增长速度是几何级的，意味着数据量的增长速度在不断地加快。（1ZB=1024EB，1EB=1024PB，1PB=1024TB，1TB=1024GB）

数据规模的快速增长是当今时代的一个重要特征。企业和相关组织需要认识到这一趋势，并采取相应的策略来应对其带来的机遇和挑战。

2. 种类多

大数据包括结构化数据、非结构化数据和半结构化数据。

1）结构化数据

结构化数据指存储在关系型数据库中的数据，这种数据遵循某种标准结构，如表格，其中每行代表一个数据记录，每列代表一个特定的变量或属性。结构化数据有企业财务报表数据、医疗数据库数据、行政审批数据、学生档案数据等。

2）非结构化数据

非结构化数据指不规则或不完整的数据，包括所有格式的办公文档、各类报表、图片、图像及音频、视频等。

企业中约 80%的数据都是非结构化数据。相对于以往便于存储的以文本为主的结构化数据，越来越多的非结构化数据的产生给大多数企业带来了挑战。在网络中，非结构化数据越来越成为数据的主要部分。值得注意的是，非结构化数据具有内部结构，但不通过预定义的数据模型或模式进行结构化。它可能是文本的或非文本的，也可能是人工生成的或机器生成的。非结构化数据可以存储在像 NoSQL 这样的非关系型数据库中。

随着存储成本的下降，以及新兴技术的发展，行业对非结构化数据的重视程度得到提高。例如，物联网、工业 4.0、视频直播产生了更多的非结构化数据，而人工智能、机器学习、语义分析、图像识别等技术更需要大量的非结构化数据来开展工作。例如，在物联网环境中，传感器设备会不断产生大量的非结构化数据，如设备状态、环境数据等。这些数据可用于监测和分析设备性能，优化能源消耗，以及提早发现潜在的设备故障等。又如，在制造业中，工业 4.0 涉及使用非结构化数据来提高生产效率和产品质量，通过实时数据分析来实现更高度的自动化和控制。

3）半结构化数据

半结构化数据介于结构化数据和非结构化数据之间。它没有严格的结构格式，但包含一些标签或其他标记，用来区分数据的层次。这种数据通常不符合关系型数据库的表结构，但也不是完全无规则的数据，如 XML 文档和 JSON 文件等。

XML（可扩展标记语言）是当今互联网上保存和传输信息的主要标记语言。XML 的主要特点是将数据的内容和形式相分离，以便在互联网上传输。从设计之初，人们便将 XML 文档在网页中显示成树状结构，它的显示总是从"根部"开始，然后延伸到"枝叶"。

一个完整的 XML 文档如下。

```xml
<?xml version="1.0" encoding="utf-8"?>
<persons>
<person>
<full_name>Tony Smith</full_name>
<child_name>Cecilie</child_name>
</person>
<person>
<full_name>David Smith</full_name>
<child_name>Jogn</child_name>
</person>
<person>
<full_name>Michael Smith</full_name>
<child_name>kyle</child_name>
<child_name>klie</child_name>
</person>
</persons>
```

在 XML 文档中，第一句<?xml version="1.0" encoding="utf-8"?>是用来声明 XML 语句的规范信息的，包含 XML 声明、XML 的处理指令及架构声明。其中，version="1.0"指出版本，encoding="utf-8"则给出语言信息。

图 1-1 所示为在浏览器中查看 XML 文档。

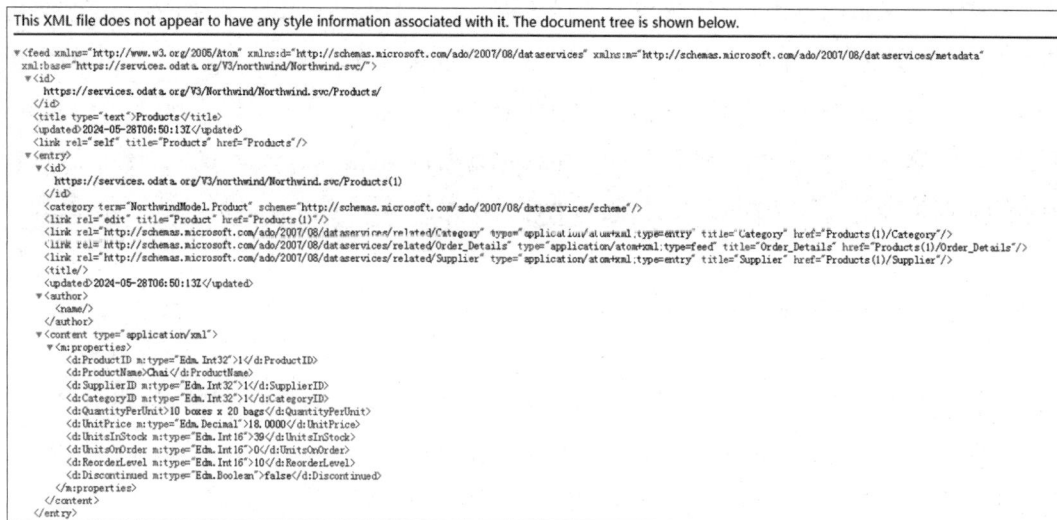

This XML file does not appear to have any style information associated with it. The document tree is shown below.

```
▼<feed xmlns="http://www.w3.org/2005/Atom" xmlns:d="http://schemas.microsoft.com/ado/2007/08/dataservices" xmlns:m="http://schemas.microsoft.com/ado/2007/08/dataservices/metadata"
  xml:base="https://services.odata.org/V3/Northwind/Northwind.svc/">
  ▼<id>
    https://services.odata.org/V3/Northwind/Northwind.svc/Products/
  </id>
  <title type="text">Products</title>
  <updated>2024-05-28T06:50:13Z</updated>
  <link rel="self" title="Products" href="Products"/>
  ▼<entry>
    ▼<id>
      https://services.odata.org/V3/northwind/Northwind.svc/Products(1)
    </id>
    <category term="NorthwindModel.Product" scheme="http://schemas.microsoft.com/ado/2007/08/dataservices/scheme"/>
    <link rel="edit" title="Product" href="Products(1)"/>
    <link rel="http://schemas.microsoft.com/ado/2007/08/dataservices/related/Category" type="application/atom+xml;type=entry" title="Category" href="Products(1)/Category"/>
    <link rel="http://schemas.microsoft.com/ado/2007/08/dataservices/related/Order_Details" type="application/atom+xml;type=feed" title="Order_Details" href="Products(1)/Order_Details"/>
    <link rel="http://schemas.microsoft.com/ado/2007/08/dataservices/related/Supplier" type="application/atom+xml;type=entry" title="Supplier" href="Products(1)/Supplier"/>
    <title/>
    <updated>2024-05-28T06:50:13Z</updated>
    ▼<author>
      <name/>
    </author>
    ▼<content type="application/xml">
      ▼<m:properties>
        <d:ProductID m:type="Edm.Int32">1</d:ProductID>
        <d:ProductName>Chai</d:ProductName>
        <d:SupplierID m:type="Edm.Int32">1</d:SupplierID>
        <d:CategoryID m:type="Edm.Int32">1</d:CategoryID>
        <d:QuantityPerUnit>10 boxes x 20 bags</d:QuantityPerUnit>
        <d:UnitPrice m:type="Edm.Decimal">18.0000</d:UnitPrice>
        <d:UnitsInStock m:type="Edm.Int16">39</d:UnitsInStock>
        <d:UnitsOnOrder m:type="Edm.Int16">0</d:UnitsOnOrder>
        <d:ReorderLevel m:type="Edm.Int16">10</d:ReorderLevel>
        <d:Discontinued m:type="Edm.Boolean">false</d:Discontinued>
      </m:properties>
    </content>
  </entry>
```

图 1-1 在浏览器中查看 XML 文档

JSON（JavaScript Object Notation）来源于 JavaScript，是新一代的网络数据传输格式。其中 JavaScript 是一种基于 Web 的脚本语言，主要用于在 HTML 网页中添加动作脚本。JSON 作为一种轻量级的数据交换技术，在跨平台的数据传输和交换中起到了关键的作用。

从技术上看，JSON 实际上是 JavaScript 的一个子集，所以 JSON 的数据格式和 JavaScript 是对应的。与 XML 相比，JSON 书写更简洁，在网络中传输速度也更快。

JSON 格式的数据如下所示。

```
{"name":"Michael"}
{"name":"Andy", "age":30}
{"name":"Justin", "age":19}
```

与结构化数据相比，半结构化数据的结构不是固定不变的，它可以根据需要随时添加或修改数据的结构描述，使得数据的使用和管理更为灵活，因此它非常适合用于 Web 上的数据交换和服务，如网站的数据存储、API 的数据交互等。在大数据时代，半结构化数据以其独特的灵活性和广泛的适用性，在现代数据处理领域中扮演着越来越重要的角色。

3. 处理速度快

在数据处理速度方面，有一个著名的"1 秒定律"，即要在秒级时间范围内给出分析结果，超出这个时间，数据就失去价值了。大数据是一种以实时数据处理、实时结果导向为特征的解决方案，它的"快"有以下两个方面。

1）数据产生得快

有的数据是爆发式产生的，如欧洲核子研究中心的大型强子对撞机在工作状态下每秒产生 PB 级的数据；有的数据是涓涓细流式产生的，但是由于用户众多，短时间内产生的数据量依然非常庞大，如点击流、日志、论坛、博客、邮件、射频识别数据、GPS（全球定位系统）位置信息。

2）数据处理得快

正如水处理系统可以处理从水库调出的水，也可以处理直接涌进来的新水流一样，大数据也有批处理（"静止数据"转变为"正使用数据"）和流处理（"动态数据"转变为"正使用数据"）两种范式，以实现快速的数据处理。

例如，电子商务网站从点击流、浏览历史和行为（如放入购物车）中实时发现顾客的即时购买意图和兴趣，并据此推送商品，这就是数据"快"的价值，也是大数据的应用之一。

4. 价值密度低

随着互联网和物联网的广泛应用，信息感知无处不在，信息虽然海量，但价值密度较低，如何结合业务逻辑并通过强大的机器算法来挖掘数据价值，是大数据时代需要解决的问题。以视频为例，一个 1 小时的视频，在连续不间断监控的过程中，有用的数据可能仅仅只有一两秒。但是为了能够得到想要的视频，人们不得不投入大量资金用于购买网络设备、监控设备等。

因此，当存在数据采集不及时、数据样本不全面、数据不连续等情况时，可能会使数据失真，但当数据量达到一定规模时，可以通过更多的数据来达到更真实、全面的反馈。

1.1.3　大数据技术的应用

1. 大数据技术的应用场景

大数据技术的应用无处不在，下面举例说明。

（1）制造业：大数据技术在高频交易、社交情绪分析和信贷风险分析三大金融创新领域发挥重大作用。

（2）汽车行业：利用大数据和物联网技术开发的无人驾驶汽车，正在逐步走入人们的日常生活。

（3）互联网行业：借助大数据技术，可以分析客户行为，进行商品推荐和针对性广告投放。

（4）金融业：通过大数据技术预测企业的金融风险，并描绘用户画像，掌握用户的消费行为及在网活跃度等，以更好地掌控资金的投放。

（5）餐饮行业：利用大数据技术实现餐饮 O2O 模式，改变传统餐饮的经营方式。

（6）电信业：利用大数据技术实现客户离网分析，及时掌握客户离网倾向，制定客户挽留措施。

（7）能源业：随着智能电网的发展，电力公司可以掌握海量的用户用电信息，利用大数据技术分析用户的用电模式，从而改进电网运行，合理设计电力需求响应系统，确保电网运行安全。

（8）物流业：利用大数据技术优化物流网络，提高物流效率，降低物流成本。

（9）城市管理行业：利用大数据技术实现智能交通、环保监测、城市规划和智能安防。

（10）医药行业：大数据技术可以帮助人们在医药行业实现流行病预测、智慧医疗、健康管理等，同时可以帮助人们解读 DNA，了解更多的生命奥秘。

（11）体育行业：大数据技术可以帮助教练训练球队、选择比赛阵容及较为全面地预测比赛结果。

（12）娱乐行业：大数据技术可以帮助导演选择投拍受欢迎题材的影视作品。

2. 大数据与人工智能

1）人工智能的概念

人工智能（Artificial Intelligence，AI）是研究和开发用于模拟、延伸和扩展人的智能的理论、方法、技术及应用系统的一门技术科学。人工智能研究的一个主要目标是使机器能够胜任通常需要人类智能才能完成的复杂工作。

关于人工智能的定义较多，目前采用较多的是在维基百科上的定义。维基百科的人工智能词条采用的是斯图亚特·罗素（Stuart Russell）与彼得·诺维格（Peter Norvig）在《人工智能：一种现代的方法》一书中的定义，他们认为：人工智能是有关"智能主体（Intelligent Agent）的研究与设计"的学问，而智能主体是指一个可以观察周遭环境并做出行动以达到目标的系统。这一定义既强调人工智能可以根据环境感知做出主动反应，又强调人工智能所做出的反应必须满足目标，同时，不再强调人工智能对人类思维方式或人类总结的思维法则的模仿。

自 2016 年以来，全球迎来人工智能发展的新一轮浪潮，人工智能成为各方关注的焦点。从软件时代到互联网时代，再到如今的大数据时代，数据的量和复杂性都经历了从量到质的改变，可以说大数据引领人工智能发展进入重要战略窗口。

人工智能是对人脑思维过程的模拟与思维能力的模仿，但不可否认的是，随着计算机计算能力和运行速度的不断提高，机器的智能化程度是人脑不能相比的。例如，2006 年浪潮天梭就可以击败中国象棋的职业顶尖棋手；2016 年 AlphaGo 击败了人类顶尖的职业围棋棋手。图 1-2 所示为人工智能的发展历程。

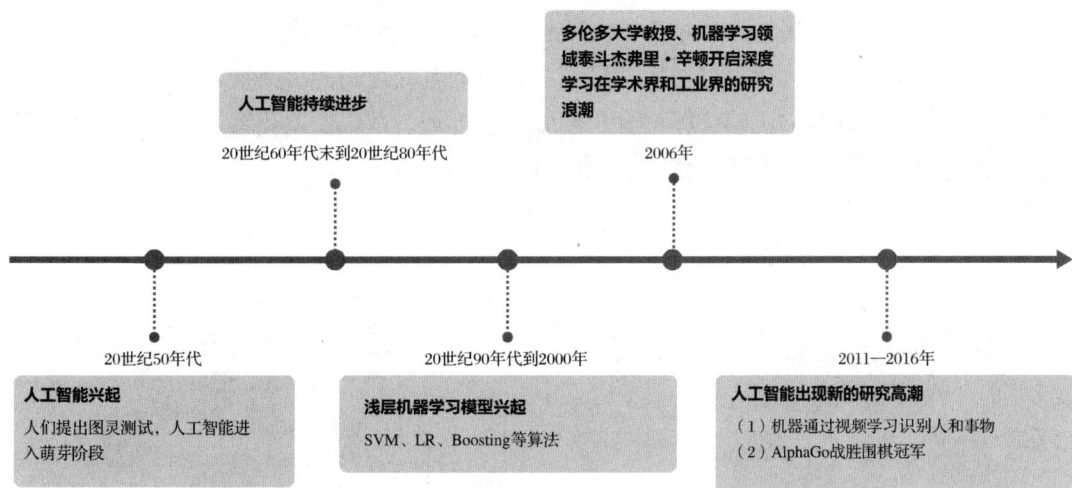

图 1-2 人工智能的发展历程

2）人工智能的常见应用

人机交互：人工智能的发展使得人机交互更加自然和智能化。智能助手、语音控制、虚拟现实等技术，使得人们可以通过语音或手势与计算机进行交互，提高了人机交互的效率和便利性。

金融与商业：人工智能在金融和商业领域的应用日益广泛，如智能投资顾问、风险管理、智能营销等。人工智能的应用使得金融和商业决策更加精准和高效。

医疗与健康：人工智能在医疗诊断、药物研发、个性化治疗等方面有着重要的作用。它能够提供更精准的医学诊断和治疗方案，为医疗健康领域带来了巨大的变革。

3）大数据与人工智能的区别

如果将大数据与人工智能进行一些比较，最明显的区别有以下两个方面。

第一，在概念上，大数据和云计算可以理解为技术上的概念，人工智能是应用层面的概念，人工智能的技术前提是大数据和云计算。

第二，在实现上，大数据主要依靠海量数据来帮助人们对问题做出更好的分析和判断，人工智能则是一种计算形式，它允许机器执行认知功能，如对输入起作用或做出反应，类似于人类的做法，并能够替代人类对认知结果做出决定。

综上所述，虽然它们有很大的区别，但大数据和人工智能能够很好地协同工作。二者相互促进，相互发展。大数据为人工智能的发展提供了足够多的样本和数据模型，因此，没有大数据就没有人工智能。图 1-3 所示为人工智能通过不断学习从而挖掘更多的数据价值。

值得注意的是，近年来，虽然人工智能取得了快速发展，但如何将深度学习与大规模常识结合起来，实现认知推理与逻辑表达，还面临着很大挑战。首先，大数据环境下数据的异构、动态、碎片化和低质等特征给知识工程和知识服务带来了新的挑战。既需要从感知角度学习数据的分布表示，又需要从认知角度解释数据的语义。因此，构建新一代开放常识的知识图谱和研发以认知推理为核心的技术成为突破下一代人工智能技术的关键。其次，基于深度学习与逻辑推理相结合的大规模多粒度知识推理，基于本体、规则与深度学习相结合的大规模常识推理，以及实现亿级三元组和万级规则的快速推理也面临着挑战。最后，基于时空特性的知识演化模型，研制知识、推理、逻辑的演化系统，根据外界反馈对知识进行实时更新，从而实现推理规则的自学习和逻辑表达的自学习，同样是我们面临的挑战。

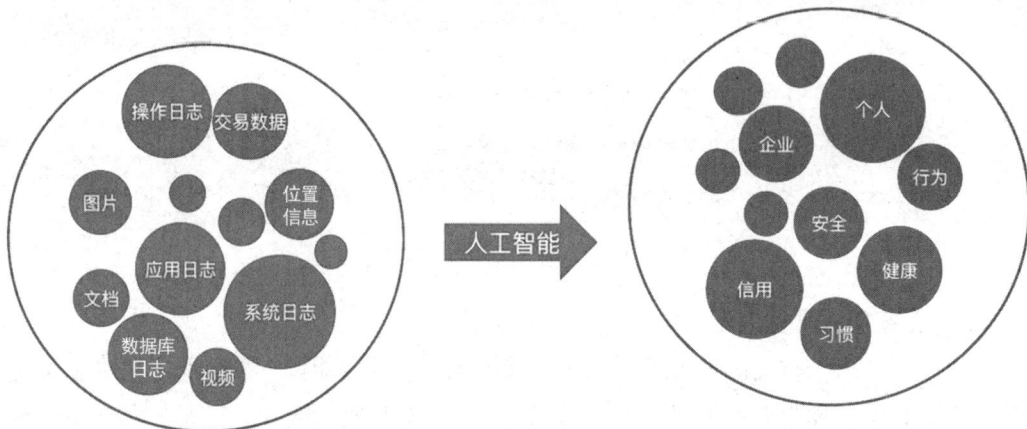

图 1-3　人工智能通过不断学习从而挖掘更多的数据价值

3. 大数据与工业互联网

1）工业互联网的概念

工业互联网（Industrial Internet）是互联网和新一代信息技术在工业领域、全产业链、全价值链中的融合集成应用，是实现工业智能化的综合信息基础设施。它的核心是通过自动化、网络化、数字化、智能化等新技术手段提高企业生产力，从而实现企业资源的优化配置，最终重构工业产业格局。

工业互联网作为新一代信息技术与制造业深度融合的产物，通过实现人、机、物的全面互联，构建起全要素、全产业链、全价值链及全面连接的新型工业生产制造和服务体系，成为支撑第四次工业革命的基础设施，将对未来工业发展产生全方位、深层次、革命性影响。因此加快发展工业互联网不仅是各国顺应产业发展大势，抢占产业未来制高点的战略选择，还是我国推动制造业质量变革、效率变革和动力变革，实现高质量发展的客观要求。

工业互联网不仅是当前经济及产业发展体系的重要组成部分，而且在未来势必成为新的经济主导。在当前，工业互联网重点解决工业产业发展过程中的数智化需求，在未来，工业互联网将在此基础上创造更多的产业价值，在这种趋势下，工业互联网作为大数据时代中的产业分支，将不可避免地驱动着整个产业及经济发展迈向新的高度。

图 1-4 所示为工厂使用机器人实现产品质检。

图 1-4　工厂使用机器人实现产品质检

工业互联网与传统互联网相比有以下 4 个明显区别。

一是连接对象不同。传统互联网的连接对象主要是人，应用场景相对简单。工业互联网需要连接人、机、物等，连接种类和数量更多，应用场景十分复杂。

二是技术要求不同。传统互联网的技术特点突出体现为"尽力而为"的服务，对网络性能要求相对不高。工业互联网则必须具有更低时延、更强可靠性和安全性，以满足工业生产的需要。

三是发展模式不同。传统互联网应用门槛低，发展模式可复制性强，产业由互联网企业主导推动，并且投资回报周期短，容易获得社会资本的支持。工业互联网行业标准多、应用专业化，难以找到普适性的发展模式，制造企业在产业推进中发挥着至关重要的作用。工业互联网资产专用性强，投资回报周期长，难以吸引社会资本投入。

四是时代机遇不同。我国在传统互联网时代起步较晚，总体上处于跟随发展状态，而目前全球工业互联网产业格局未定，我国正处在大有可为的战略机遇期。

工业互联网的价值如图 1-5 所示，它能够促进传统产业创新升级，并实现制造业的新旧动能转换。

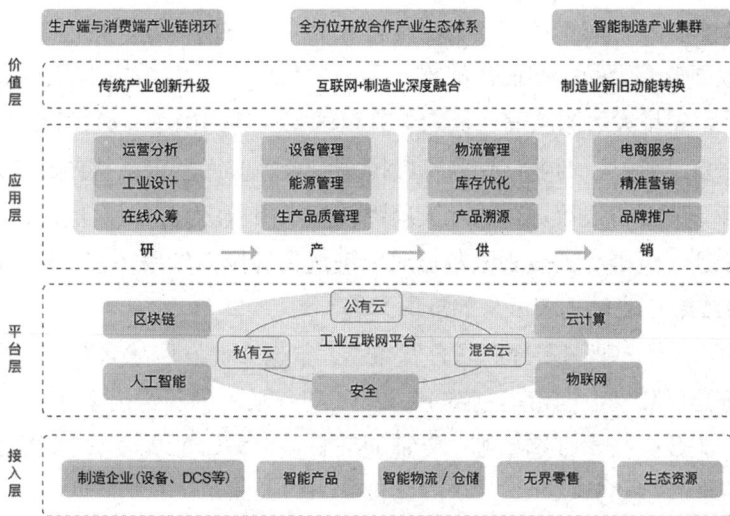

图 1-5　工业互联网的价值

2）大数据与工业互联网的联系

社会经济快速发展，信息化和工业化技术不断发展创新，智能制造在工业领域引起了新一轮的工业革命。随着智能制造的发展及互联网技术的发展，工业大数据作为贯穿整个产品生产的新要素，在一定程度上推动了智能制造的升级。大数据时代的来临，对工业制造的变革和发展起到了重要的作用。

工业大数据即难以通过传统的分析工具进行有效分析的工业数据的集合，具备容量大、数据类型多、数据价值高、数据更新快的特性。利用大数据技术对工业人数据进行有效分析，深入挖掘其中的数据价值，才能创造出新的商业价值。

总体来看，工业大数据推动互联网从服务个人用户消费为主向服务生产性应用为主转变，由此推动产业模式、制造模式和商业模式的重塑。工业大数据与智能机床、机器人、3D 打印等技术结合，推动了柔性制造、智能制造和网络制造的发展。工业大数据与智能物流、电子商务的联动，进一步加速了工业企业销售模式的变革，如精准营销配送、精准广告推送等。

1.2　大数据的发展

1.2.1　国外的大数据发展

大数据是一个事关我国经济社会发展全局的战略性产业，大数据技术为社会经济活动提供决策依据，提高各个行业的运行效率，提升整个社会经济的集约化程度，对于我国经济发展转型具有重要的推动作用。

如何发展大数据已经成为国家、社会、产业的一个重要话题。目前，欧美、日韩等国已经将发展大数据上升为国家层面的战略。

（1）美国是率先将大数据从商业概念上升至国家战略的国家，通过稳步实施"三步走"战略，在大数据技术研发、商业应用及保障国家安全等方面已全面构筑起全球领先优势。

（2）2012 年，英国将大数据作为八大前瞻性技术领域之首，一次性投入 1.89 亿英镑用于相关科研与创新。英国特别重视大数据对经济增长的拉动作用，密集地发布了《数字战略 2017》《工业战略：建设适应未来的英国》等。

（3）2013 年 12 月，韩国多部门联合发布"大数据产业发展战略"，将发展重点集中在大数据基础设施建设和大数据市场创造上。2015 年年初，韩国给出全球进入大数据 2.0 时代的重大判断：大数据技术日趋精细、专业服务日益多样，数据收益化和创新商业模式是未来大数据的主要发展趋势。

（4）日本政府提出"提升日本竞争力，大数据应用不可或缺"的口号，2013 年 6 月，安倍内阁正式公布了新 IT 战略——"创建最尖端 IT 国家宣言"。该宣言全面阐述了 2013—

2020 年期间以发展开放公共数据和大数据为核心的日本新 IT 国家战略，提出要把日本建设成一个具有"世界最高水准的广泛运用信息产业技术的社会"。

以上介绍充分表明了世界上多个国家已经将大力发展大数据提升到国家和政府层面，说明大数据对社会和国家的综合价值。

1.2.2　我国的大数据发展

我国高度重视大数据在推进经济发展中的地位和作用。2014 年，大数据被首次写入政府工作报告，大数据逐渐成为各级政府关注的热点，政府数据开放共享、数据流通与交易、利用大数据保障和改善民生等概念深入人心。此后国家相关部门出台了一系列政策，鼓励大数据产业发展。

近年来，我国的大数据产业政策一直在有序推进，工业和信息化部在 2016 年 12 月 18 日正式印发了《大数据产业发展规划（2016—2020 年）》，全面部署"十三五"时期大数据产业发展工作，加快建设数据强国，为实现制造强国和网络强国提供强大的产业支撑。2017 年，习近平总书记在十九大报告中提到了要加快建设制造强国，加快发展先进制造业，推动互联网、大数据、人工智能和实体经济深度融合，报告把大数据发展与我国的经济体系建设紧密地融合在了一起。2020 年 4 月 9 日，中共中央、国务院发布了《关于构建更加完善的要素市场化配置体制机制的意见》，将数据、土地、劳动力、资本、技术并称为 5 种要素，提出加快培育数据要素市场。2021 年 11 月，工业和信息化部发布了《"十四五"大数据产业发展规划》，提出到 2025 年，大数据产业测算规模突破 3 万亿元，年均复合增长率保持在 25%左右，创新力强、附加值高、自主可控的现代化大数据产业体系基本形成。为了更好地发挥数据要素的作用，中共中央、国务院于 2023 年印发了《关于构建数据基础制度更好发挥数据要素作用的意见》，这一政策文件提出了多项措施，包括加强党对构建数据基础制度工作的全面领导，强化任务落实，创新政策支持，鼓励有条件的地方和行业先行先试，探索完善数据基础制度。

从国家层面上讲，大数据在推动中国经济转型方面将发挥重要作用。其一，通过大数据的分析可以帮助解决中国城镇化发展中面临的住房、教育、交通等难题。例如，在城市发展中，大数据是智慧城市建设中不可或缺的组成部分。通过对交通流量数据的实时采集和分析，可以指导驾驶者选择最佳路线，改善城市交通状况。其二，通过大数据的研究有助于推动钢铁、零售等传统产业升级，向价值链高端发展。其三，通过大数据的应用可以帮助中国在发展战略性新兴产业方面迅速站稳脚跟，巩固并提升竞争优势。

目前，大数据已成为驱动经济发展的新引擎，大数据应用范围的扩大和应用水平的提高将加速我国经济结构调整，深度改变我们的生产生活方式。可以预见，在"十四五"期间我国的大数据将有以下发展。

（1）大数据产业规模持续增长。大数据产业包括数据资源建设，大数据软硬件产品开发、销售和租赁活动，以及相关信息技术服务。可以说，大数据产业贯穿数据全生命周期。从技术发展趋势来看，大数据产业正步入集成创新和泛在赋能的新阶段。大数据与5G、云计算、人工智能、区块链等新技术加速融合，推动大数据技术架构、产品形态和服务模式转变。大数据深度融入各行业、各领域，使基于大数据的管理和决策模式日益成熟，加快了其数字化转型进程。2022年，我国大数据产业规模达1.57万亿元，同比增长18%，成为推动数字经济发展的重要力量。

（2）数据要素价值不断释放。数据是新时代重要的生产要素，是国家基础性战略资源。大数据产业提供全链条大数据技术、工具和平台，深度参与数据要素"采、存、算、管、用"全生命周期活动，是激活数据要素潜能的关键支撑。"十四五"时期，我国进入由工业经济向数字经济大踏步迈进的关键时期，经济社会数字化转型成为大势所趋，数据上升为新的生产要素，数据要素价值释放成为重要课题。

（3）大数据产业发展的客观条件不断优化。当前，大数据产业发展的市场驱动方即大数据应用意识快速提升，需求日益迫切，具体表现为政府、企业乃至个人在做决策时越来越倾向于用大数据分析结论作为重要依据，越来越认同大数据的价值。同时，基于我国人口数量和市场规模优势，各行业大数据积累速度较快，为大数据产业加速发展提供了有利条件。

1.3 大数据开发语言 Python

1.3.1 Python 简介

1. 认识 Python

Python 是一种计算机程序设计语言，是一种面向对象的动态类型语言。Python 最早是在 20 世纪 80 年代末和 20 世纪 90 年代初，由 Guido van Rossum 在荷兰国家数学和计算机科学研究所设计出来的，目前由一个核心开发团队在维护。

Python 是完全面向对象的语言，函数、模块、数字、字符串都是对象，并且完全支持继承、重载、派生、多继承，有益于增强源代码的复用性。

Python 具有如下特点。

（1）开源、免费、功能强大。

（2）语法简洁清晰，强制用空白符（White Space）作为语句缩进标识。

（3）具有丰富和强大的库。

（4）易读、易维护，用途广泛。

（5）为解释性语言，其变量类型可改变，类似于 JavaScript。

2.　Python 在大数据开发中的应用

Python 与大数据开发之间存在着密切的联系，Python 的多种特性和丰富的库使其成为大数据开发的重要工具。

Python 在大数据开发中的主要应用如下。

（1）系统网络运维。Python 可用于自动化运维工作，如管理、监控、发布等，提高工作效率。

（2）数据分析。Python 被广泛应用于科学与数字分析中，如图像可视化分析、生物信息学分析等。

（3）Web 应用开发。Python 拥有 Django、Flask 等丰富的 Web 开发框架，可以快速完成网站的开发和 Web 服务。

（4）数据挖掘和文本分析。Python 中的 Scrapy、BeautifulSoup 等库可以帮助用户进行数据挖掘和文本分析。

（5）3D 游戏开发。Python 有很好的 3D 渲染库和游戏开发框架，如 Pygame、Pykyra 等，可以高效进行 3D 游戏开发。

1.3.2　Python 使用基础

用户可直接登录 Python 官网，在官网中直接下载 Python 的安装程序包，如果是安装在 Windows 操作系统上的 Python，请下载"64 位下载 Windows x86-64 executable installer"版本。Python 官网如图 1-6 所示。

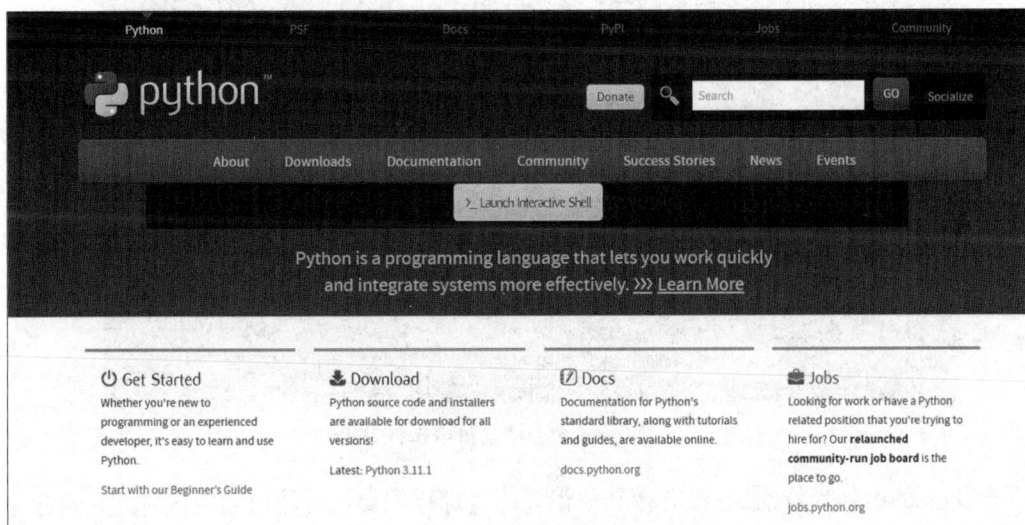

图 1-6　Python 官网

目前 Python 的主流版本为 Python 3，读者可自行下载 Python 3.7、Python 3.8 或其他较

新版本。本书搭建的 Python 开发环境为 Python 3.7。

请读者自行下载并安装 Python 3.7。启动 Python 3.7，在程序编译环境中输入如下程序。

```
print("Hi, My First Python Application! ")
```

按 Enter 键，就可以看到运行结果，如图 1-7 所示。

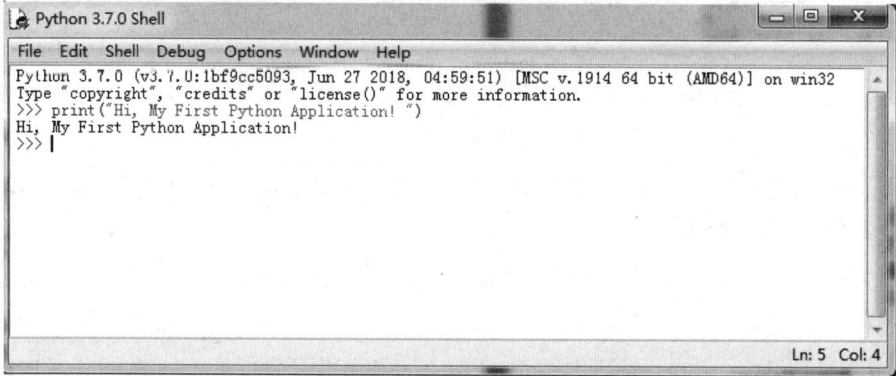

图 1-7　运行结果

此外，读者也可以在 Windows 中的 cmd 命令提示符中输入"python"命令进入程序运行界面，并在>>>后输入内容 print("hi,all")，也可直接显示运行结果，如图 1-8 所示。

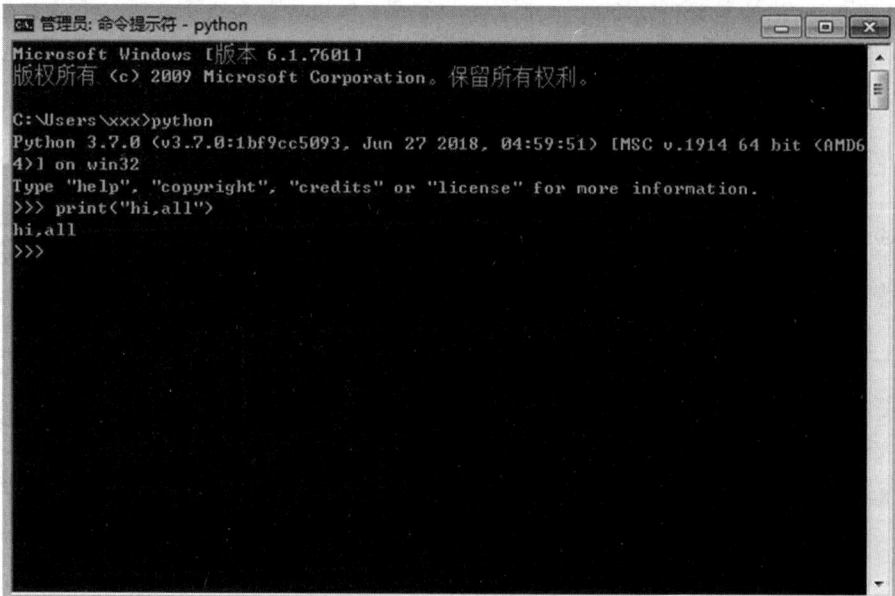

图 1-8　在 cmd 命令提示符中运行 Python

Python 的语句很特别，它没有像其他很多语言那样把要执行的语句用成对的{}包起来，而是把语句向右边缩进了，这就是 Python 的风格，它是靠缩进语句来表示要执行的语句的。在 Python 的编译环境中会自动地把要缩进的语句进行缩进，用户也可以按 Tab 键或按空格键进行缩进，下面是典型的 Python 程序书写风格。

```
if s>=0:
    s=math.sqrt(s)
print("平方根是: ", s)
else:
    print("负数不能开平方")
```

Python 程序设计实例如下。

（1）input 输入。

```
    name=input("please enter your name:")
print("hello,"+name+"! ")
```

运行结果如下。

```
please enter your name:owen
hello,owen!
```

（2）for 循环。

```
sum=1
for num in range(1,4):
    sum+=num
print(sum)
```

运行结果为 7。

1.4 本章小结

（1）大数据指无法在一定时间范围内用常规软件工具对其进行捕捉、管理和处理的数据集合，是需要新处理模式才能具有更强的决策力、洞察发现力和流程优化能力的海量、高增长率和多样化的信息资产。

（2）大数据一般具有 4 个特征：数据量大、种类多、处理速度快，以及价值密度低。

（3）大数据的应用无处不在，金融业、制造业、物流业等，到处都有大数据的身影。

（4）大数据是一个事关我国经济社会发展全局的战略性产业，大数据技术为社会经济活动提供决策依据，提高各个行业的运行效率，提升整个社会经济的集约化程度，对于我国经济发展转型具有重要的推动作用。

（5）Python 与大数据开发之间存在着密切的联系，Python 的多种特性和丰富的库使其成为大数据开发的重要工具。

习题 1

（1）请阐述什么是大数据。

（2）大数据对当今世界有哪些影响？

（3）大数据和人工智能的联系是什么？

（4）请阐述结构化数据与非结构化数据的区别和联系。

（5）请自行下载和安装 Python 3.7。

第 2 章　数据采集

本章学习目标

- 了解数据采集的概念。
- 了解数据采集平台的特征及技术框架。
- 了解网络数据采集的基本方法。
- 了解 Scrapy 网络爬虫框架。

2.1　认识数据采集

2.1.1　数据采集介绍

数据采集

1. 数据采集的概念

数据是大数据应用的基础，研究大数据、分析大数据的前提是拥有数据。拥有数据的方式有很多种，既可以通过企业自身来采集数据，也可以通过如爬虫等其他方式获取数据。数据采集作为大数据生命周期的第一个环节，是指通过传感器、摄像头、RFID（无线射频识别）及互联网等方式获取各种结构化、半结构化与非结构化的数据。

1）传感器数据

传感器是用于测量和记录物理世界信息（如温度、压力、湿度、位置等）的设备。它可以嵌入各种设备中，如智能手机、智能家居设备、工业自动化设备等，从而实时或定期地发送数据。

在大数据和物联网的时代背景下，传感器发挥着至关重要的作用。它可以不断地采集各种数据，并通过网络将这些数据传输到中央服务器或云端进行存储、分析和处理。通过对这些数据的分析，人们可以更好地了解和控制物理世界，实现智能化、自动化的管理和决策。

值得注意的是，传感器数据通常具有时序性，即数据是在不同时间点产生的。时间戳为这些数据提供了唯一的标识，它表示从某个固定时间点（如 UNIX 纪元）开始经过的秒数或毫秒数。时间戳的使用可以确保数据的完整性和可信度。当数据被修改或篡改时，其时间戳会发生变化，从而可以通过比较时间戳来检测数据的修改情况。假设一个传感器在2024-06-14 12:00:00（时间戳为1699603200）记录了一个异常的温度值，那么通过查询这个时间戳，可以快速找到这个异常数据，并进一步分析。

以下数据为传感器采集的带时间戳的工业数据，timestamp为时间，temperature为工业设备的温度。

{"timestamp": 1718251245, "temperature": 23.843105540614008}

{"timestamp": 1718251255, "temperature": 24.839480392431227}

{"timestamp": 1718251265, "temperature": 24.363200018769422}

{"timestamp": 1718251275, "temperature": 25.665230363704563}

{"timestamp": 1718251285, "temperature": 25.746593295687536}

在工业自动化领域，传感器被广泛应用于生产线的监测和控制。例如，温度传感器可以实时监测设备的温度，确保设备在适宜的温度范围内运行；压力传感器可以监测生产过程中的压力变化，确保生产过程的稳定性和安全性。

在医疗大数据领域，医疗设备中常常使用各种传感器来监测患者的生理参数，如心率、血压、血氧饱和度等。这些传感器可以帮助医生及时了解患者的健康状况，为诊断和治疗提供有力支持。

2）摄像头数据

摄像头用于捕获视频和图像数据，摄像头数据是大数据的重要来源之一。摄像头捕获的大量实时、丰富、多样的数据，为大数据分析提供了丰富的素材。例如，在安防领域，通过摄像头捕获的实时视频和图像数据，可以实现对安全事件的实时监控和预警。同时，结合大数据分析技术，可以对历史数据进行挖掘和分析，发现潜在的安全隐患。又例如，在交通领域，摄像头可以捕获交通流量、车辆速度、车辆类型等数据，为交通管理提供重要支持。通过大数据分析技术，可以实现对交通拥堵、事故等事件的预测和预警，提高交通管理效率。

随着物联网、云计算等技术的发展，大数据采集技术不断完善，可以实现对摄像头数据的实时、高效、准确的采集和处理。这不仅可以提高数据的采集效率，还可以降低数据的处理成本。此外，随着视频分析技术的发展，摄像头数据也可以转化为结构化数据以供进一步分析。

3）RFID数据

RFID技术使用无线电信号来识别特定目标并读写相关数据，而无须在识别系统与特定目标之间建立机械或光学接触。RFID标签可以附着在物体上，通过RFID读写器读取标签信息，实现物体的跟踪和识别。

RFID技术能够实时跟踪和识别大量物体，产生大量的实时数据。这些数据对于大数据分析至关重要，可以为企业提供关于物流、库存、销售等方面的宝贵信息。例如，在物流和供应链管理中，RFID 技术可以跟踪货物的位置、状态和运输过程，实现货物流转信息的实时监控。这些数据对于优化物流路径、提高运输效率具有重要作用。

4）互联网数据

互联网是一个巨大的数据源，可以通过多种方式获取数据。例如，人们使用爬虫从网页中自动提取数据。但需要注意的是，爬虫的使用必须遵守网站的使用条款和法律法规，避免对网站造成过大负担或侵犯版权。

此外，日志数据也是互联网数据中不可或缺的一部分，它们记录了系统、服务器、应用和用户活动的详细信息。日志数据通常包括服务器日志、用户访问日志、应用日志等，这些日志包含了丰富的用户行为信息和系统运行信息。例如，服务器日志记录服务器内部的运行信息，如错误信息、服务器响应状态码及处理请求的时间等。这些数据对于识别服务器性能瓶颈、解决技术问题和进行安全性分析至关重要。通过分析服务器日志，管理员可以检测到潜在的安全问题，如黑客攻击、非授权访问尝试等；同时可以优化网站内容和服务器配置，提高服务效率和用户体验。

图 2-1 所示为日志采集系统。其中，ES（ElasticSearch）为构建在 Apache Lucene 之上的开源分布式搜索引擎数据库，HBase 是一个分布式的、面向列的开源数据库。

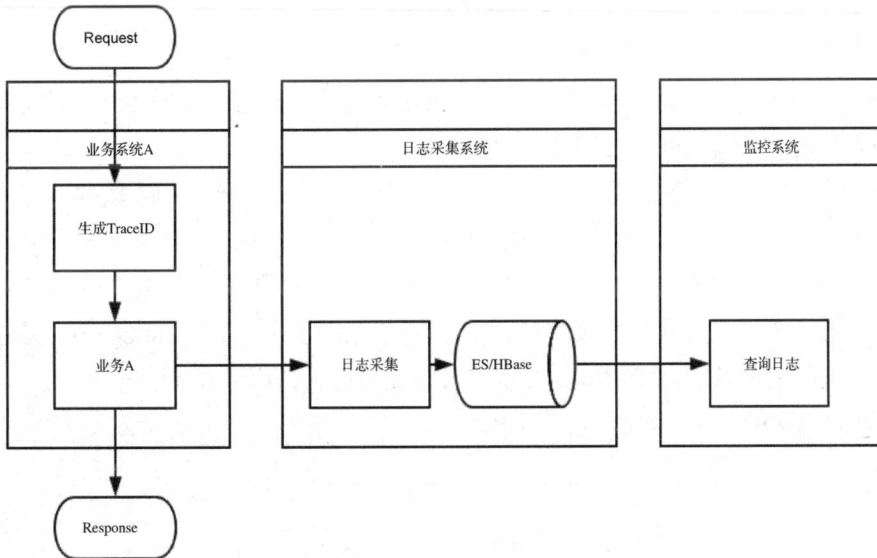

图 2-1　日志采集系统

在大数据项目中，采集日志数据通常涉及以下步骤。

（1）数据源确定：明确需要采集哪些日志数据，如服务器日志、用户访问日志、应用日志等。

（2）日志配置：配置相关系统和应用的日志输出方式和格式，以便后续的采集和处理。

（3）数据筛选：根据业务需求筛选所需数据，去除无用或重复的数据。

（4）数据清洗：对筛选出来的数据进行清洗，包括去重、格式转换、标准化等处理。

（5）数据存储：将清洗后的数据存储到适当的位置，如数据库、数据仓库或分布式文件系统中。

2. 大数据采集的特点

大数据采集与传统的数据采集不同，大数据采集过程的主要特点和挑战是并发数高，因为同时可能会有成千上万个用户在进行访问和操作。例如，火车票售票网站、飞机票售票网站及电子商务网站的并发访问量在峰值时可达到上百万甚至是上千万人次，所以在采集端需要部署大量数据库才能实现对其的支撑。此外，如何在这些数据库之间进行负载均衡和分片也需要进行深入思考和设计。

此外，根据数据源的不同，大数据采集方法也不相同。但是为了能够满足大数据采集的需要，大数据采集大多都使用了大数据的处理模式，即 MapReduce 分布式并行处理模式或基于内存的流式处理模式。

2.1.2 数据采集平台

1. Flume

Flume 是 Cloudera 于 2009 年 7 月开源的数据采集平台。它内置的各种组件非常齐全，用户几乎不必进行任何额外开发即可使用。

Flume 是一个分布式的、可靠的、高可用的海量日志采集、聚合和传输的系统。在设计中，Flume 采用了分层架构，由三层组成，分别为 Agent、Collector 和 Storage。在 Agent 层中每个机器部署一个进程，负责对单机的日志进行采集；Collector 部署在中心服务器上，负责接收 Agent 发送的日志，并且将日志根据路由规则写到相应的 Storage 中；Storage 负责提供永久或临时的日志存储服务，或者将日志流导向其他服务器。

Flume 架构中的 Agent 如图 2-2 所示。

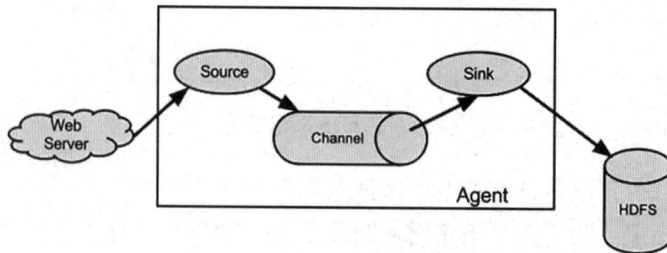

图 2-2　Flume 架构中的 Agent

Flume 组成结构特点如下。

（1）采用了 Source-Channel-Sink 的事件流模型，Flume 中传输的内容定义为事件（Event），事件是 Flume 内部数据传输的最基本单元，由 Header（包含元数据）和 Byte Payload 组成。Flume 事件组成如图 2-3 所示。

Header	Byte Payload

图 2-3　Flume 事件组成

（2）Flume 内部有一个或多个 Agent，每一个 Agent 都由 Source、Channel 和 Sink 组成。Source 负责接收输入数据，并将数据写入 Channel。Channel 负责缓存数据，缓存从 Source 到 Sink 的中间数据。可使用不同的配置来实现 Channel，如内存、文件、JDBC 等。其中，使用内存性能高但不持久，有可能丢失数据；使用文件更可靠，但性能不如内存。Sink 则负责从 Channel 中读出数据并发送给下一个 Agent 或最终的目的地。Sink 支持的不同目的地种类包括 HDFS、HBase、Solr、ElasticSearch、File、Logger 或其他的 Flume Agent。

图 2-4 所示为 Flume 采集数据并保存到 HDFS 中的过程。

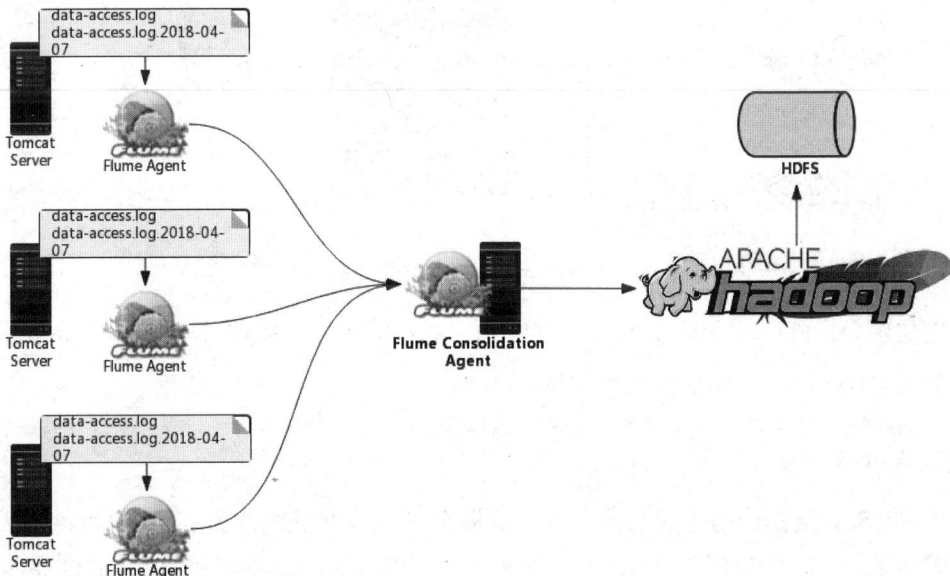

图 2-4　Flume 采集数据并保存到 HDFS 中的过程

2. Fluentd

Fluentd 是一个开源的日志采集平台，专为处理数据流设计，它使用 JSON 作为数据格式。它采用了插件式的架构，具有高可扩展性和高可用性，同时实现了高可靠的信息转发。

在实际应用中，Fluentd 主要负责从服务器收集日志数据，并将数据流交给后续数据存储器。因此，Fluentd 可以解决数据流流向混乱的问题。图 2-5 所示为 Fluentd 的采集架构，图 2-6 所示为 Fluentd 的采集过程。

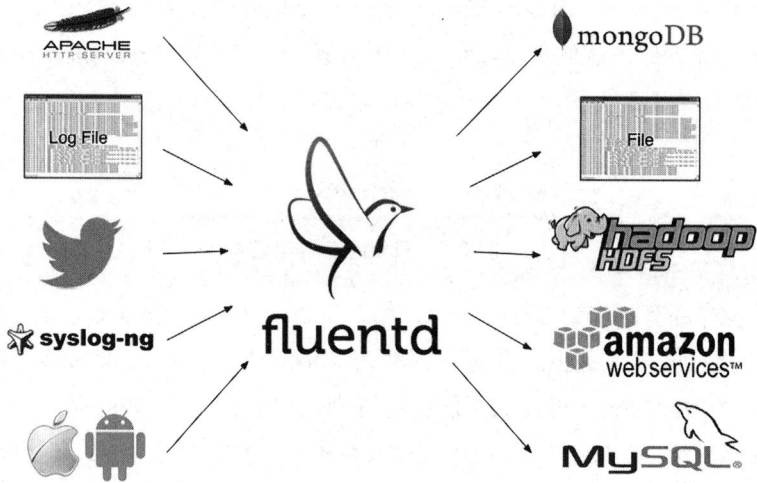

图 2-5　Fluentd 的采集架构

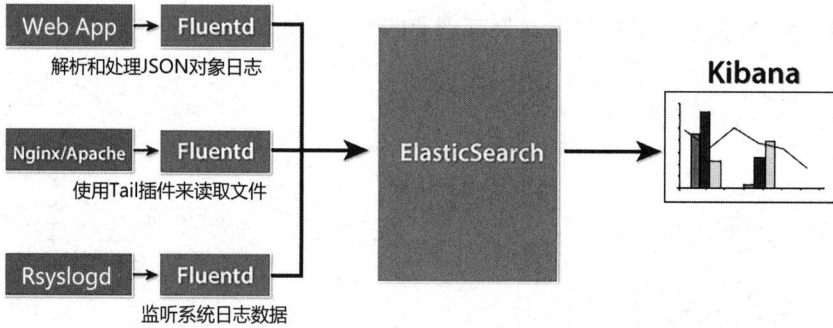

图 2-6　Fluentd 的采集过程

在使用中，Fluentd 从各方面看都很像 Flume。但是它采用 JSON 统一数据格式，因此相对于 Flume，Fluentd 的配置相对简单。

3. Logstash

ElasticSearch 是当前主流的分布式大数据存储和搜索引擎，可以为用户提供强大的全文本检索能力，广泛应用于日志检索、全站搜索等领域。Logstash 作为 ElasticSearch 常用的实时数据采集引擎，可以采集来自不同数据源的数据，并将数据进行处理后输出到多种输出源。

Logstash 的数据处理过程如图 2-7 所示。Logstash 的数据处理过程主要包括 Input、Filter和 Output 3 个部分，另外在 Input 和 Output 中可以使用 Codec 对数据格式进行处理。这 4个部分均以插件形式存在，用户通过定义 Pipeline 配置文件，设置需要使用的 Input、Filter、Output、Codec 插件，来实现特定的数据采集、数据处理、数据输出等功能。

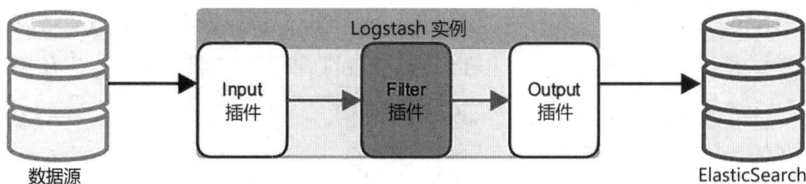

图 2-7　Logstash 的数据处理过程

从功能上看，Input 插件用于从数据源获取数据；Filter 插件用于处理数据，如格式转换、数据派生等；Output 插件用于数据输出。

图 2-8 所示为 Logstash 的运行。在 bin 目录下，可以输入 logstash –e ""命令来启动 Logstash。

图 2-8　Logstash 的运行

图 2-9 所示为在 Logstash 中输入语句 hello world 的运行结果。

图 2-9　在 Logstash 中输入语句 hello world 的运行结果

如图 2-9 所示，可以看到在 Logstash 尾部自动添加了几个字段：时间戳@timestamp、版本@version、主机名 host、信息 message 及输入的类型 type。

4. Chukwa

Chukwa 是一个开源的大型分布式监控系统的数据采集平台，它构建于 HDFS 和 Map/Reduce 框架之上，并继承了 Hadoop 优秀的扩展性和健壮性。在数据分析方面，Chukwa 拥有一套灵活、强大的工具，可用于监控和分析结果，以便更好地利用所采集的数据。

Chukwa 旨在为分布式数据采集和大数据处理提供一个灵活、强大的平台，这个平台不仅实时可用，还能够与时俱进地利用更新的存储技术（如 HDFS、HBase 等）。Chukwa 中的主要部件包含 Agent、Adaptor、Collector、Map/Reduce Job。其中 Agent 负责采集原始数据，并发送给 Collector；Adaptor 是直接采集数据的接口和工具；Collector 负责收集 Agent 发送来的数据，并定时写入 HDFS 中；Map/Reduce Job 则执行定时启动任务，负责数据分类、排序、去重和合并。图 2-10 所示为 Chukwa 的架构。

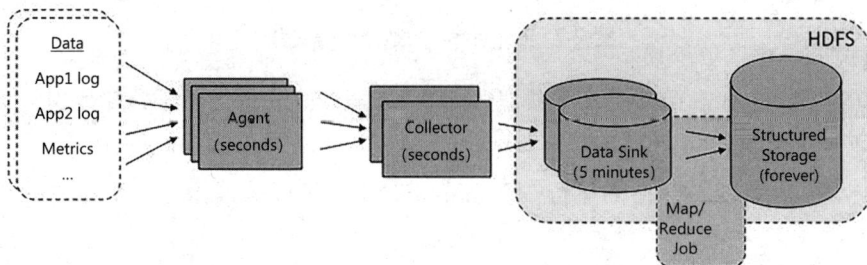

图 2-10　Chukwa 的架构

值得注意的是，Chukwa 不是一个单机系统，在单个节点部署一个 Chukwa，基本没有什么用处。Chukwa 是一个构建在 Hadoop 基础上的分布式日志处理系统，它提供了一个对大数据量日志类数据进行采集、存储、分析和展示的全套解决方案和框架。图 2-11 所示为 Chukwa 从数据的产生、采集、存储、分析到展示的整个过程。

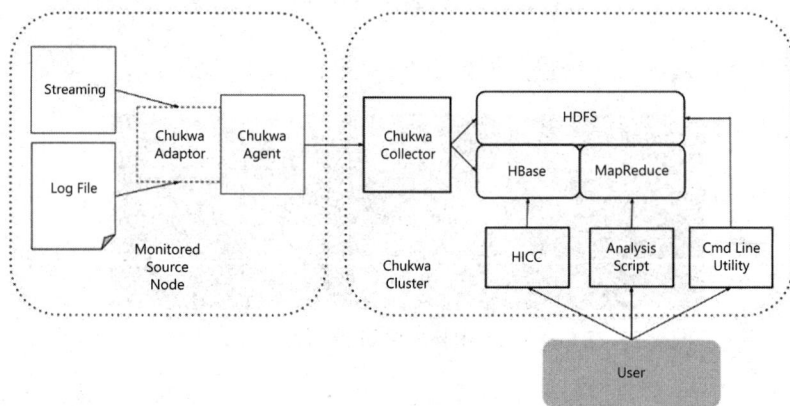

图 2-11　Chukwa 从数据的产生、采集、存储、分析到展示的整个过程

5. Scribe

Scribe 是 Facebook 开源的日志采集系统，已经在 Facebook 内部被大量应用。它能够从各种日志源上采集日志，并存储到一个中央存储系统（可以是 NFS、分布式文件系统等）上，以便进行集中统计分析处理。它为日志的"分布式采集，统一处理"提供了一个可扩展的、高容错的方案。在 Scribe 采集数据的过程中，当中央存储系统的网络或机器出现故障时，Scribe 会将日志转存到本地计算机或另一个 Scribe；当中央存储系统的网络或机器恢复后，Scribe 会将转存的日志重新传输给中央存储系统。

Scribe 的架构如图 2-12 所示。Scribe 的架构比较简单，主要包括 3 个部分，分别为 Scribe Agent、Scribe 和中央存储系统。Scribe Agent 实际上是一个 Thrift 客户端，向 Scribe 发送数据的唯一方法是使用 Thrift 客户端。Scribe 内部定义了一个 Thrift 接口，用户使用该接口将数据发送给服务器。Scribe 接收到 Thrift 客户端发送过来的数据后，根据配置文件，将不同主题的数据发送给不同的对象。Scribe 提供了各种各样的中央存储系统，如 DataBase、HDFS 等，Scribe 可将数据加载到这些中央存储系统中。

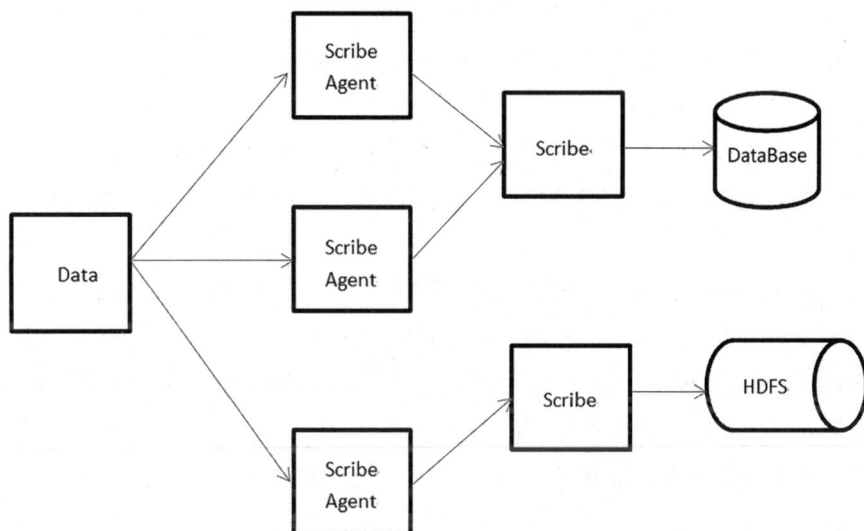

图 2-12　Scribe 的架构

值得注意的是，各个数据源需通过 Thrift 向 Scribe 传输数据（每条数据记录包含一个 Category 和一个 Message）。可以在 Scribe 中配置用于监听接口的 Thrift 线程数（默认为 3）。在后端，Scribe 可以将不同的 Category 数据存放到不同目录中，以便分别进行处理。图 2-13 所示为 Scribe 的整个工作过程。

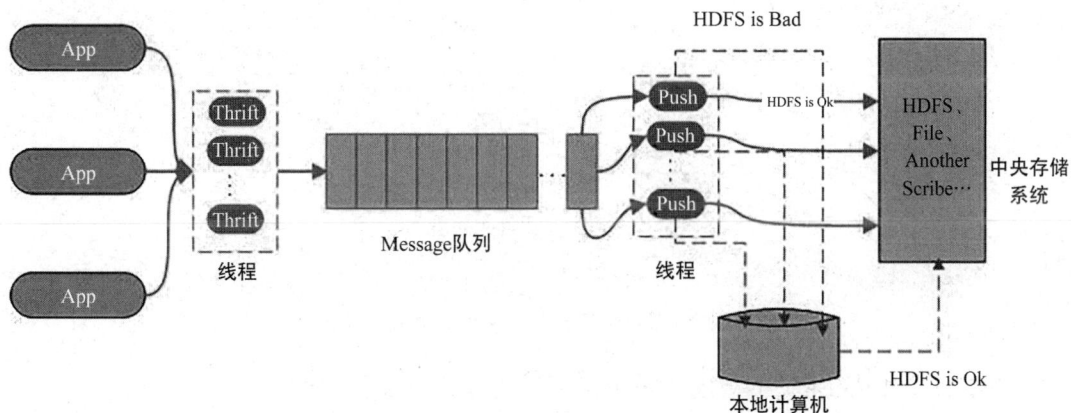

图 2-13　Scribe 的整个工作过程

6. Kafka

Kafka 是由 Apache 软件基金会开发的一个开源流处理平台，采用 Scala 和 Java 编写，使用了多种效率优化机制，适用于异构集群。

Kafka 有如下特性。

（1）通过 $O(1)$ 的磁盘数据结构提供消息的持久化，对于数据来说，即使是 TB 级的数据也能够保持长时间的稳定性能。

（2）高吞吐量，即使是非常普通的硬件 Kafka 也可以支持每秒数百万条的消息。

（3）支持通过 Kafka 服务器和客户端集群来分区消息。

（4）支持 Hadoop 并行数据加载。

在客户端应用和消息系统之间异步传递消息时，有两种主要的消息传递模式：点对点模式和发布/订阅模式。大部分的消息系统选用发布/订阅模式，Kafka 就采用了发布/订阅模式。

因此，Kafka 实际上是一个消息发布/订阅系统，它主要有 3 种角色，分别为生产者（Producer）、Kafka 节点（Kafka Broker）和消费者（Consumer）。在工作时 Producer 将消息发布到 Broker，而 Consumer 订阅消息。同时，Kafka 通过 Zookeeper 集群管理元数据。图 2-14 所示为 Kafka 系统中 3 种角色之间的关系。

此外，每条发布到 Kafka 的消息都有一个主题，称为 Topic。在 Kafka 中，消息是按 Topic 组织的，而每个 Topic 又会分为多个部分，如图 2-15 所示的 Prat1，这样便于管理数据和进行负载均衡。在工作时，Producer 向某个 Topic 发布消息，而 Consumer 订阅某个 Topic 的消息，一旦有关于某个 Topic 的新的消息，Broker 就会传递给订阅它的所有 Consumer。同时，Kafka 使用了 Zookeeper 集群进行负载均衡。

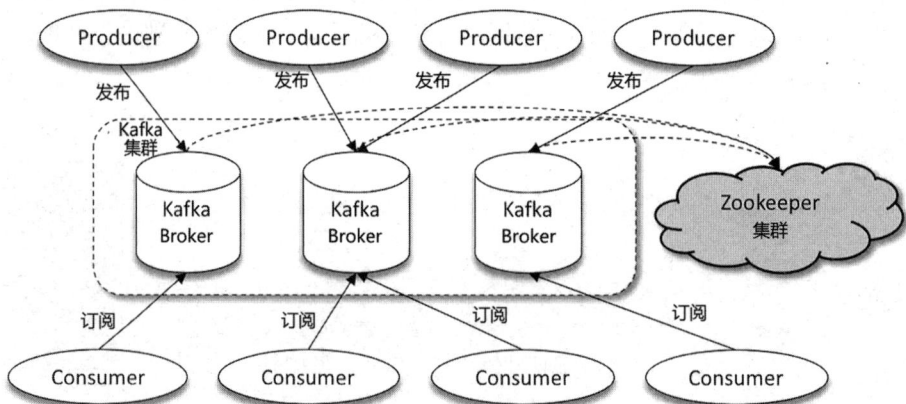

图 2-14　Kafka 系统中 3 种角色之间的关系

图 2-15 所示为 Topic 的组成，图 2-16 所示为 Kafka 的逻辑结构。

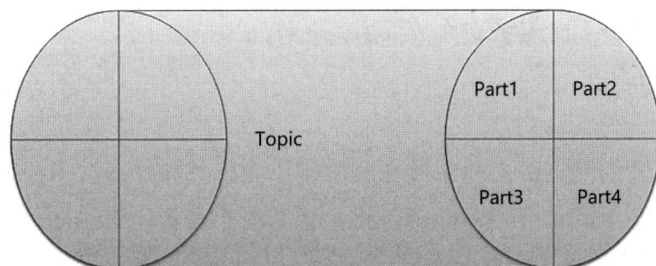

图 2-15　Topic 的组成

图 2-16　Kafka 的逻辑结构

2.2　网络爬虫

2.2.1　网络爬虫的概述

1．网络爬虫介绍

网络爬虫通过自动提取网页的方式完成下载网页的工作，实现了大规模数据的下载，省去诸多烦琐的人工操作。要认识网络爬虫，必须要对网络协议及网页制作有一定的了解。

1）URL

URL 的中文为统一资源定位符，其实可以理解成网页资源链接，但是更广义的 URL 不只是人们常看到的网页资源链接，而是资源在网页中的定位标识。人们通常说的网页是一个资源，网页中加载的每一张图片也是一个资源，它们在互联网中的位置由 URL 来定位。例如，https://zhuanlan.*****.com 就是一个 URL。

2）HTTP 与 HTTPS 协议

HTTP（超文本传输协议）是互联网上应用最为广泛的一种网络协议，所有的 WWW 文件都必须遵守这个协议。网络爬虫的基本原理是模拟浏览器进行 HTTP 请求，理解 HTTP 是编写网络爬虫的必备基础。HTTP 是一种发布和接收 HTML 网页的方法，是一个应用层的协议。HTTP 本身是非常简单的。它规定只能由客户端主动发起请求，服务器接收请求处理后返回响应结果，同时 HTTP 是一种无状态的协议，本身不记录客户端的历史请求。HTTPS 协议是 HTTP 的安全版协议，主要用于 Web 的安全传输。HTTPS 协议在传输层对网络连接进行加密，保障在网络上传输数据的安全性。HTTPS 协议的主要目的是提供对网站服务器的身份认证，同时保护交换数据的隐私性与完整性。

3）网页请求与响应

（1）网页请求。

每一个用户打开的网页都必须在最开始由用户向服务器发送访问的请求。一般来讲，一个 HTTP 请求报文由请求行（Request Line）、请求头（Request Header）、空行（Blank Line）和请求体（Request Body）4 个部分组成。

请求行是每个请求必不可少的部分，它由 3 个部分组成，分别是请求方法、请求 URL、HTTP 版本，分别以空格隔开。HTTP 中最常用的请求方法有 GET、POST、PUT、DELETE。GET 方法用于从服务器获取资源，90%的网络爬虫都是基于 GET 方法抓取数据的。

请求头用来说明服务器要使用的附加信息，关于附加信息的说明如下。

Accept：请求报头域，用于指定客户端可接收哪些类型的信息。

Accept-Language：指定客户端可接收的语言类型。

Accept-Encoding：指定客户端可接收的内容编码。

Host：用于指定请求支援的主机 IP 和端口号，其内容为请求 URL 的原始服务器或网关的位置。从 HTTP 1.1 版本开始，请求必须包含此内容。

Cookie：也常用复数形式 Cookies，这是网站为了辨别用户进行会话跟踪而存储在用户本地的数据。它的主要功能是维持当前会话。

Referer：用于标识这个请求是从哪个网页发过来的，服务器可以拿到这一信息并进行相应处理，如进行来源统计、防盗链处理等。

User-Agent：简称 UA，它是一个特殊的字符串头，可以使服务器识别用户使用的操作系统及版本、浏览器及版本等信息。在运行网络爬虫时加上此信息，网络爬虫可以伪装为浏览器，如果不加，则很容易被识别出为网络爬虫。

以下代码为 Python 网络爬虫中的头部伪装代码。

```
headers = {
    'User-Agent':'Mozilla/5.0 (Windows NT 6.1; WOW64) AppleWebKit/537.36
(KHTML, like Gecko) Chrome/56.0.2924.87 Safari/537.36'
    }
```

Content-Type：也叫互联网媒体类型（Internet Media Type）或 MIME 类型，在 HTTP 消息头中，用来表示具体请求中的媒体类型信息。

（2）网页响应。

服务器在接收到用户的请求后，会先验证请求的有效性，然后向客户端发送响应内容。客户端接收到服务器的响应内容后，将此内容展示出来，以供用户浏览。响应内容可以分成 3 个部分：响应状态码（Response Status Code）、响应头（Response Header）、响应体（Response Body）。

响应状态码表示服务器的响应状态，如 200 代表服务器正常响应，301 代表请求的资源不存在，404 代表网页未找到，500 代表服务器内部发生错误。在网络爬虫中，用户可以根据响应状态码来判断服务器的响应状态，如果响应状态码为 200，则证明成功返回数据，可以进行进一步的处理，否则直接忽略。

响应头包含服务器对请求的应答信息，关于应答信息的说明如下。

Date：标识响应产生的日期。

Last-Modified：指定资源的最后修改时间。

Content-Encoding：指定响应内容的编码。

Server：包含服务器的信息，如名称、版本等。

Content-Type：文档类型，指定返回的数据类型，如 text/html 代表返回 HTML 文档，application/x-javascript 代表返回 JavaScript 文件，image/jpeg 代表返回图片。

Set-Cookie：响应头的一部分，用于指示服务器在用户的计算机上存储一个 Cookie。这个 Cookie 可以在后续的请求中被发送回服务器，从而允许服务器识别用户并维护会话状态。

Expire：指定响应的过期时间，可以使代理服务器或浏览器将加载的内容更新到缓存中。当需要再次访问时，就可以直接从缓存中加载，减小服务器负载，缩短加载时间。

在响应内容中最重要的部分是响应体。响应的正文数据都在响应体中，如请求网页时，它的响应体就是网页的 HTML 代码；请求一张图片时，它的响应体就是图片的二进制数据。

2. 网络爬虫的工作流程

用户使用网络爬虫来获取网页数据的时候，一般要经过发送请求、获取响应内容、解析响应内容、保存数据 4 个步骤。

网络爬虫具体实现过程如图 2-17 所示。

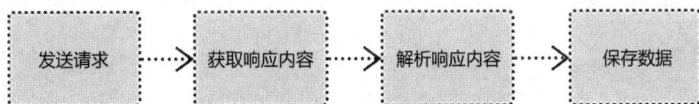

图 2-17　网络爬虫具体实现过程

3. Robots 协议

1）Robots 协议的原理

Robots 协议即网络爬虫排除标准，该协议是互联网中的道德规范，主要用于保护网站中的某些隐私。网站可以通过 Robots 协议告诉搜索引擎哪些网页可以爬取，哪些网页不能爬取。

一般来讲，robots.txt 是一个文本文件，存在于网站的根目录下，当搜索引擎访问网站时第一个要读取的文件就是 robots.txt 文本文件。

图 2-18 所示为网络爬虫对网站的目录结构进行爬取的过程。

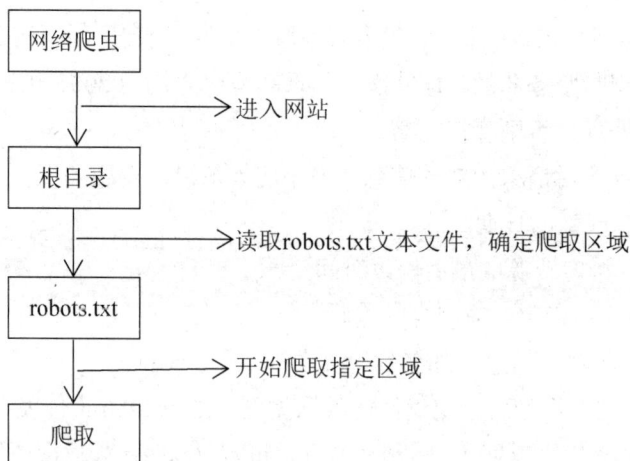

图 2-18　网络爬虫对网站的目录结构进行爬取的过程

2）Robots 协议的语法与书写方式

（1）robots.txt 文本文件必须放在网站的根目录下。

（2）文件名必须全部小写。

（3）User-Agent 项用来描述搜索引擎的名称。其中，Baiduspider 代表百度搜索引擎，Googlebot 代表谷歌搜索引擎。

（4）Disallow 项用来描述希望不被爬取的 URL 路径。

（5）Allow 项用来描述可以被爬取的 URL 路径。

其中，User-Agent、Disallow 及 Allow 是 Robots 协议语法中的主要部分。

4. 基础网络爬虫框架介绍

基础网络爬虫框架如图 2-19 所示，该图介绍了基础网络爬虫框架包含哪些模块，以及各模块之间的关系。

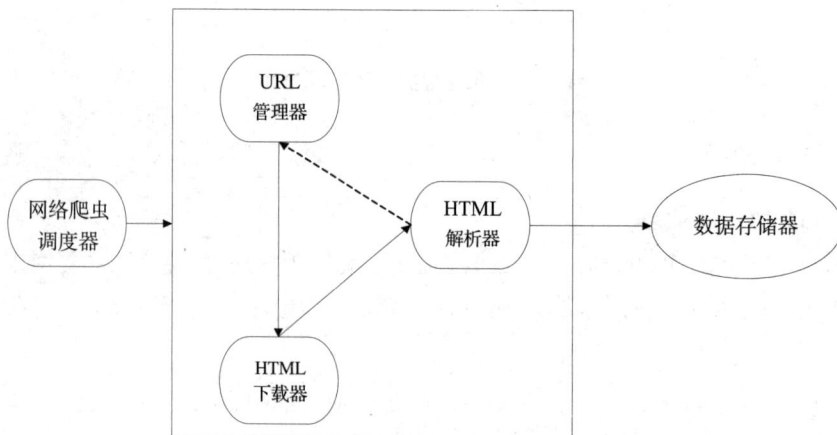

图 2-19　基础网络爬虫框架

基础网络爬虫框架主要包括 5 个模块，分别为网络爬虫调度器、URL 管理器、HTML 下载器、HTML 解析器和数据存储器。这 5 个模块的功能如下所述。

（1）网络爬虫调度器主要负责统筹其他 4 个模块的协调工作。

（2）URL 管理器负责管理 URL 链接，维护已经爬取的 URL 集合和未爬取的 URL 集合，提供获取新 URL 链接的接口。

（3）HTML 下载器用于从 URL 管理器中获取未爬取的 URL 链接并下载 HTML 网页。

（4）HTML 解析器用于从 HTML 下载器中获取已经下载的 HTML 网页，并从中解析出新的 URL 链接交给 URL 管理器，解析出有效数据交给数据存储器。

（5）数据存储器用于将 HTML 解析器解析出来的数据以文件或数据库的形式存储起来。

5. Python 网络爬虫介绍

1）urllib

urllib 用于操作网页 URL，并对网页的内容进行抓取处理。

严格地讲，urllib 并不是一个模块，它其实是一个包（Package），内置 4 个模块。其中包含对服务器请求的发出、跳转、代理和安全等各个方面的内容。例如，urllib 的 Request 模块提供了最基本的构造 HTTP 请求的方法，使用它可以方便地实现请求的发送并得到响应。

2）Requests

Requests 是用 Python 编写，基于 urllib，采用 Apache2 Licensed 开源协议的 HTTP 库。它比 urllib 更加方便，可以缩减开发者工作，完全满足 HTTP 测试需求。Requests 实现了 HTTP 中绝大部分功能，它提供的功能包括 Keep-Alive、连接池、Cookie 持久化、内容自动解压、HTTP 代理、SSL 认证、连接超时等，更重要的是它同时兼容 Python 2 和 Python 3。

3）正则表达式

正则表达式又称为规则表达式，是对字符串操作的一种逻辑公式。其特点是用事先定义好的一些特定字符及这些特定字符的组合，组成一个"规则字符串"，这个"规则字符串"用来表达对字符串的一种过滤逻辑。因此，正则表达式通常被用来检索、替换那些符合某个模式（规则）的文本。

4）BeautifulSoup

HTML 文档本身是结构化的文本，有一定的规则，通过这种结构可以简化信息提取。于是，就有了像 lxml、pyquery、BeautifulSoup 等之类的网页信息提取库。其中 BeautifulSoup 提供一些简单的、Python 式的函数来处理导航、搜索、修改分析树等工作。它是一个工具箱，通过解析文档为用户提供需要抓取的数据，因为简单，所以不需要多少代码就可以写出一个完整的应用程序。目前，BeautifulSoup 已成为和 lxml、html5lib 一样出色的 Python 解释器（库），并为用户灵活地提供不同的解析策略或强劲的速度。

5）PyQuery

PyQuery 是 Python 的第三方库，是一个非常强大又灵活的网页解析库，它提供了和 JQuery 类似的语法来解析 HTML 文档，并且支持 CSS 选择器，使用非常方便。

与 BeautifulSoup 相比，PyQuery 更加灵活，它提供增加节点的类别信息、移除某个节点、提取文本信息等功能。

以下为 Python 中使用 BeautifulSoup 来爬取网页数据的代码。

```python
from bs4 import BeautifulSoup
html_string = """<!DOCTYPE html>
<html>
<head>
    <title>Example Page</title>
</head>
<body>
    <h1>Hello, World!</h1>
    <p class="first">This is the <b>first</b> paragraph.</p>
    <p class="second">This is the <b>second</b> paragraph.</p>
    <a href="https://www.example1.com">Go Website</a>
    <a href="https://www.example2.com">My Website</a>
    <a href="https://www.example3.com">You Website</a>
    <div class='link'>oner</div>
    <div class='link'>ben</div>
    <div class='link1'>today</div>
</body>
</html>"""
soup = BeautifulSoup(html_string, features="html.parser")
print(soup.title)
print(soup.title.name)
print(soup.title.text)
print(soup.a['href'])
print(soup.body)
#利用 name 来查找
tag_list=soup.find(name="h1")
print(tag_list)
tag_list1=soup.find(name="a")
print(tag_list1.text)
fi = soup.findAll(name='a')#查找全部符合条件的行
for i in fi:
    print(i)
```

其运行结果如下。

```
<title>Example Page</title>
title
```

```
Example Page
https://www.example1.com
<body>
<h1>Hello, World!</h1>
<p class="first">This is the <b>first</b> paragraph.</p>
<p class="second">This is the <b>second</b> paragraph.</p>
<a href="https://www.example1.com">Go Website</a>
<a href="https://www.example2.com">My Website</a>
<a href="https://www.example3.com">You Website</a>
<div class="link">oner</div>
<div class="link">ben</div>
<div class="link1">today</div>
</body>
<h1>Hello, World!</h1>
Go Website
<a href="https://www.example1.com">Go Website</a>
<a href="https://www.example2.com">My Website</a>
<a href="https://www.example3.com">You Website</a>
```

2.2.2 网络爬虫的分类及特点

网络爬虫按照系统结构和实现技术，大致可以分为以下几种类型：通用网络爬虫（General Purpose Web Crawler）、聚焦网络爬虫（Focused Web Crawler）、增量式网络爬虫（Incremental Web Crawler）、深层网络爬虫（Deep Web Crawler）。实际的网络爬虫系统通常是由几种爬虫技术相结合实现的。

1. 通用网络爬虫

通用网络爬虫又称全网爬虫，爬行对象从一些种子 URL 扩充到整个 Web，主要为门户站点搜索引擎和大型 Web 服务提供商采集数据。通用网络爬虫的爬行范围和数量巨大，对于爬行速度和存储空间要求较高，但对于爬行网页的顺序要求相对较低，同时由于待刷新的网页太多，通常采用并行工作方式，但需要较长时间才能刷新一次网页。

通用网络爬虫主要由初始 URL 集合、URL 队列、网页爬行模块、网页分析模块、网页数据库、链接过滤模块等构成。通用网络爬虫在爬行的时候会采取一定的爬行策略，主要有深度优先爬行策略和广度优先爬行策略。

图 2-20 所示为通用网络爬虫的基本框架。

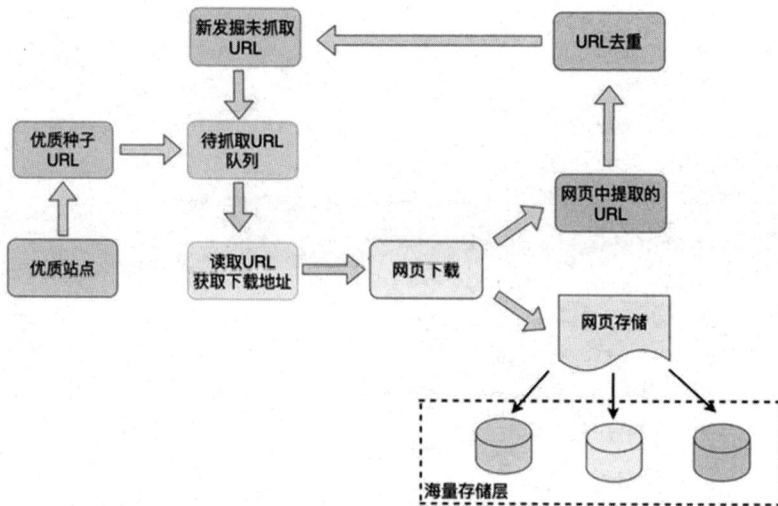

图 2-20　通用网络爬虫的基本框架

2. 聚焦网络爬虫

聚焦网络爬虫又称主题网络爬虫，和通用网络爬虫不同的是，聚焦网络爬虫只需要爬行与主题相关的网页，这极大地节省了硬件和网络资源，保存的网页由于数量少而更新快，可以很好地满足一些特定人群对特定领域信息的需求。

与通用网络爬虫相比，聚焦网络爬虫增加了链接评价模块及内容评价模块。聚焦网络爬虫实现爬行策略的关键是评价网页内容和链接的重要性，不同的方法计算出的重要性不同，由此导致链接的访问顺序也不同。

主要的聚焦网络爬虫爬行策略包括基于内容评价的爬行策略、基于链接结构评价的爬行策略、基于增强学习的爬行策略，以及基于语境图的爬行策略等。

3. 增量式网络爬虫

增量式网络爬虫是指对已下载网页采取增量式更新和只爬行新产生的或已经发生更新的网页的爬虫，它能够在一定程度上保证所爬行的网页是尽可能新的网页。增量式网络爬虫只会在需要的时候爬行新产生或发生更新的网页，并不重新下载没有发生更新的网页，这样可有效减少数据下载量，及时更新已爬行的网页，减少时间和空间上的耗费，但是增加了爬行算法的复杂度和实现难度。

增量式网络爬虫的体系结构主要包含爬行模块、排序模块、更新模块、本地网页集合、待爬行 URL 集合，以及本地网页 URL 集合等。

4. 深层网络爬虫

深层网络爬虫可以爬行互联网中的深层网页。在互联网中，网页按存在方式分类，可以分为表层网页和深层网页。所谓的表层网页，指的是不需要提交表单，使用静态链接就能够到达的静态网页；而深层网页则隐藏在表单后面，不能通过静态链接直接获取，是需要提交一定的表单之后才能够获取的网页。例如，用户注册后内容才可见的网页就属于深层网页。深层网页是互联网上最大、发展最快的新型信息资源，并且它的数量往往比表层网页的数量要多很多。

深层网络爬虫主要由 URL 列表、LVS 列表（LVS 指的是标签/数值集合，即填充表单的数据源）、爬行控制器、解析器、LVS 控制器、表单分析器、表单处理器及响应分析器等部分构成。编写深层网络爬虫最重要的部分为表单填写，常见的方式是基于网页结构分析的表单填写，这种填写方式一般在领域知识有限的情况下使用，它会根据网页结构进行分析，并自动地进行表单填写。

2.2.3　网络爬虫框架

1. 网络爬虫框架介绍

网络爬虫工具（框架）

当前比较常用的网络爬虫框架较多，一般主流的有 Scrapy 和 PySpider 等技术框架。表 2-1 所示为常见的网络爬虫框架。

表 2-1　常用的网络爬虫框架

编号	网络爬虫框架名称	功能描述
1	Scrapy	Scrapy 是一个为了爬取网站数据，提取结构性数据而编写的应用框架
2	PySpider	PySpider 是一个用 Python 实现的功能强大的网络爬虫框架，能在浏览器界面上进行脚本的编写、功能的调度和爬取结果的实时查看
3	Crawley	Crawley 可以高速爬取对应网站的内容，支持关系型和非关系型数据库，数据可以导出为 JSON、XML 等格式
4	Portia	Portia 是一个开源可视化网络爬虫框架，它允许用户通过简单的点选操作来创建和配置网络爬虫，而无须编写代码
5	Newspaper	Newspaper 可以用来提取新闻和文章，以及进行内容分析。它使用多线程，支持 10 多种语言等
6	Grab	Grab 是一个用于构建 Web 刮板的 Python 框架，它提供一个 API 用于执行网络请求和处理接收到的内容，如与 HTML 文档的 DOM 树进行交互
7	Cola	Cola 是一个分布式的网络爬虫框架，对于用户来说，只需编写几个特定的函数，无须关注分布式运行的细节。任务会自动分配到多台机器上，并且整个过程对用户是透明的

在网页中采集数据时，可使用的编程语言主要有 Python、Java 和 C#。如果要在传感器中采集数据，则可使用 C、C++和 Shell 等其他编程语言。

2. Scrapy 网络爬虫框架介绍

Scrapy 是一个使用 Python 编写的开源网络爬虫框架，是一个高级的 Python 网络爬虫框架。Scrapy 可用于各种应用程序，如数据挖掘、信息处理及历史归档等，目前主要用于爬取 Web 站点并从网页中提取结构化数据。

Scrapy 简单易用、灵活、易扩展，并且是跨平台的，在 Linux 及 Windows 平台中都可以使用，Scrapy 目前可以支持 Python 2.7 和 Python 3+版本。

Scrapy 由 Engine、Scheduler、Downloader、Spider、Item Pipeline、Downloader Middleware，以及 Spider Middleware 等组成。Scrapy 架构组成如图 2-21 所示。

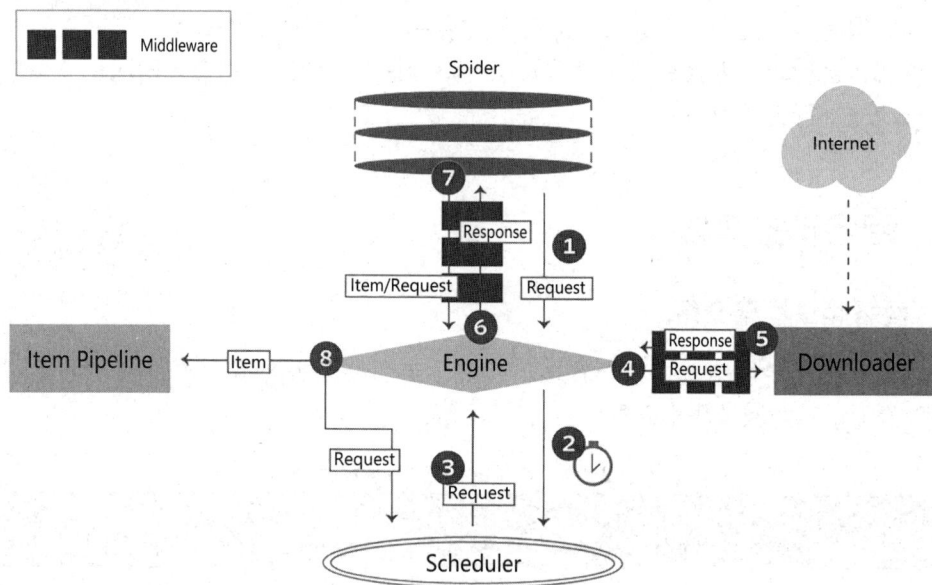

图 2-21　Scrapy 架构组成

Scrapy 的具体组件作用如下。

1）Engine

Engine 也叫作引擎，它是 Scrapy 工作的核心，负责控制数据流在系统所有组件中的流动，并在相应动作发生时触发事件。

2）Scheduler

Scheduler 也叫作调度器，它从 Engine 接收 Request 并将其入队，以便之后 Engine 请求它们时提供给 Engine。

3）Downloader

Downloader 也叫作下载器，它负责获取网页数据并提供给 Engine，而后提供给 Spider。

4）Spider

Spider 一般叫作蜘蛛，它是 Scrapy 用户编写的，用于分析由 Downloader 返回的 Response，并提取出 Item 和额外的 URL 的类，每个 Spider 都能处理一个域名或一组域名。

5）Item Pipeline

Item Pipeline 也叫作项目管道，它主要负责处理网络爬虫从网页中爬取的数据，即清洗、验证和存储数据。当网页被 Spider 解析后，解析数据将被发送到 Item Pipeline，并经过几个特定的次序进行处理。每个 Item Pipeline 的组件都是由一个简单的方法组成的 Python 类。它们获取了 Item 和执行 Item 的方法，同时它们还需要确定是否需要在 Item Pipeline 中继续执行下一步或不处理直接丢弃。Item Pipeline 通常执行的工作如下。

（1）清洗 HTML 数据。

（2）验证解析到的数据。

（3）检查是否是重复数据。

（4）将解析到的数据存储到数据库中。

6）Downloader Middleware

Downloader Middleware 也叫作下载器中间件，它是介于 Engine 和 Scheduler 之间的中间件，主要用于在 Engine 和 Scheduler 之间进行请求和响应。

7）Spider Middleware

Spider Middleware 也叫作蜘蛛中间件，它是介于 Engine 和 Spider 之间的中间件，主要工作是处理 Spider 的响应输入和请求输出。

在整个架构组成中，Spider 是最核心的组件，Scrapy 爬虫开发基本上是围绕 Spider 展开的。

此外，在 Scrapy 中还有 3 种数据流对象，分别是 Request、Response 和 Item。

（1）Request 是 Scrapy 中的 HTTP 请求对象。

（2）Response 是 Scrapy 中的 HTTP 响应对象。

（3）Item 是一种简单的容器，用于保存爬取的数据。在 Scrapy 中，一个 Item 代表 Spider 从网页中爬取的一项数据。

Scrapy 中 Request、Response 是最为核心的两个数据流对象，是连接 Spider、Engine、Downloader、Scheduler 的关键媒介。表 2-2 所示为 Scrapy 的数据流对象介绍。

表 2-2 Scrapy 的数据流对象介绍

类型	方式	作用
Request	scrapy.http.Request()	Request 由 Spider 生成，由 Downloader 处理
Response	scrapy.http.Response()	Response 由 Downloader 生成，由 Spider 处理
Item	scrapy.item.Item()	Item 由 Spider 生成，由 Item Pipeline 处理

在 Scrapy 中，Spider 负责处理所有 Response，从中分析提取数据，获取 Item 需要的数据，并将需要跟进的 URL 提交给 Engine，再次进入 Scheduler。具体一些就是 Spider 定义了一个特定站点（或一组站点）如何被爬取的类，包括如何执行爬取（跟踪链接）及如何从网页中提取结构化数据（爬取项）。也就是说，人们要爬取的网页的链接配置、爬取逻辑、解析逻辑等其实都是在 Spider 中定义的。

Spider 的整个爬取循环过程如下。

（1）以初始的 URL 初始化 Request ，并设置回调函数。当该 Request 成功请求并返回时，Response 生成并作为参数传给该回调函数。

（2）在回调函数内分析返回的网页内容。返回结果有两种形式：一种是解析得到的有效结果返回字典或 Item 对象，它们可以经过处理后（或直接）保存；另一种是解析得到的下一个链接（如下一页），可以利用此链接构造 Request 并设置新的回调函数，返回 Request 等待后续调度。

（3）如果返回的是字典或 Item 对象，则可通过 Feed Export 等组件将返回结果存入文件。如果设置了 Itcm Pipclinc，则可使用 Itcm Pipclinc 处理（如过滤、修正等）并保存。

（4）如果返回的是链接，那么用此链接构造的 Request 执行成功并得到 Response 之后，Response 会被传递给 Request 中定义的回调函数，在回调函数中可以使用选择器来分析新得到的网页内容，并根据分析的数据生成 Item。

通过以上几步循环往复进行，就可以完成站点的爬取。

要开发 Scrapy 爬虫，一般有以下几步：新建项目、明确目标、制作爬虫、存储内容。Scrapy 爬虫实现步骤如图 2-22 所示。

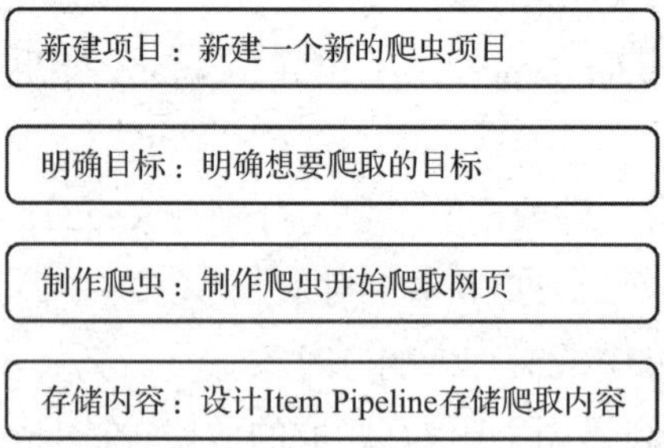

图 2-22　Scrapy 爬虫实现步骤

图 2-23 所示为使用 Scrapy 爬虫爬取的网页数据。

爬取的网页内容如图 2-24 所示。

图 2-23　使用 Scrapy 爬虫爬取的网页数据

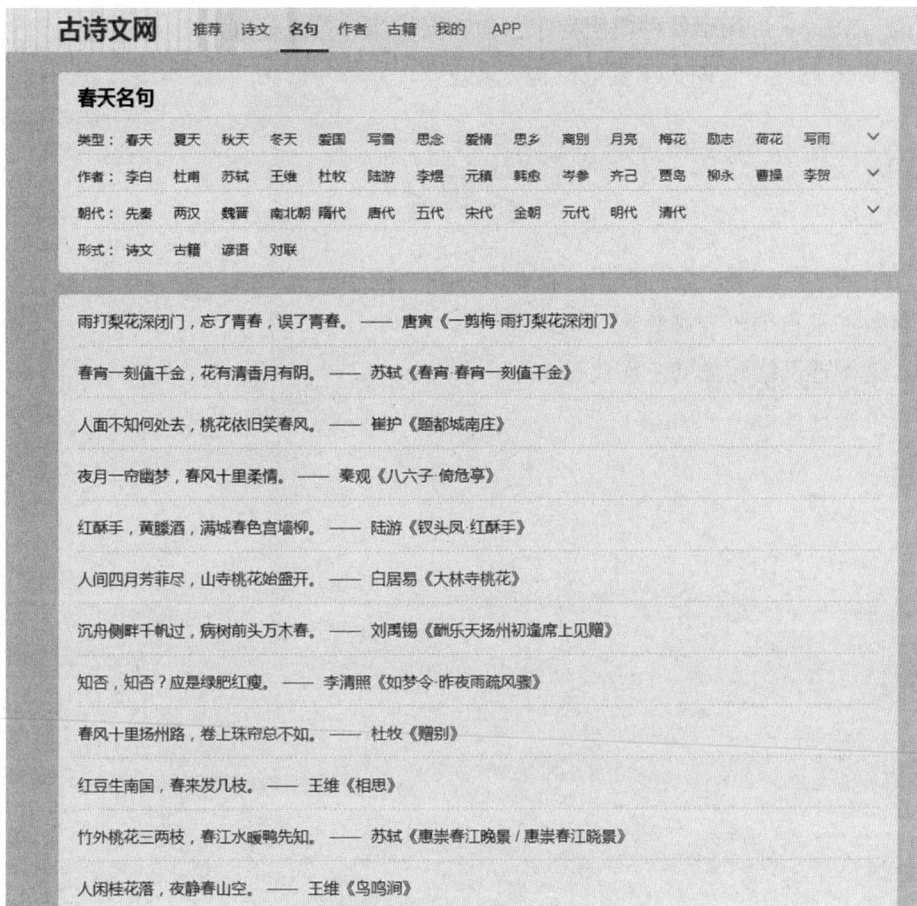

图 2-24　爬取的网页内容

2.3　本章小结

（1）数据是大数据应用的基础，研究大数据、分析大数据的前提是拥有数据。拥有数据的方式有很多种，既可以通过企业自身来采集数据，也可以通过如网络爬虫等其他方式获取数据。

（2）目前常用的开源数据采集平台包含 Flume、Fluentd、Logstash、Chukwa、Scribe 及 Kafka 等。这些平台大部分采用的是分布式架构，以满足大规模数据采集的需要。

（3）网络爬虫通过自动提取网页的方式完成下载网页的工作，实现了大规模数据的下载，省去诸多烦琐的人工操作。

（4）网络爬虫按照系统结构和实现技术，大致可以分为以下几种类型：通用网络爬虫（General Purpose Web Crawler）、聚焦网络爬虫（Focused Web Crawler）、增量式网络爬虫（Incremental Web Crawler）、深层网络爬虫（Deep Web Crawler）。

（5）Scrapy 是一个使用 Python 编写的开源网络爬虫框架，是一个高级的 Python 网络爬虫框架。Scrapy 可用于各种应用程序，如数据挖掘、信息处理及历史归档等，目前主要用于爬取 Web 站点并从网页中提取结构化数据。

习题 2

（1）请阐述传感器采集的数据特征有哪些。

（2）数据采集平台有哪些？

（3）请阐述网络爬虫的工作流程。

（4）请阐述 Scrapy 的组件。

第3章　大数据架构

本章学习目标

- 了解大数据架构的概念及类型。
- 了解 Hadoop 的发展史及核心组件。
- 了解 HDFS 的概念及操作。
- 了解 MapReduce 的概念及设计方式。

3.1　大数据架构概述

3.1.1　大数据架构介绍

大数据架构是一个用于处理、管理、存储、分析和访问大规模、多样化数据的概念性系统或物理系统。大数据架构是一个复杂的系统，涉及多个组件和层次，并可以针对企业的业务目的进行分析。一般来看，大数据架构旨在处理以下类型的工作。

（1）批量处理大数据源。

（2）实时处理大数据。

（3）预测分析和机器学习。精心设计的大数据架构可以节省企业资金，并帮助其预测未来趋势，从而做出明智的业务决策。

可用大数据架构分析的数据量每天都在增长。而且，流媒体资源比以往更多，其中包括流量传感器、健康传感器、事务日志和活动日志中提供的数据。但拥有数据只是业务成功的一半。企业还需要理解数据，并及时使用数据来做出关键决策。

1. 降低成本

Hadoop 作为一个开源的分布式存储和处理框架，能够以较低的成本存储和处理海量数据。它能够将大量数据分散存储在低成本的商用服务器集群上，而非依赖昂贵的传统关系型数据库或存储设备，大大降低了数据的存储成本。企业实施的云计算平台如 Amazon AWS、Microsoft Azure、Google Cloud Platform 等提供了按需付费的模式。在前期，企业可以根据实际需求租用计算和存储资源，无须大量投资硬件设施。此外，云服务的自动扩展功能能够根据数据处理需求自动增减资源，进一步节省成本。

2. 做出更快、更好的决策

实时决策可以帮助企业抓住稍纵即逝的市场机会或及时干预潜在问题，提升业务灵活性和竞争力。大数据架构中的流处理技术（如 Kafka、Flink、Spark Streaming 等）能够实时分析数据流，使企业能够在数据产生的瞬间做出反应，这对金融交易、网络监控、社交平台趋势分析等尤为重要。此外，通过实时分析交易数据、社交媒体反馈、传感器信息等，企业能够立即识别趋势、问题或机会，快速调整策略。

3. 预测未来需求并创建新产品

大数据架构可以帮助企业衡量客户需求并分析预测未来趋势。通过分析客户行为数据、社交媒体数据、客户服务记录等，企业能够更精确地理解市场趋势和客户需求，发现潜在的消费者细分市场。此外，基于对市场的深入洞察和预测，企业能够开发出更贴合市场需求的新产品（或服务）。例如，利用客户偏好数据开发个性化推荐系统，或者根据使用数据分析改进产品的功能设计，从而提升市场竞争力和客户满意度。

大数据架构通过降低成本、加速决策过程，以及提供对未来趋势的预测，正在深刻地改变企业的运营模式和市场竞争格局，推动企业向更加智能化、高效化的方向发展。

3.1.2 大数据架构分类

目前围绕 Hadoop 的大数据架构有以下几种。

1. 传统大数据架构

之所以叫传统大数据架构，是因为其定位是解决传统商业智能（BI）的问题，简单来说，数据分析的业务没有发生任何变化，但是因为数据量、性能等问题，系统无法正常使用，需要进行升级改造，此类架构便是为了解决这个问题。可以看到，其依然保留了 ETL（抽取、转换、加载）的动作，将数据经过 ETL 后进行存储。

优点：简单，易懂，对于 BI 系统来说，基本思想没有发生变化，变化的仅仅是技术选型，用传统大数据架构替换掉 BI 系统的组件。

缺点：对于传统大数据架构来说，没有 BI 系统下如此完备的 Cube 架构，虽然目前有 Kylin，但是 Kylin 的局限性非常明显，远远没有 Cube 架构的灵活度和稳定度，因此对业务支撑的灵活度不够。所以，对于存在大量报表或需要进行复杂钻取的场景，需要太多的定制化，同时该架构依旧以批处理为主，缺乏对实时性的支撑。

适用场景：数据分析需求依旧以 BI 场景为主，但是因为数据量、性能等问题而无法满足日常使用需求。

2. 流式架构

在传统大数据架构的基础上，流式架构非常激进，直接拔掉了批处理，数据全程以流的形式进行处理，所以在数据接入端没有了 ETL 动作，转而替换为数据通道。经过流处理加工后的数据，以消息的形式被直接推送给了消费者。虽然有一个存储部分，但是该存储部分更多地以窗口的形式进行存储，所以该存储过程并非发生在数据湖，而是发生在外围系统。

优点：没有臃肿的 ETL 动作，数据的实时性非常高。

缺点：对于流式架构来说，不存在批处理，因此对于数据的重播和历史统计无法很好地进行支撑。对于离线分析，其仅仅支持窗口之内的分析。

适用场景：预警，监控，对数据有有效期要求的情况。

3. Lambda 架构

Lambda 架构是大数据架构里面举足轻重的架构，大多数架构基本都是 Lambda 架构或基于其变种的架构。Lambda 架构的数据通道分为两条分支：实时通道和离线通道。实时通道依照流式架构，保障了其实时性；离线通道则以批处理为主，保障了最终一致性。

优点：既有实时通道又有离线通道，对于数据分析场景涵盖得非常到位。

缺点：实时通道和离线通道虽然面临的场景不相同，但是其内部处理的逻辑是相同的，因此有大量冗余和重复的模块存在。

适用场景：同时存在实时和离线需求的情况。

4. Kappa 架构

Kappa 架构在 Lambda 架构的基础上进行了优化，将实时和流部分进行了合并，将数据通道以消息队列进行替代。因此对 Kappa 架构来说，依旧以流处理为主，但是数据在数据湖层面进行了存储，当需要进行离线分析或再次计算的时候，只要将数据湖的数据再次经过消息队列重播一次即可。

优点：Kappa 架构解决了 Lambda 架构里面的冗余部分，以数据可重播的思想进行了设计，整个架构非常简洁。

缺点：虽然 Kappa 架构看起来简洁，但实施难度相对较高，尤其是对于数据重播部分。

适用场景：和 Lambda 架构类似。

5. Unifield 架构

以上的各种架构都以海量数据处理为主，Unifield 架构则更激进，将机器学习和数据分析揉为一体。从核心上来说，Unifield 架构依旧以 Lambda 架构为主，不过对其进行了改造，在流处理层新增了机器学习层。数据在经过数据通道进入数据湖后，新增了模型训练部分，并且其将在流处理层进行使用。同时流处理层不单使用模型，也可以对模型进行持续训练。

优点：Unifield 架构提供了一套机器学习和数据分析相结合的架构方案，非常好地解决了机器学习如何与数据平台进行结合的问题。

缺点：Unifield 架构的实施复杂度很高，对机器学习架构来说，从软件包到硬件部署都和数据分析架构有着非常大的差别，因此在实施过程中的难度系数更高。

适用场景：有大量数据需要分析，同时对机器学习有非常大的需求。

3.2 Hadoop 架构

3.2.1 Hadoop 介绍

1. Hadoop 概述

Hadoop 是 Apache 软件基金会旗下的一个开源分布式计算平台。以 HDFS（Hadoop Distributed File System，Hadoop 分布式文件系统）和 MapReduce（Google MapReduce 的开源实现）为核心的 Hadoop 为用户提供了系统底层细节透明的分布式基础架构。HDFS 的高容错性、高伸缩性等优点允许用户将 Hadoop 部署在低廉的硬件上，形成分布式系统，为海量数据提供了存储方法；MapReduce 分布式编程模型允许用户在不了解分布式系统底层细节的情况下开发并行应用程序，为海量数据提供计算方法。用户可以利用 Hadoop 轻松地组织计算机资源，从而搭建自己的分布式计算平台，并可以充分利用集群的计算和存储能力，完成海量数据的处理。

Hadoop 起源于 Google 的集群系统，Google 的数据中心使用廉价 Linux 计算机组成集群，运行各种应用，即使是分布式系统开发新手也可以迅速使用 Google 的基础设施。如今广义的 Hadoop 包括 Hadoop 本身和基于 Hadoop 的开源项目，并已经形成了完备的 Hadoop 生态链。

图 3-1 所示为使用 Hadoop 来实现分布式存储的示意图。

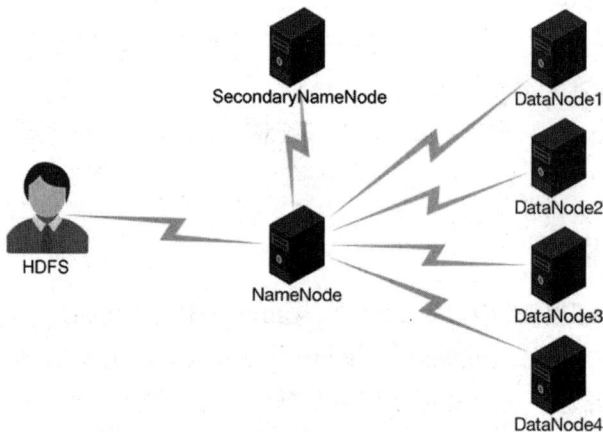

图 3-1 使用 Hadoop 来实现分布式存储的示意图

2. Hadoop 版本

Hadoop 1.0 是最早的版本，它在开发过程中存在诸多缺陷，Hadoop 1.0 主要是由 HDFS 和一个分布式计算框架（MapReduce）组成的。

Hadoop 2.0 增加了 HDFS HA 机制，解决了 HDFS 1.0 中的单点故障问题，通过 HDFS HA 机制进行 StandbyNameNode 的"热备"。Hadoop 2.0 虽然在 HDFS 上发生了一些变化，但是使用方式不变，Hadoop 1.0 中相关的命令与 API 仍然可以继续使用。此外，Hadoop 2.0 中增加了 YARN 框架，针对 Hadoop 1.0 中主 JobTracker 压力太大的不足，把 JobTracker 资源分配和作业控制分开，利用 ResourceManager 在 NameNode 上进行资源管理调度，利用 ApplicationMaster 进行任务管理和任务监控。由 NodeManager 替代 TaskTracker 进行具体任务的执行，因此 MapReduce 2.0 只是一个计算框架，相关资源的调用全部由 YARN 框架处理。

Hadoop 3.0 是 Hadoop 的最新版本，该版本在功能和性能方面对 Hadoop 内核进行了多项重大改进，包括 HDFS 可擦除编码、多 NameNode 支持、MR Native Task 优化、YARN 基于 cgroup 的内存和磁盘 I/O 隔离、YARN Container Resizing 等。表 3-1 所示为 Hadoop 3.0 引入的一些新功能及描述。

表 3-1　Hadoop 3.0 引入的一些新功能及描述

功能	描述
HDFS 可擦除编码	一项数据冗余技术，相较于传统的三副本机制，能够以更低的空间开销提供数据容错能力
多 NameNode 支持	Hadoop 3.0 引入了联邦 HDFS 的概念，允许一个集群拥有多个独立的命名空间
MR Native Task 优化	通过利用本地库（如 Intel ISA-L）来加速压缩和解压缩等操作，提高 MapReduce 任务的执行效率
YARN 基于 cgroup 的内存和磁盘 I/O 隔离	YARN 利用 Linux 容器（cgroup）技术来更精确地控制容器内存和磁盘的 I/O 资源使用，提高了资源使用的效率和公平性
YARN Container Resizing	允许运行中的容器动态调整资源（如内存）大小，提高了资源分配的灵活性和利用率

3.2.2　Hadoop 发展史

Hadoop 来自 Google 一款名为 MapReduce 的编程模型包。MapReduce 可以把一个应用程序分解为许多并行计算指令，跨大量的计算节点运行巨大的数据集。使用 MapReduce 的一个典型例子就是在网络数据上运行的搜索算法。Hadoop 最初只与网页索引有关，现在则迅速发展为分析大数据的领先平台。

Hadoop 的源头是 Nutch，该项目始于 2002 年，是 Apache Lucene 的子项目之一。

Nutch 的设计目标是构建一个大型的全网搜索引擎，包括网页抓取、索引、查询等功能，但随着抓取网页数量的增加，遇到了严重的可扩展性问题——如何解决数十亿个网页的存储和索引问题。之后，Google 发表的两篇论文为该问题提供了可行的解决方案。一篇是 2003 年发表的关于 Google 分布式文件系统的论文，该论文描述了 Google 搜索引擎网页相关数据的存储架构，该架构可以解决 Nutch 在网页抓取和索引过程中遇到的超大文件存储需求的问题。但由于 Google 未开源代码，Nutch 项目组成员便根据论文完成了一个开源实现 Nutch 的分布式文件系统（Nutch Distributed File System，NDFS）。另一篇是 2004 年，Google 在"操作系统设计与实现（Operating System Design and Implementation，OSDI）"会议上公开发表的题为"MapReduce: Simplified Data Processing on Large Clusters"的论文，该论文描述了 Google 内部最重要的分布式计算框架 MapReduce 的设计艺术，该框架可用于处理海量网页的索引问题。之后，受到启发的 Doug Cutting 等人开始尝试实现 MapReduce计算框架，并将它与 NDFS 结合，用于支持 Nutch 的主要算法。由于 NDFS 和 MapReduce在 Nutch 中有着良好的应用，因此它们于 2006 年 2 月被分离出来，成为一套完整而独立的软件，并被命名为 Hadoop。2008 年年初，Hadoop 已成为 Apache 的顶级项目，包含众多子项目。它被应用到包括 Yahoo!在内的很多互联网公司。

3.2.3　Hadoop 核心组件概述

Hadoop 的三大核心组件分别是 HDFS、YARN 和 MapReduce。

HDFS：Hadoop 的数据存储工具。

YARN：Hadoop 的资源管理器。

MapReduce：Hadoop 的分布式计算框架。

1.　HDFS

首先，HDFS 是一个文件系统，用于存储文件，通过目录树来定位文件；其次，它是分布式的，由很多服务器联合起来实现其功能，集群中的服务器有各自的角色。

HDFS 的使用场景：适合一次写入、多次读出的场景，且不支持文件的修改。HDFS 适合用来做数据分析，并不适合用来做网盘应用。

2.　YARN

YARN 是一个通用资源管理系统，可为上层应用提供统一的资源管理和调度界面，它的引入为集群在利用率、资源统一管理和数据共享等方面带来了巨大的好处。通过 YARN，不同的计算框架可以共享同一个 HDFS 集群上的数据，进行整体的资源调度。

YARN 的基本思想是将 JobTracker 的两个主要功能（资源管理和应用程序管理）进行分离，主要方法是创建一个全局的 ResourceManager 和若干个针对应用程序的ApplicationMaster。这里的应用程序是指传统的 MapReduce 作业或 MapReduce 作业的 DAG

（有向无环图）。

3. MapReduce

MapReduce 是 Google 于 2004 年提出的能并发处理海量数据的并行编程模型，其特点是简单易学、适用面广，能够降低并行编程难度，让编程人员从繁杂的并行编程工作中解脱出来，轻松地编写简单、高效的并行程序。

MapReduce 用于大规模数据集（大于 1TB）的并行运算。Map（映射）和 Reduce（归约）是 MapReduce 的主要思想，这两种概念都是从函数式编程语言里参考的。MapReduce 极大地方便了编程人员在不会分布式并行编程的情况下，将自己的程序运行在分布式系统上。

3.3　Hadoop 核心组件

3.3.1　HDFS

1. HDFS 介绍

HDFS 是基于流式访问和处理超大文件的需求而开发的，是一个分布式文件系统。HDFS 具有一定的容错性，且提供了高吞吐量的数据访问，非常适合应用在大规模数据集上。

HDFS 的设计特点如下。

（1）大数据文件存储。HDFS 非常适合 TB 级别的大文件或一堆大数据文件的存储。

（2）文件分块（Block）存储。HDFS 会将一个完整的大文件平均分块并存储到不同计算机上，它的意义在于读取文件时可以同时从多台计算机读取不同块的文件，多计算机读取比单计算机读取效率要高得多。

（3）流式数据访问，一次写入多次读取。这种模式跟传统文件不同，HDFS 不支持动态改变文件内容，而是要求让文件一次写入就不再变化，要变化也只能在文件末添加内容。

（4）廉价硬件。HDFS 可以应用在普通计算机上，这种机制能够让一些公司用几十台廉价的计算机就可以撑起一个大数据集群。

（5）硬件故障高效处理。HDFS 认为所有计算机都可能会出问题，为了防止某台计算机失效读取不到该计算机的文件块，它将同一个文件块副本分配到其他几台计算机上，如果其中一台计算机失效，则可以迅速在其他计算机上读取文件块副本。

2. HDFS 构成

HDFS 的关键构成包含 Block、NameNode 和 DataNode。

Block：将一个文件进行分块，通常一个文件块的大小是 64MB。

NameNode：保存整个文件系统的目录信息、文件信息及分块信息，这是由唯一一台主机专门保存的，当然如果这台主机出错，NameNode 就失效了。Hadoop 2.x 开始支持 Activity-Standy 模式——如果主 NameNode 失效，就启动备用主机运行 NameNode。

DataNode：分布在廉价的计算机上，用于存储文件块。

一个完整的 HDFS 运行在一些节点之上，这些节点运行着不同类型的进程，如 NameNode、DataNode、SecondaryNameNode 等，不同类型的节点相互配合、相互协作，在集群中扮演了不同的角色，一起构成了 HDFS。

如图 3-2 所示，在一个典型的 HDFS 集群中，有一个 NameNode、一个 SecondaryNameNode 和至少一个 DataNode，而 HDFSClient 的数量并没有限制。所有的数据均存放在运行 DataNode 进程的节点的块中。

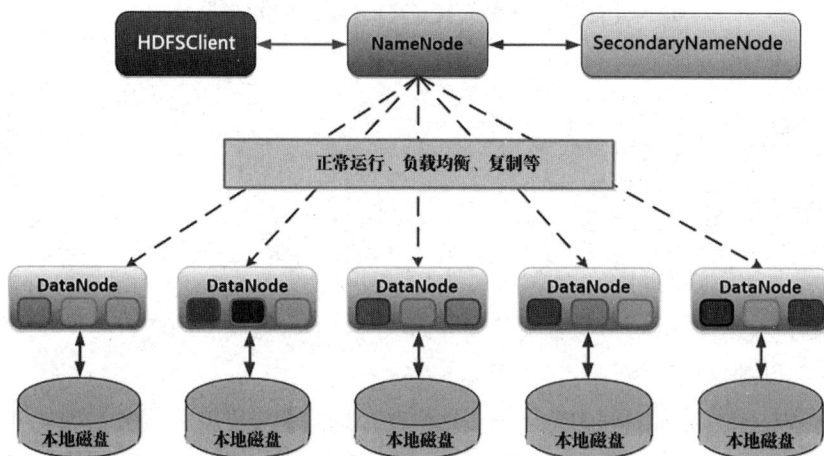

图 3-2　HDFS 集群

1）HDFSClient

HDFSClient 是用户和 HDFS 交互的手段，HDFS 提供了非常多的 HDFSClient，包括命令行接口、Java API、Thrift 接口、C 语言库、用户空间文件系统等。

2）NameNode

NameNode 是管理者，一个 HDFS 集群只有一个 NameNode，它通常是一个在 HDFS 实例中的单独服务器上运行的软件。NameNode 主要负责 HDFS 的管理工作，具体包括命名空间管理和文件块管理。NameNode 决定是否将文件映射到 DataNode 的复制块上。对于最常见的 3 个复制块，第一个复制块存储在同一台服务器的不同节点上，最后一个复制块存储在不同服务器的某个节点上。

NameNode 是 HDFS 的大脑，它维护着整个文件系统的目录树，以及目录树里所有的文件和目录，这些信息以两种形式存储在本地文件中：一种是命名空间镜像，也称为文件系统镜像（File System Image，FSImage），即 HDFS 元数据的完整快照，每次 NameNode 启动时，默认会加载最新的命名空间镜像；另一种是命名空间镜像编辑日志。

3）SecondaryNameNode

SecondaryNameNode 是用于定期合并命名空间镜像和命名空间镜像编辑日志的辅助进程。每个 HDFS 集群都有一个 SecondaryNameNode，在生产环境下，一般 SecondaryNameNode 也会单独运行在一台服务器上。

命名空间镜像其实是文件系统元数据的一个永久性检查点，但并非每一个写操作都会更新这个文件，因为命名空间镜像是一个大型文件，如果频繁地更新，就会使系统运行极为缓慢。解决方案是 NameNode 只改动命名空间镜像编辑日志。随着时间的推移，命名空间镜像编辑日志会变得越来越大，那么一旦发生故障，将会花费非常多的时间来回滚操作，所以就像传统的关系型数据库一样，需要定期地合并命名空间镜像和命名空间镜像编辑日志。如果由 NameNode 来进行合并操作，那么 NameNode 在为集群提供服务时可能无法提供足够的资源，为了彻底解决这一问题，SecondaryNameNode 应运而生。NameNode 与 SecondaryNameNode 的交互如图 3-3 所示。

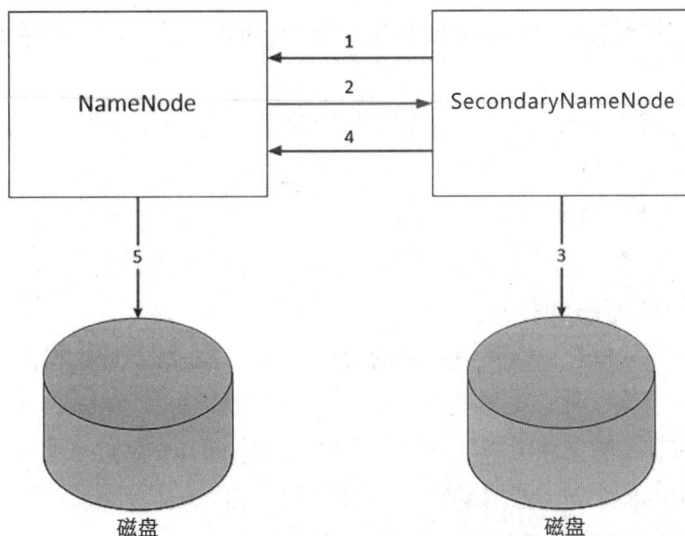

图 3-3 NameNode 与 SecondaryNameNode 的交互

（1）SecondaryNameNode 引导 NameNode 滚动更新命名空间镜像编辑日志，并将新的内容写入新的命名空间镜像编辑日志（Edit Log.new）。

（2）SecondaryNameNode 将 NameNode 的命名空间镜像和命名空间镜像编辑日志复制到本地的检查点目录。

（3）SecondaryNameNode 载入命名空间镜像，回放命名空间镜像编辑日志，将其合并到命名空间镜像，将新的命名空间镜像压缩后写入磁盘。

（4）SecondaryNameNode 将新的命名空间镜像写回 NameNode，NameNode 在接收新的

命名空间镜像后，直接加载和应用该文件。

（5）NameNode 将 Edit Log.new 更名为 EditLog。

默认情况下，上述过程每小时发生一次，或者当 NameNode 的命名空间镜像编辑日志达到 64 MB 时也会被触发。

从名称上来看，初学者会以为当 NameNode 出现故障时，SecondaryNameNode 会自动成为新的 NameNode，也就是 NameNode 的"热备"。通过上面的介绍，我们可以清楚地认识到这一想法是错误的。

4）DataNode

DataNode 是 HDFS 的主从架构中从角色的扮演者，它在 NameNode 的指导下完成 I/O 任务。如前文所述，存放在 HDFS 中的文件都是由块组成的，所有的块都存放在 DataNode 中。实际上，对于 DataNode 来说，块就是一个普通的文件，我们可以到 DataNode 存放块的目录［默认是$（dfs.data.dir）/current］下查看，块的文件名为 blk.blkID。

DataNode 会不断地向 NameNode 报告。初始化时，每个 DataNode 将当前存储的块告知 NameNode，在集群正常工作时，DataNode 仍会不断地更新 NameNode，为其提供本地修改的相关信息，同时接收来自 NameNode 的指令，创建、移动或删除本地磁盘上的块。

5）块

每个磁盘都有默认的块大小，这是磁盘进行数据读/写的最小单位，而文件系统也有块的概念，如 ext3、ext2 等。文件系统的块大小只能是磁盘的块大小的整数倍，磁盘的块大小一般为 512B，文件系统的块大小一般为几千字节，如 ext3 的块大小为 4096B，Windows 文件的块大小为 4096B。用户在使用文件系统对文件进行读取或写入时，完全不知道块的细节，这些对于用户是不透明的。

HDFS 同样有块的概念，但是 HDFS 的块比一般文件系统的块大得多，默认为 64MB，并可以随着实际需要而变化，配置项为 hdfs-site.xml 文件中的 dfs.block.size 项。与单一文件系统相似，HDFS 上的文件也被划分为多个块，它是 HDFS 存储处理的最小单元。

例如，data.txt 文件的大小为 150MB，如果此时 HDFS 的块大小没有经过配置，默认为 64 MB，那么该文件在 HDFS 中存储的情况如图 3-4 所示。

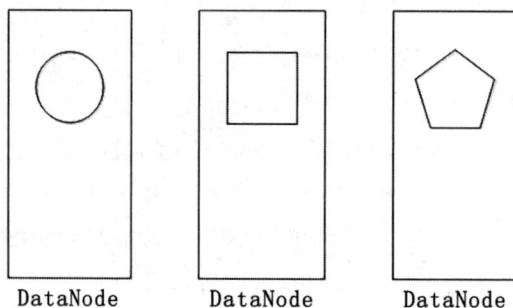

图 3-4　data.txt 文件在 HDFS 中存储的情况

圆形为保存该文件的第一个块，大小为 64MB；方形为保存该文件的第二个块，大小为 64MB；五边形为保存该文件的第三个块，大小为 22MB。与一般文件系统不同的是，HDFS 中小于一个块大小的文件不会占据整个块的空间，所以第三个块的大小为 22MB，而不是 64MB。

HDFS 中的块如此大的原因是最小化寻址开销。如果块设置得足够大，那么从磁盘传输数据的时间会明显长于定位这个块开始位置所需的时间。这样，传输一个由多个块组成的文件的时间取决于磁盘的传输速率。得益于磁盘传输速率的提升，块的大小可以被设置为 128 MB 甚至更大。

使用块的好处如下。

（1）可以保存较大的文件。块的设计实际上就是对文件进行分片，分片可以保存在集群的任意节点，从而使文件存储跨越了磁盘甚至机器的限制，如 data.txt 文件被分为 3 个块，并存放于 3 个 DataNode 之中。

（2）简化存储子系统。将存储子系统控制单元设置为块，可简化存储管理，并且可实现元数据和数据的分开管理和存储。

（3）容错性高。由于块存在副本，因此任意一个块损坏，都不会影响数据的完整性。

3. HDFS 中的文件访问权限

针对文件和目录，HDFS 有与 POSIX（可移植操作系统接口）非常相似的权限模式。

HDFS 提供 3 类权限模式：只读权限（r）、写入权限（w）和可执行权限（x）。读取文件或列出目录内容时需要只读权限。写入一个文件或在一个目录上新建及删除文件或目录时，需要写入权限。对文件而言，可执行权限可以忽略，因为用户不能在 HDFS 中执行文件（与 POSIX 不同），但在访问一个目录的子项时需要该权限。对目录而言，当列出目录内容时需要只读权限，当新建及删除子文件或子目录时需要写入权限，当访问目录的子节点时需要可执行权限。

每个文件和目录都有所属用户（Owner）、所属组别（Group）及模式（Mode）。这里的模式是由所属用户的权限、组内成员权限及其他用户的权限组成的。

默认情况下，可以通过正在运行进程的用户名和组名来确定客户端的唯一标识。但由于客户端是远程的，任何用户都可以简单地在远程系统上以客户端的名义创建一个账户来进行访问。因此，作为防止共享文件系统资源和数据意外损失的一种机制，权限只能供用户组中的成员使用。注意，最新版的 Hadoop 已经支持 Kerberos 用户认证，该认证去除了上述限制。但是，除上述限制以外，为防止用户意外修改程序或删除文件系统的重要部分，启用权限控制还是很重要的。

如果启用权限控制，就会检查所属用户的权限，以确认客户端的用户名与所属用户是否匹配，并检查所属组别的权限，以确认该客户端是否是该用户组的成员；若不符，则不允许访问。

注意，这里有一个超级用户（Super-User）的概念，超级用户是 NameNode 进程的标识。宽泛地讲，如果你启用了 NameNode，那么你就是超级用户；另外，管理员也可以用配置参数指定一组特定的用户，如果做了设定，这个组的成员也会是超级用户。对于超级用户，系统不会执行任何权限控制。

4. HDFS 操作

1）启动 Hadoop

这里以 Windows 系统为例，首先将 Hadoop 安装在 D 盘中。

进入 D:\hadoop-3.0.0\sbin，输入启动命令：start-all.cmd，开启进程。

启动 Hadoop 如图 3-5 所示。

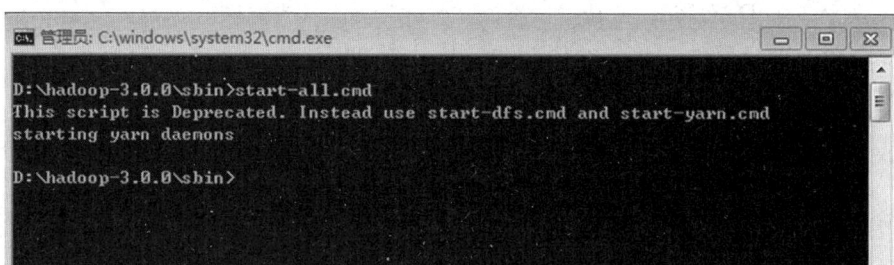

图 3-5　启动 Hadoop

2）测试是否开启成功

输入命令：jps。jps 命令的主要功能是查看 Java 接口的进程号。

测试命令运行结果如图 3-6 所示。

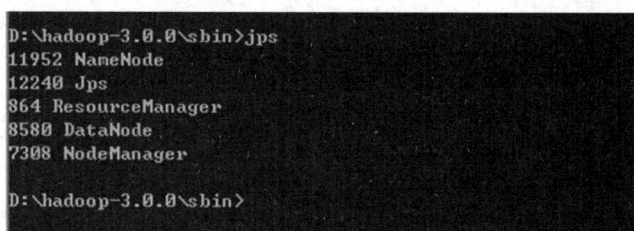

图 3-6　测试命令运行结果

3）创建目录

在 D:\hadoop-3.0.0\sbin 中分别创建两个目录 tmp 和 user，命令如下。

```
D:\hadoop-3.0.0\sbin>hadoop fs -mkdir /tmp
D:\hadoop-3.0.0\sbin>hadoop fs -mkdir /user
```

查看刚才创建好的目录，命令如下。

```
hadoop fs -ls -r /
```

创建目录如图 3-7 所示。

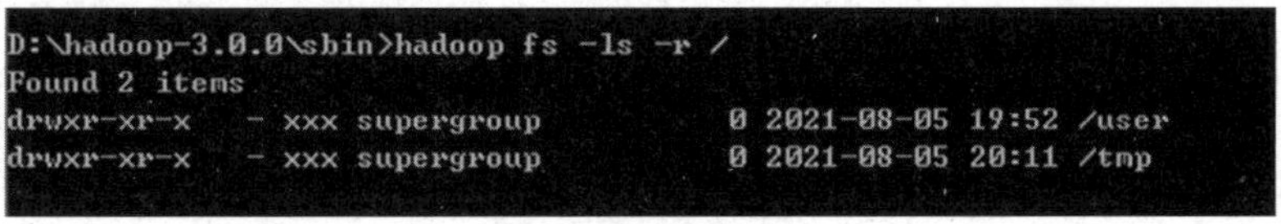

```
D:\hadoop-3.0.0\sbin>hadoop fs -ls -r /
Found 2 items
drwxr-xr-x   - xxx supergroup          0 2021-08-05 19:52 /user
drwxr-xr-x   - xxx supergroup          0 2021-08-05 20:11 /tmp
```

图 3-7　创建目录

4）创建子目录

在已经创建好的目录 user 中创建子目录 input 和 file1，命令如下。

```
hadoop fs -mkdir /user/input
hadoop fs -mkdir /user/file1
```

查看刚才创建好的子目录，命令如下。

```
hadoop fs -ls -r /user
```

创建子目录如图 3-8 所示。

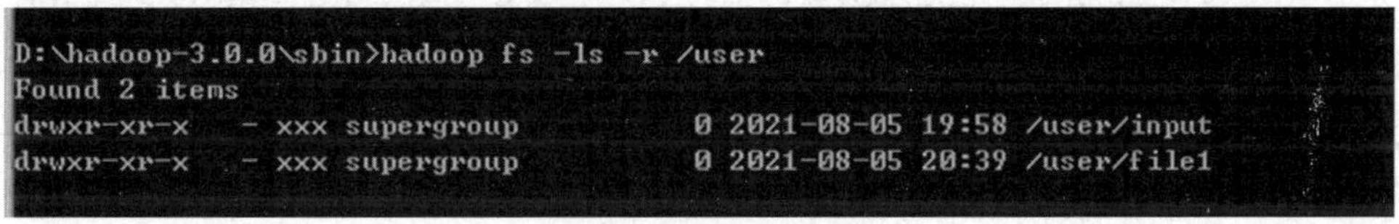

```
D:\hadoop-3.0.0\sbin>hadoop fs -ls -r /user
Found 2 items
drwxr-xr-x   - xxx supergroup          0 2021-08-05 19:58 /user/input
drwxr-xr-x   - xxx supergroup          0 2021-08-05 20:39 /user/file1
```

图 3-8　创建子目录

5）在浏览器中查看

在浏览器中打开地址：http://localhost:9870/，在“Utilities”菜单中选择“Browse the file system”选项，输入“/user”查看已经创建好的目录，如图 3-9 所示。

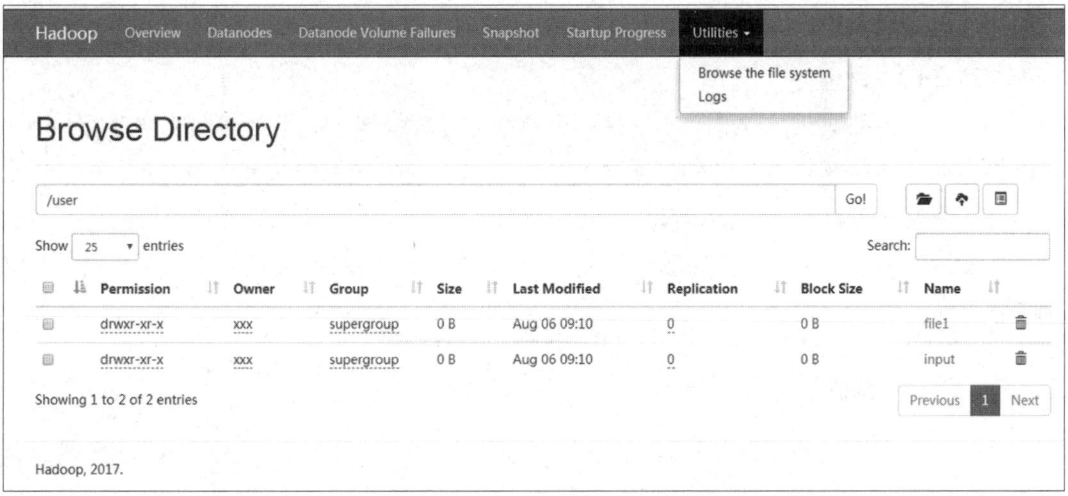

图 3-9　查看已经创建好的目录

3.3.2 YARN

1. YARN 介绍

在 Hadoop 1.x 中，只有 HDFS（负责存储）和 MapReduce（负责计算），所有的相关计算全部放到 MapReduce 上，并使用 JobTracker 和 TaskTracker 这两个进程来进行调度和执行。其中，JobTracker 负责计算资源的调度，TaskTracker 负责计算程序的执行。但是MapReduce 本身存在着一些问题。例如，若 Hadoop 集群的 JobTracker 失效，则整个集群都不能使用了；JobTracker 承受的访问压力大，影响系统的可扩展性；系统不支持 MapReduce之外的计算框架，如 Storm、Spark、Flink 等。为了解决以上问题，Hadoop 2.0 版本新引入了资源管理系统 YARN。YARN 一经推出，便迅速成为最受欢迎的分布式资源调度框架，负责管理集群中的全部资源，以及调度运行在 YARN 之上的各种计算任务。YARN 的核心思想是将 Hadoop 1.x 中 JobTracker 的资源管理和应用程序管理两个功能分开，分别由ResourceManager 和 ApplicationMaster 来实现。其中，ResourceManager 负责整个集群的资源管理和调度，而 ApplicationMaster 负责应用程序相关的事务，如任务调度、任务监控和容错等。因此，YARN 的出现使得多个计算框架可以运行在一个集群当中，并且每个应用程序都对应一个 ApplicationMaster。

与 Hadoop 1.x 相比，Hadoop 2.0 采用了一种分层的集群架构，具有以下优势。

（1）Hadoop 2.0 提出了 HDFS Federation，它让多个 NameNode 分管不同的目录解决HDFS 中单个 NameNode 的可扩展性和性能瓶颈问题。对于运行中 NameNode 的单点故障，通过 NameNode 热备方案解决。

（2）YARN 将资源管理和应用程序管理两部分剥离开来，分别由 ResourceManager 和ApplicationMaster 进程来实现，提高了工作效率。

（3）YARN 具有向后兼容性，用户在 Hadoop 1.x 上运行的作业，无须任何修改即可运行在 Hadoop 2.0 之上。

（4）支持多种框架，YARN 不再是一个单纯的计算框架，而是一个框架管理器，用户可以将各种各样的框架移植到 YARN 之上，由 YARN 进行统一管理和资源分配。

（5）框架升级容易，在 YARN 中，各种框架不再作为一种服务部署到集群的各个节点上，而是被封装成一个用户程序库存放在客户端中，当需要对框架进行升级时，只需升级用户程序库即可。

2. YARN 构成

YARN 主要由 ResourceManager、ApplicationMaster、NodeManager、Container 等组件组成。

1）ResourceManager

YARN 分层架构的核心是 ResourceManager。ResourceManager 控制着整个集群，并管理着应用程序对基础资源的分配。ResourceManager 将各种资源（计算资源、内存资源、带宽资源等）精心安排给 NodeManager。此外，ResourceManager 还与 ApplicationMaster 一起分配资源，与 NodeManager 一起启动和监视基础应用程序。

2）ApplicationMaster

ApplicationMaster 管理在 YARN 内运行的应用程序的每个实例，负责协调来自 ResourceManager 的资源，并通过 NodeManager 来监视作业的执行和资源的使用。每一个提交到集群的作业都会有一个与之对应的 ApplicationMaster 来负责应用程序的管理。

3）NodeManager

NodeManager 管理 YARN 中的每个节点，并提供针对集群中每个节点的服务。NodeManager 会定期向 ResourceManager 汇报 Container 的情况，并接收 ResourceManager 对于 Container 的启停命令。

4）Container

Container 是 YARN 对资源进行的一种抽象，YARN 将 CPU、内存这些资源都封装成一个个的 Container。因此，Container 实际上是对任务运行环境进行的抽象，它封装 CPU、内存等多维度的资源，以及环境变量、启停命令等任务运行相关的信息。此外，Container 还包含了 ApplicationMaster 向 ResourceManager 申请的计算资源，如 CPU 核数、内存大小，以及任务运行所需的环境变量和对任务运行情况的描述。值得注意的是，Container 由 NodeManager 启动和管理，并受其监控。

3. YARN 操作

1）启动

进入 D:\hadoop-3.0.0\sbin，输入启动命令：start-all.cmd，开启进程。

在 D:\hadoop-3.0.0\sbin 下输入命令：yarn queue –status default。

查看 YARN 资源调度器状态，如图 3-10 所示。

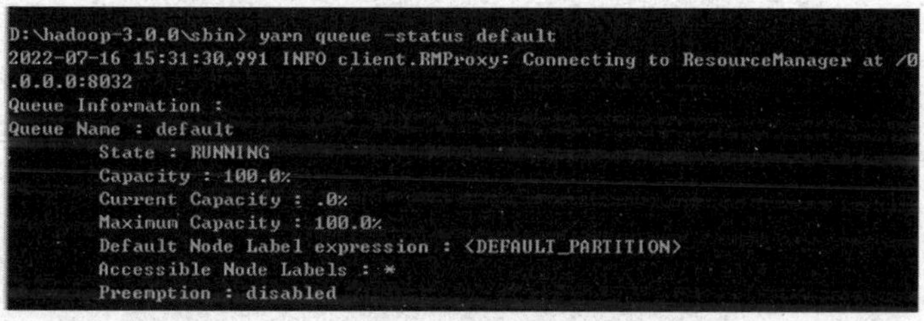

图 3-10　查看 YARN 资源调度器状态

2）列出所有的应用程序

输入命令：yarn application -list，如图 3-11 所示。

```
D:\hadoop-3.0.0\sbin>yarn application -list
2022-07-16 15:37:19,001 INFO client.RMProxy: Connecting to ResourceManager at /0
.0.0.0:8032
Total number of applications (application-types: [], states: [SUBMITTED, ACCEPTE
D, RUNNING] and tags: []):0
                Application-Id      Application-Name        Application-Type
      User           Queue                  State             Final-State
       Progress                        Tracking-URL
```

图 3-11　列出所有的应用程序

3）列出所有节点

输入命令：yarn node-list-all，如图 3-12 所示。

```
D:\hadoop-3.0.0\sbin>yarn node -list -all
2022-07-16 15:40:51,561 INFO client.RMProxy: Connecting to ResourceManager at /0
.0.0.0:8032
Total Nodes:1
         Node-Id             Node-State Node-Http-Address       Number-of-Runnin
g-Containers
windows10.microdone.cn:6339             RUNNING windows10.microdone.cn:8042
                                  0
```

图 3-12　列出所有节点

4）查看正在运行的节点

输入命令：yarn node-list-states RUNNING，如图 3-13 所示。

```
D:\hadoop-3.0.0\sbin>yarn node -list -states RUNNING
2022-07-16 15:46:40,021 INFO client.RMProxy: Connecting to ResourceManager at /0
.0.0.0:8032
Total Nodes:1
         Node-Id             Node-State Node-Http-Address       Number-of-Runnin
g-Containers
windows10.microdone.cn:6339             RUNNING windows10.microdone.cn:8042
                                  0
```

图 3-13　查看正在运行的节点

5）查看 YARN 中某一运行节点的报告

例如，输入命令 yarn node -status windows10.microdone.cn:6339，如图 3-14 所示。

```
D:\hadoop-3.0.0\sbin>yarn node -status windows10.microdone.cn:6339
2022-07-16 15:49:11,997 INFO client.RMProxy: Connecting to ResourceManager at /0
.0.0.0:8032
2022-07-16 15:49:12,409 INFO conf.Configuration: resource-types.xml not found
2022-07-16 15:49:12,409 INFO resource.ResourceUtils: Unable to find 'resource-ty
pes.xml'.
Node Report :
        Node-Id : windows10.microdone.cn:6339
        Rack : /default-rack
        Node-State : RUNNING
        Node-Http-Address : windows10.microdone.cn:8042
        Last-Health-Update : 星期六 16/七月/22 03:47:45:839CST
        Health-Report :
        Containers : 0
        Memory-Used : 0MB
        Memory-Capacity : 8192MB
        CPU-Used : 0 vcores
        CPU-Capacity : 8 vcores
        Node-Labels :
        Resource Utilization by Node : PMem:3870 MB, VMem:6338 MB, VCores:0.2621
8486
        Resource Utilization by Containers : PMem:0 MB, VMem:0 MB, VCores:0.0
```

图 3-14　查看 YARN 中某一运行节点的报告

3.3.3　MapReduce

MapReduce 概述

1. MapReduce 简介

MapReduce 是一种分布式计算框架，在处理海量数据上具有明显优势，因此常被用于大规模数据集的并行计算。MapReduce 是开源的，任何人都可以借助这个框架来进行并行编程，基于这个框架，之前复杂的分布式编程变得容易实现。

MapReduce 是 Google 引以为豪的三大云计算相关的核心技术之一，被设计用于并行处理大于 1TB 的海量数据。MapReduce 将复杂的并行算法处理过程抽象为一组概念简单的接口，用来实现大规模数据处理的并行化和分布化，从而使得没有多少并行编程经验的编程人员也能轻松地进行并行编程。

MapReduce 可以用于中小规模能灵活调整的普通计算机所构成的集群，典型的 MapReduce 能运行于数以千计由普通廉价计算机组成的集群，这已经在 Google 中得到了实现与应用。MapReduce 的主要贡献在于：通过一组概念简单却功能强大的接口来实现大规模计算的并行化和分布化，并且通过这些接口，MapReduce 能够组建由普通廉价计算机作为成员的高性能集群。在采用 MapReduce 的系统上，每个单独的节点均可以同时运行一个 Map 任务和一个 Reduce 任务，因此处理效率非常高。

2. MapReduce 的发展历史

MapReduce 出现的历史要追溯到 1956 年，图灵奖获得者——著名的人工智能专家 McCarthy 首次提出 LISP 语言，而在 LISP 语言中就包含了现在所使用的 MapReduce 功能。LISP 语言是一种高级语言，在人工智能领域有很多的应用。LISP 语言在 1956 年被设计时主要是希望能有效地进行"符号运算"，它是一种表处理语言，其逻辑简单但结构不同于其他高级语言。1960 年，McCarthy 极有预见性地提出"今后计算机将会作为公共设施提供给公众"的观点，这一观点已与现在人们对云计算的定义极为相近，所以 McCarthy 被称为"云计算之父"。McCarthy 在提出 MapReduce 时并没有考虑到其在分布式系统和大数据上会有如此大的应用前景，只是作为一种函数操作来定义的。

2004 年，Google 的 Dean 发表文章将 MapReduce 这一编程模型在分布式系统中的应用进行了介绍，从此 MapReduce 进入人们的视野。可以认为 MapReduce 是由 Google 首先提出的，Hadoop 跟进了 Google 的这一思想。Hadoop 是一个开源版本的 Google 系统，正是由于 Hadoop 的跟进才使普通用户得以开发自己的基于 MapReduce 的云计算应用系统。

3. MapReduce 的集群结构

一个 MapReduce 任务需要由以下 4 个部分协作完成。

（1）客户端。客户端是与集群进行交互的接口，可以进行任务提交、结果获取等工作。

（2）JobTracker。JobTracker 是集群的总负责节点，主要起到集群的调度作用，一个集群中只能有一个 JobTracker。

（3）TaskTracker。TaskTracker 是任务的真正执行者，可以执行两类任务：Map 任务或 Reduce 任务。执行 Map 任务的被称为 Mapper，执行 Reduce 任务的被称为 Reducer，一个集群中可以有多个 TaskTracker。

（4）分布式文件系统。分布式文件系统用来存储 I/O 数据，通常使用 HDFS。

4. MapReduce 的执行过程

MapReduce 的编程框架是由一个单独运行在集群主节点上的 JobTracker 和每个运行在集群从节点上的 TaskTracker 共同组成的。用户使用 map 和 reduce 两个函数来进行计算。map 函数的输入是一个<key, value>键值对，输出一个<key, value>键值对的集合的中间结果。MapReduce 收集所有相同 key 值的 value，然后提供给 reduce 函数。reduce 函数收到 key 值和对应的 value 集合后，通过计算得到较小的 value 值的集合。

MapReduce 任务分为两个阶段：Map 阶段和 Reduce 阶段。JobTracker 将一个大规模的任务根据数据量进行分解，Map 阶段执行分解后的小任务并得到中间结果，Reduce 阶段负责把这些中间结果进行汇总。具体执行过程如下。

（1）数据预处理。在任务开始前，首先调用类库，将输入文件分为多个块。

（2）任务分配。JobTracker 为集群中空闲的节点分配 Map 任务或 Reduce 任务。设集群中有 M 个 Map 任务和 R 个 Reduce 任务（Reduce 任务数通常小于 Map 任务数）。

（3）Map 任务。Mapper 读取自己被分配的文件块，将每一条输入数据转换为<key, value>键值对，使用 map 函数对每一个<key, value>键值对进行处理，得到一个新的<key, value>键值对，并作为中间结果缓存在当前节点上。

（4）缓存文件定位。Map 任务得到的中间结果被周期性地写入 Mapper 所在的本地磁盘中，并把文件存储的位置信息经由 JobTracker 传递给 Reducer。

（5）Reducer 拉取文件。Reducer 通过位置信息到相应的 Mapper 处拉取这些文件，将同一 key 对应的所有取值合并，得到<key, list(value)>键值组。

（6）Reduce 任务。Reducer 将读取到的<key, list(value)>键值组使用 reduce 函数进行计算，得到最终结果并将其输出。

（7）结束。当所有的 Map 任务和 Reduce 任务执行完毕后，系统会自动结束各个节点上的对应进程并将任务的执行情况反馈给用户。

每个 Map 任务都是针对不同的初始数据的，不同的 Map 任务之间彼此独立，互不影响，因而 Map 任务可以并行执行。Reduce 任务是对 Map 任务之后产生的一部分结果进行归约的操作。每个 Reduce 任务和 Map 任务一样也是互相独立的，所以 Reduce 任务也能够并行执行。由此得知 MapReduce 编程框架的共同特征是 MapReduce 文件均被分割成设定大小的块，这些块均能够被并行处理。

MapReduce 运行流程图如图 3-15 所示。

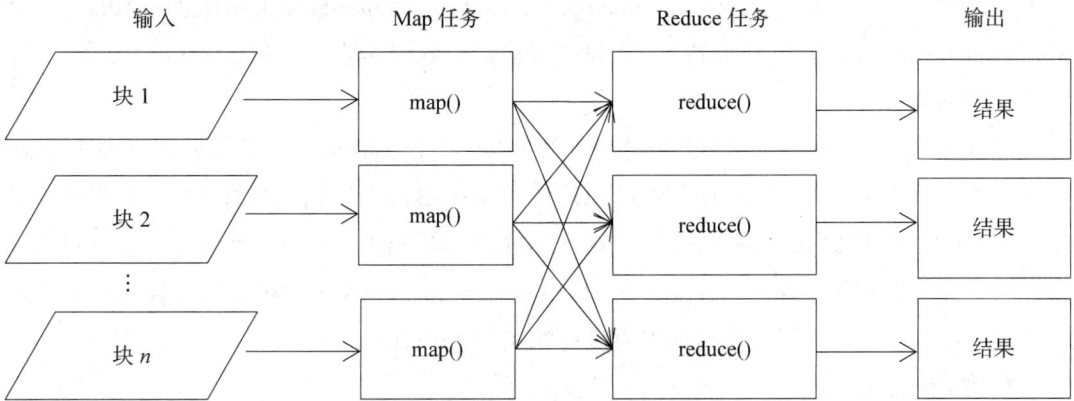

图 3-15　MapReduce 运行流程图

MapReduce 是一个简便的分布式编程框架，此框架下并行程序执行需要使用 map 函数、reduce 函数和 main 函数。编程人员只需实现其中的 map 函数和 reduce 函数，其他问题，如分布式存储、工作调度、负载均衡等均由 MapReduce 负责完成。

5. MapReduce 架构

MapReduce 采用 Master/Slave（M/S）架构，其主要包括 Client（客户端）、JobTracker、TaskTracker 3 个组件。MapReduce 架构图如图 3-16 所示。

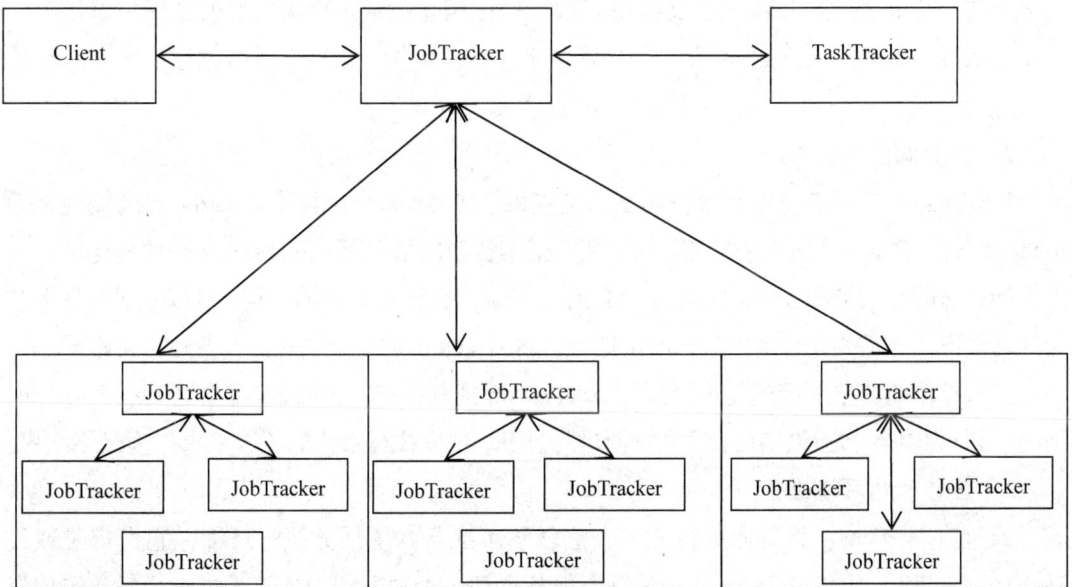

图 3-16　MapReduce 架构图

1）Client

用户通过 Client 将编写的 MapReduce 程序提交到 JobTracker，作业的运行状态也是通过 Client 提供的接口来查询的。在 Hadoop 内部，MapReduce 程序是用作业表示的，一个 MapReduce 程序可对应若干个作业，而每个作业会被分解成若干个 Map/Reduce 任务。

2）JobTracker

JobTracker 主要实现资源监控和作业调度功能。JobTracker 用来监控所有 TaskTracker 和作业的执行状况，在发现执行失败的情况下，JobTracker 会跟踪其执行进度、资源使用量等信息，并将此信息生成报表发送给 TaskTracker，TaskTracker 在接收到命令之后及时选择合适的任务并将这些资源进行分配。在 Hadoop 中，TaskTracker 以模块形式存在，具有可插拔的特征，用户可以根据自己的需要设计相应的 TaskTracker。

3）TaskTracker

TaskTracker 使用 Heartbeat 将本节点上资源的使用情况和任务执行情况汇报给 JobTracker，同时接收 JobTracker 发送过来的命令并响应其启动新任务、关闭任务等操作。任务可以分成 Map 任务和 Reduce 任务两种，且都由 TaskTracker 启动。

6. MapReduce 作业的生命周期

一个 MapReduce 作业的生命周期大体分为以下 5 个阶段。

1）作业提交与初始化

用户在提交完作业之后，Client 将程序包、作业配置文件、文件块元数据等作业的相关信息上传至分布式文件系统上，文件块元数据的作用是记录每个输入块的逻辑位置信息。当 JobTracker 接收到 Client 的请求后，会立即进行初始化，之后在运行过程中需要监控作业的运行情况，这就需要建立 JobInProgress 对象。

2）作业调度与监控

JobTracker 是用来对作业进行调度和监控的。TaskTracker 通过 Heartbeat 周期性地向 JobTracker 发送本节点资源的使用情况，在有空闲资源的情况下，JobTracker 按照一定的计划来选择合适的空闲资源。TaskTracker 是具有双层架构且比较独立的结构，可以完成对任务的选择，选择任务需要充分考虑数据的本地性。JobTracker 的作用是保证作业运行可以成功，并可以跟踪作业的整个运行过程。如果 TaskTracker 或任务执行失败，则重新进行任务执行时间的计算；如果执行进度落后，也会重新进行计算；选取执行最快的任务结果作为最终结果。

3）任务执行环境准备

通过启动 JVM，将资源进行隔离，这就基本准备好了任务执行环境，它们都是通过 TaskTracker 来实现的。TaskTracker 为每个任务启动一个独立的 JVM，为了防止任务滥用资源，采用了操作系统进程来实现资源隔离。

4）任务执行

TaskTracker 准备好任务执行环境之后，就可以执行任务了。在执行过程中，每个任务都先汇报给 TaskTracker 再汇报给 JobTracker。

5）作业完成

如果作业中的所有任务都执行完成，那么整个作业就完成了。

3.4　Hadoop 生态圈

3.4.1　ZooKeeper

ZooKeeper 是一个开放源代码的分布式应用程序协调服务软件，是 Google 的 Chubby 的一个开源实现，是 Hadoop 和 HBase 的重要组件，是一个典型的分布式数据的一致性解决方案。

分布式应用程序可以基于 ZooKeeper 实现诸如数据发布/订阅、负载均衡、服务命名、分布式协调/通知、集群管理、Master 选举、分布式锁和分布式队列等功能。

ZooKeeper 中主要有两种角色，Leader（领导者）和 Learner（学习者），其中 Learner 又分为 Follower（跟随者）和 Observer（观察者）。Learner 负责进行投票的发起和决议，更新系统状态。Follower 可以接收 Client 的请求并返回结果，并参与投票。Observer 可以接收 Client 的请求，并将写请求转发给 Leader，但不参与投票。图 3-17 所示为 ZooKeeper 的工作流程。

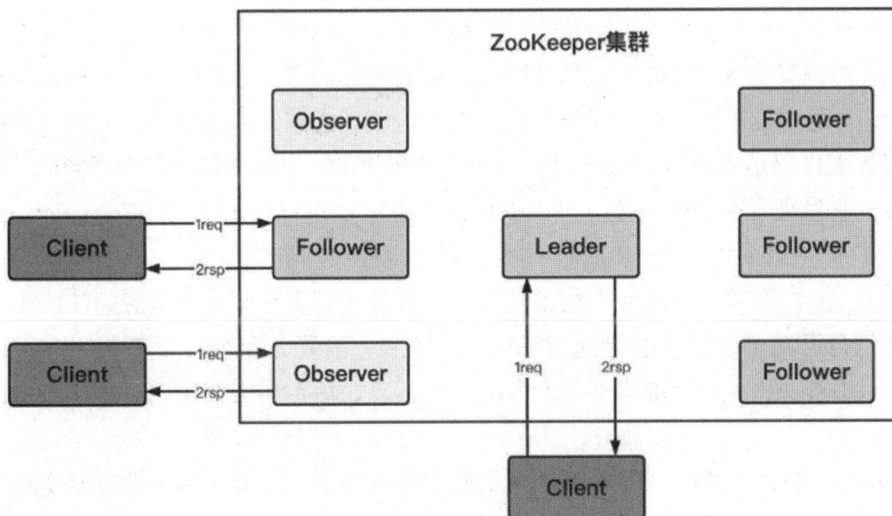

图 3-17　Zookeeper 的工作流程

首先 Client 向 Follower 发出一个写请求，Follower 会把该写请求发送给 Leader；Leader 接收到以后开始发起投票并通知 Follower 进行投票；Follower 把投票结果发送给 Leader；Leader 将结果汇总，如果需要写入，则开始写入，同时把写入操作通知给 Follower；最后 Follower 把请求结果返回给 Client。

ZooKeeper 的主要作用如下。

（1）加强集群稳定性。

ZooKeeper 通过一种和文件系统很像的层级命名空间来让分布式进程互相协同工作。这些命名空间由一系列数据寄存器组成，这些数据寄存器也叫作 Znode。Znode 有点像文件系统中的文件和文件夹，不过与文件系统不一样的是，文件系统中的文件是存储在存储区上的，而 ZooKeeper 的数据是存储在内存上的。这就意味着 ZooKeeper 有着高吞吐和低延迟的特点。

（2）分布式锁。

可以利用 ZooKeeper 来协调多个分布式进程之间的活动。例如，在一个分布式环境中，为了提高可靠性，集群的每台服务器上都部署着同样的服务。但是，一件事情如果集群中的每台服务器都做的话，那相互之间就要协调，编程起来将非常复杂。而如果我们只让一台服务器进行操作，那又存在单点问题。通常的做法就是使用分布式锁，在某个时刻只让一台服务器去干活，当这台服务器出现问题时释放分布式锁，立即切换到其他的服务器。很多分布式系统中都是这么做的，这种设计也称为 Leader Election（Leader 选举），HBase 的 Master 就采用了这种机制。但要注意的是，分布式锁和同一个进程的锁还是有区别的，所以使用的时候要更加谨慎。

（3）集群管理。

在分布式集群中，由于各种原因，如硬件故障、软件故障、网络问题等，有些节点会"进进出出"。有新的节点加入集群，也有老的节点退出集群。此时，集群中其他节点需要感知到这种变化，然后根据这种变化做出对应的决策。例如，在一个分布式存储系统中，有一个中央控制节点负责存储节点的分配，当有新的存储节点进来的时候需要根据系统目前的状态来分配存储节点，这个时候其他节点就需要动态感知到系统目前的状态。此外，在一个分布式的 SOA 架构中，服务是由一个集群提供的，当用户访问某个服务时，就需要采用某种机制发现现在有哪些节点可以提供该服务（这也称为服务发现，Alibaba 开源的 SOA 框架 Dubbo 就采用了 ZooKeeper 作为服务发现的底层机制）。

ZooKeeper 一个最常见的使用场景就是担任服务生产者和服务消费者的注册中心。服务生产者将自己提供的服务注册到 ZooKeeper，服务消费者在进行服务调用时，应先到 ZooKeeper 中查找服务，获取服务生产者的详细信息之后，再去调用服务生产者的内容与数据。

ZooKeeper 的基本操作如图 3-18 所示。在已经运行的 Client 中输入命令来实现基本操作。其中，ls/命令列举当前数据目录，get/命令获取某节点下的数据，create/命令创建节点数据，set /命令设置某节点下的数据值。

图 3-18 中的操作创建了两个节点数据，即 mydata-1 和 mydata-2，并在其中分别写入了 huang 和 yuan 两个数据值。

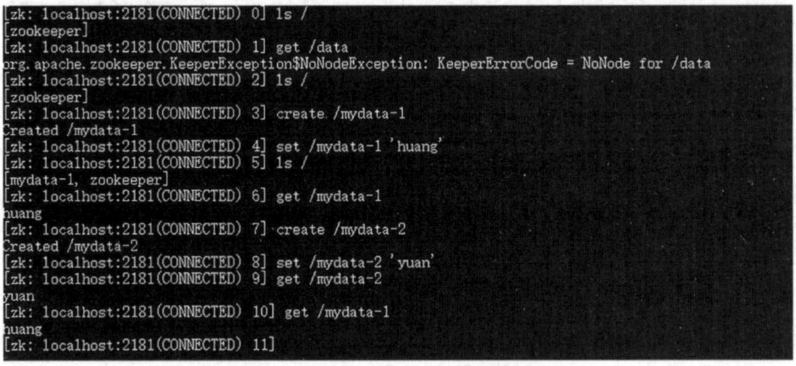

图 3-18 ZooKeeper 的基本操作

3.4.2 Spark

Spark 是一个围绕速度、易用性和复杂分析构建的大数据处理框架，最初在 2009 年由加州大学伯克利分校的 AMPLab 开发，并在 2010 年成为 Apache 的开源项目之一。Spark 扩展了 MapReduce 模型，以有效地将其用于多种计算，包括流处理和交互式查询。Spark 的主要功能是进行内存中的集群计算，可以提高应用程序的处理速度。Spark 的成功得益于它功能强大和易于使用的特点。Spark 中的包和框架日益丰富，使得 Spark 能够进行高级数据分析。相比于传统的 MapReduce 大数据分析，Spark 效率更高、运行速度更快。

Spark 主要由 5 个组件组成。

（1）Spark SQL。Spark SQL 引入了一种名为 SchemaRDD 的新数据抽象，提供了对结构化和半结构化数据的支持，并允许用户运行 SQL 和 HQL 查询，以处理结构化和半结构化数据。

（2）MLib。MLib 是具有机器学习功能的 Spark 库。它包含各种机器学习算法，如回归、聚类、协作过滤、分类等。

（3）GraphX。支持图形计算的库称为 GraphX，它使用户能够执行图形操作，此外还提供了图形计算算法。GraphX 提供了一个用于表达图形计算的 API，可以使用 Pregel 抽象 API 对用户定义的图形进行建模。

（4）Spark Streaming。Spark Streaming 可以小批量采集数据，并对这些小批量数据执行 RDD（Resilient Distributed Dataset，弹性分布式数据集）转换。因此该组件具备实时流数据的处理能力，有助于处理实时流数据。

（5）Spark Core。Spark Core 是 Spark 的内核，提供了一个执行 Spark 应用程序的平台，

并提供了内存计算和外部存储系统中的参考数据集。

在存储上，Spark 数据的存储主要分为内存和磁盘两个路径，Spark 本身根据存储位置、是否可序列化和副本数目 3 个要素将数据存储分为多种级别。

在需求上，Spark 主要面向批处理需求，因其优异的性能和易用的接口，其在批处理界占据了重要的地位。Spark Streaming 提供了流处理的功能，它的流处理主要基于 Mini-Batch 的思想，即将输入数据流拆分成多个批次，每个批次使用批处理的方式进行计算。因此，Spark 是一款集批量和流式于一体的计算框架。

在计算能力上，Spark 的核心在于计算，主要目的是优化 MapReduce 计算部分，在计算层面提供更细致的服务，如提供了常用的几种数据科学语言的 API，提供了 SQL、机器学习和图形计算支持，这些服务最终都是面向计算的。尽管 Spark 并不能完全取代 Hadoop，但实际上 Spark 已经融入 Hadoop 生态圈，并成为其中重要的一员。一个 Spark 任务很可能依赖 HDFS 上的数据，向 YARN 申请计算资源，将 HBase 作为输出结果的目的地。

目前 Spark 已经在电商、电信、视频娱乐、零售和金融等领域有广泛应用，相信 Spark 以其优良的设计理念加上社区蓬勃的发展态势，极有可能在未来 5 ~ 10 年内成为大数据处理平台的事实标准。

图 3-19 所示为 Spark 在 Windows 中的启动界面，Spark 版本为 3.1.2。首先下载并安装 Spark，然后在 cmd 命令行中输入命令：spark-shell，即可运行 Spark。

图 3-19 Spark 在 Windows 中的启动界面

在浏览器中打开网址：http://localhost:4040/，可查看 Spark 状态，如图 3-20 所示。

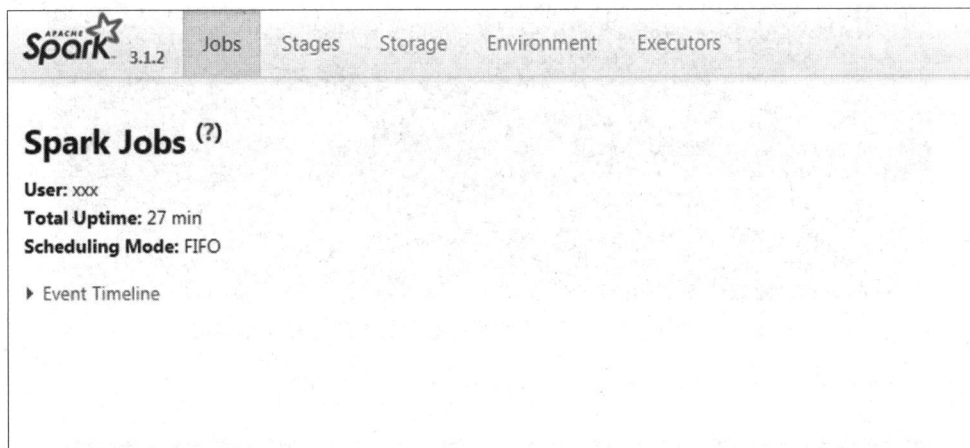

图 3-20　在浏览器中查看 Spark 状态

在 "scala" 下编程，创建一个简单的 RDD 并执行操作。下面的代码创建了一个包含 1 ~
10 数字的 RDD，对其过滤出偶数，并输出，如图 3-21 所示。

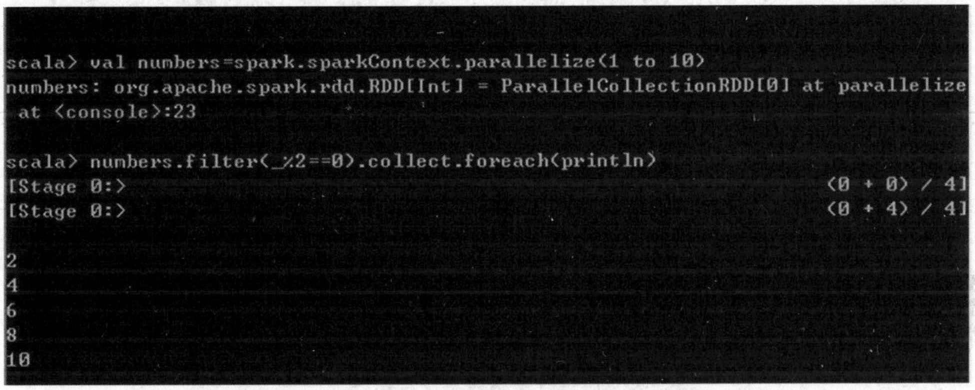

图 3-21　创建一个简单的 RDD 并执行操作

RDD 是 Spark 的核心抽象，它是一个容错的、并行的数据结构，可以让用户在大型集
群上以透明的方式进行数据操作。

RDD 是由多个分区组成的集合，每个分区都包含了一部分数据。这些分区分布在集群
中的不同节点上，使得数据处理可以并行进行，从而加速计算。在 Spark 中，RDD 中的元
素被称为 "记录" 或 "项"，它们可以是任何类型的对象，如整数、字符串、自定义对象等。
RDD 的转换操作（如 Map 和 Filter）是 "懒惰" 的，即不会立即执行，只有当执行诸如
Collect、Count 等动作操作时，才会立即执行。这种机制有助于优化计算流程和减少不必要
的计算。由于数据分布在集群中的多个节点上，因此 Spark 可以并行处理大规模数据集，
每个节点处理一部分数据，大大提高了数据处理速度。

创建一个 RDD 并使用 count 函数来统计元素数量，如图 3-22 所示。

```
scala> val data = Array(1, 2, 3, 4, 5,6,7,8,9)
data: Array[Int] = Array(1, 2, 3, 4, 5, 6, 7, 8, 9)

scala> val rdd = sc.parallelize(data)
rdd: org.apache.spark.rdd.RDD[Int] = ParallelCollectionRDD[1] at parallelize at
<console>:26

scala> val count = rdd.count()
count: Long = 9

scala> println(s"Number of elements in RDD: $count")
Number of elements in RDD: 9
```

图 3-22　创建一个 RDD 并使用 count 函数来统计元素数量

统计一段文本中每个单词出现次数的代码如图 3-23 所示。

```
scala> val text = "Hello world, this is a test. Hello again!"
text: String = Hello world, this is a test. Hello again!

scala> val wordsRDD = sc.parallelize(text.split("\\W+"))
wordsRDD: org.apache.spark.rdd.RDD[String] = ParallelCollectionRDD[9] at paralle
lize at <console>:26

scala> val wordPairsRDD = wordsRDD.map(word => (word, 1))
wordPairsRDD: org.apache.spark.rdd.RDD[(String, Int)] = MapPartitionsRDD[10] at
map at <console>:25

scala> val wordCountsRDD = wordPairsRDD.reduceByKey(_ + _)
wordCountsRDD: org.apache.spark.rdd.RDD[(String, Int)] = ShuffledRDD[11] at redu
ceByKey at <console>:25

scala> wordCountsRDD.collect().foreach { case (word, count) => println(s"$word:
$count") }
again: 1
a: 1
this: 1
is: 1
Hello: 2
world: 1
test: 1
```

图 3-23　统计一段文本中每个单词出现次数的代码

上述代码含义如下。

假设文本内容如下，实际使用时可从文件中读取，命令如下。

```
val text = "Hello world, this is a test. Hello again!"
```

将文本分割成单词，创建 RDD，命令如下。

```
val wordsRDD = sc.parallelize(text.split("\\W+"))
```

使用 map 函数，将每个单词映射为(key, value)键值对，key 为单词，value 为 1，命令如下。

```
val wordPairsRDD = wordsRDD.map(word => (word, 1))
```

使用 reduceByKey 聚合相同 key 值的 value，即统计每个单词的出现次数，命令如下。

```
val wordCountsRDD = wordPairsRDD.reduceByKey(_ + _)
```

收集结果并输出，命令如下。

```
wordCountsRDD.collect().foreach { case (word, count) => println(s"$word: $count") }
```

以下代码为使用 PySpark（PySpark 为 Python 开发者提供的 API）进行数据分析。

```
from pyspark.sql import SparkSession
spark = SparkSession.builder.appName("Sales Analysis").getOrCreate()
# 加载 CSV 数据
sales_df = spark.read.csv("small.csv", header=True, inferSchema=True)
# 显示前几行数据
sales_df.show(5)
```

small.csv 部分的数据如图 3-24 所示，程序运行结果如图 3-25 所示。

	A	B	C
1	ID号	电影号	电影评分
2	1	101	1
3	1	105	4
4	1	180	2.5
5	2	148	1
6	2	164	2
7	2	125	2.5
8	2	180	2.5
9	3	127	0.5
10	3	131	0.5
11	3	146	4.5
12	3	155	3.5
13	4	171	2.5
14	4	172	1
15	4	187	3.5
16	4	130	1.5
17	5	130	1.5
18	5	133	0.5
19	5	163	3
20	5	166	3
21	5	178	3.5
22	5	179	5
23	6	106	2.5
24	6	107	1.5
25	6	111	4
26	6	112	4
27	6	144	1.5
28	7	110	1
29	7	111	4

图 3-24　small.csv 部分的数据

```
+---+-----+-----+
| Id|Title|Score|
+---+-----+-----+
|  1|  101|  1.0|
|  1|  105|  4.0|
|  1|  180|  2.5|
|  2|  148|  1.0|
|  2|  164|  2.0|
+---+-----+-----+
only showing top 5 rows
```

图 3-25　程序运行结果

3.4.3 Flink

在大数据领域，批处理和流处理是两个不同的任务，批处理的特点是有界、持久、大量，批处理非常适合需要访问整个数据集才能完成的计算工作，一般用于离线统计。流处理的特点是无界、实时，流处理无须针对整个数据集执行操作，而是对系统传输的每个数据项执行操作，一般用于实时统计。

大数据系统一般被设计为只支持批处理或流处理其中一种。例如，Storm 只支持流处理，而 MapReduce 和 Spark 只支持批处理。但不同的是，Flink 能同时支持批处理和流处理，并对系统性能（延迟、吞吐量等）有所保证，相对于其他原生的流处理和批处理架构，Flink 并没有因为"统一执行引擎"而受到影响，从而大幅度降低了用户的安装、部署、监控、维护等成本。

Flink 是一个流式的数据执行引擎，支持流处理和批处理两种类型应用。其针对数据流的分布式计算提供了数据分布、数据通信及容错机制等功能。

因此，从功能上看，Flink 是一个分布式处理引擎，用于对无界和有界数据流进行有状态计算。Flink 被设计在所有常见的集群环境中运行，以内存执行速度和任意规模来执行计算。

Flink 主要包含 3 个部分：Client、JobManager 和 TaskManager。

1. Client

Flink 的作业在哪台机器上提交，则当前机器就称为 Client。Client 可以控制集群中提交的作业，如查看信息、结束作业等操作。编程人员编写的代码会被 Client 打包处理并提交到 JobManager 中。

2. JobManager

JobManager 也叫作主节点，相当于 YARN 中的 ResourceManager。在收到 Client 提交的作业后，JobManager 首先会将作业解析并优化生成执行计划图，然后将作业以任务形式调度分发到各个 TaskManager。除此之外，JobManager 也负责检查点的管理工作，以及通知 TaskManager 进行检查点动作，同时负责任务的执行和取消等操作。此外，在任务执行过程中，TaskManager 通过 Heartbeat 向 JobManager 汇报自身状态。

3. TaskManager

TaskManager 也叫作从节点，是 Flink 集群的工作节点，也可称为 Worker，它是实际执行计算的节点。TaskManager 接收到 JobManager 分发的任务后，在 TaskSlot 中启动并运行任务，每个 TaskSlot 中可运行一个或多个任务。不同的 TaskManager 之间以数据流形式进行数据传输。

当 Flink 系统启动时，首先启动 JobManager 和一个或多个 TaskManager。JobManager 负责协调 Flink 系统，TaskManager 则负责执行并行计算。当 Flink 系统以本地形式启动时，一个 JobManager 和一个 TaskManager 会启动在同一个 JVM 中。当一个作业被提交后，Flink 系统会创建一个 Client 来进行预处理，将作业转变成一个并行数据流的形式，交给 JobManager 和 TaskManager 执行。

要想使用 Flink，可登录其官网下载 Flink，如图 3-26 所示。此处下载的版本为 flink-1.9.0-bin-scala 2.12.tgz。

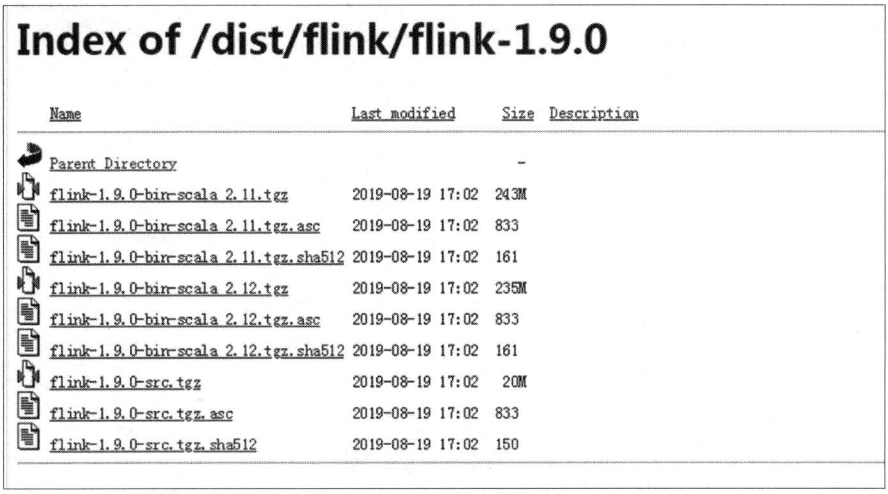

图 3-26 下载 Flink

进入 Flink 的 bin 目录中，运行 start-cluster 即可启动 Flink，如图 3-27 所示。

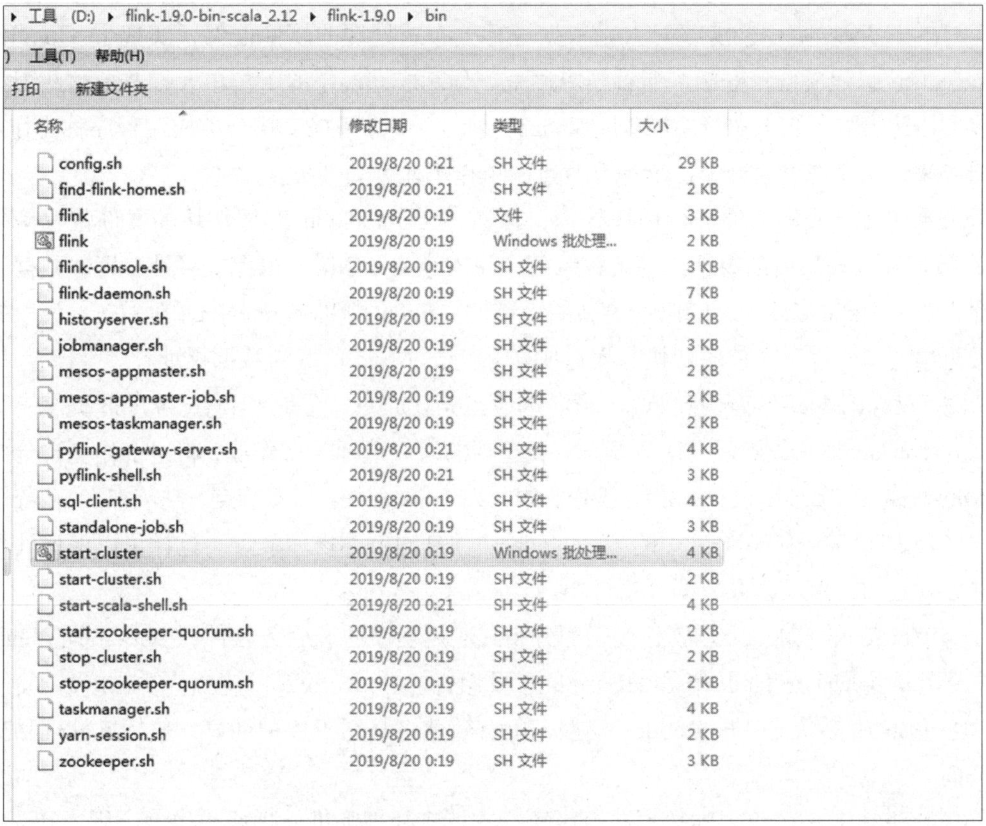

图 3-27 启动 Flink

在浏览器中打开网址 http://localhost:8081，即可查看 Flink 的运行状态，如图 3-28 所示。

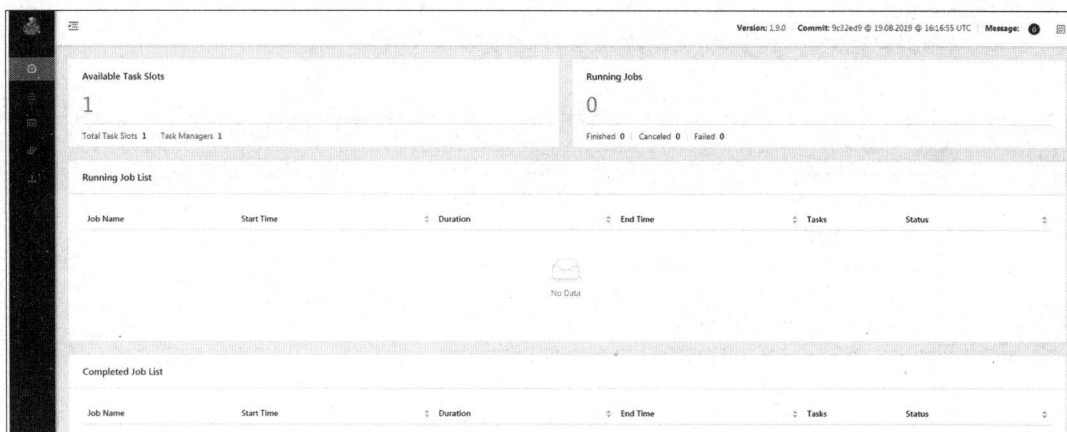

图 3-28　查看 Flink 的运行状态

3.5　本章小结

（1）Hadoop 是一个能够对大量数据进行分布式处理的软件框架，实现了 Google 的 MapReduce 编程模型和框架，能够把应用程序分割成许多小的工作单元，并把这些工作单元放到任何集群节点上执行。在 MapReduce 中，一个准备提交执行的应用程序称为作业，而划分一个作业得出运行于各个计算节点的工作单元称为任务。

（2）HDFS 先将文件进行切块处理，再通过 NameNode 存放切块的文件位置信息，DataNode 存放切块后的数据。系统默认每个块大小为 64MB，以保证寻址速度；数据通常会写入 3 个 DataNode 中，以保证更高的容错性。Client 帮助 NameNode 对写入、读取的数据进行预处理，进行文件的切块与发送操作。NameNode 负责为数据寻址。

（3）MapReduce 中有两类节点，第一类是 JobTracker，它是主节点。Client 提交一个作业，JobTracker 把它放到一个队列里面，在适当的时候选择一个作业，将这个作业拆分成多个 Map 任务和 Reduce 任务，将任务分发给 TaskTracker（第二类节点，从节点）。在部署的时候，TaskTracker 和 HDFS 中的 DataNode 往往是同一种物理节点。这样可以保证计算是跟着数据走的，保证读取数据开销最小。

（4）ZooKeeper 是一个开放源代码的分布式应用程序协调服务软件，是 Google 的 Chubby 的一个开源实现，是 Hadoop 和 HBase 的重要组件。

（5）Spark 扩展了 MapReduce 模型，以有效地将其用于多种计算，包括流处理和交互式查询。

（6）Flink 是一个流式的数据执行引擎，支持流处理和批处理两种类型应用。

习题 3

（1）请阐述什么是大数据架构。

（2）请说明 Hadoop 的体系结构。

（3）HDFS 中 NameNode 和 DataNode 的功能分别是什么？

（4）请阐述 YARN 的构成。

（5）请阐述 MapReduce 的集群结构。

第4章 大数据存储

本章学习目标

- 了解大数据存储的概念。
- 了解大数据存储的关键技术。
- 了解常见的大数据存储方式。
- 了解大数据中的数据库应用。
- 了解数据仓库的概念。
- 了解常见的 ETL 工具。

4.1 大数据存储概述

4.1.1 认识大数据存储

大数据存储

1. 大数据存储介绍

大数据存储通常是指将那些数量巨大，且难于收集、处理和分析的数据集持久化到计算机中。在进行大数据分析之前，首先要将海量数据存储起来，以便今后的使用。

大数据的火热，带来的第一道障碍就是关于大数据存储的问题。大数据因为规模大、类型多样、新增速度快，所以在存储和计算上都需要技术支持，仅依靠传统的数据存储和处理工具，已经难以实现高效的处理。因此，为了有效应对现实世界中复杂多样的大数据处理需求，需要针对不同的大数据应用特征，从多个角度、多个层次对大数据进行存储和管理。

2. 大数据存储的关键技术

1）集群

在计算机中，一个集群通常是紧密耦合的一些服务器或节点。这些服务器或节点通常有相同的硬件规格并且通过网络来进行互联，从而实现更高的效率。通过集群技术，可以以较低的成本获得在性能、可靠性、灵活性方面相对较高的收益。图 4-1 所示为 Hadoop 中的集群系统。集群中的每个节点都有自己的专用资源，如内存、处理器等，在 Hadoop 中可以通过集群来执行一个任务。

通常集群又可分为负载均衡集群和高可用性集群。负载均衡集群为企业提供了更实用的系统，它使负载可以在集群中尽可能平均地分摊。而在高可用性集群中，当集群中的某一个节点发生故障时，集群软件迅速做出反应，将该节点的任务分配到集群中其他正在工作的节点上执行。考虑到计算机硬件和软件的易错性，高可用性集群的主要目的是使集群的整体服务尽可能可用。

使用集群技术可以解决数据库宕机带来的单点数据库不能访问的问题。例如，新浪微博的访问量巨大，因此可以利用集群技术，让几台服务器完成同一业务，当有业务访问时，可以选择负载较轻的服务器完成业务。

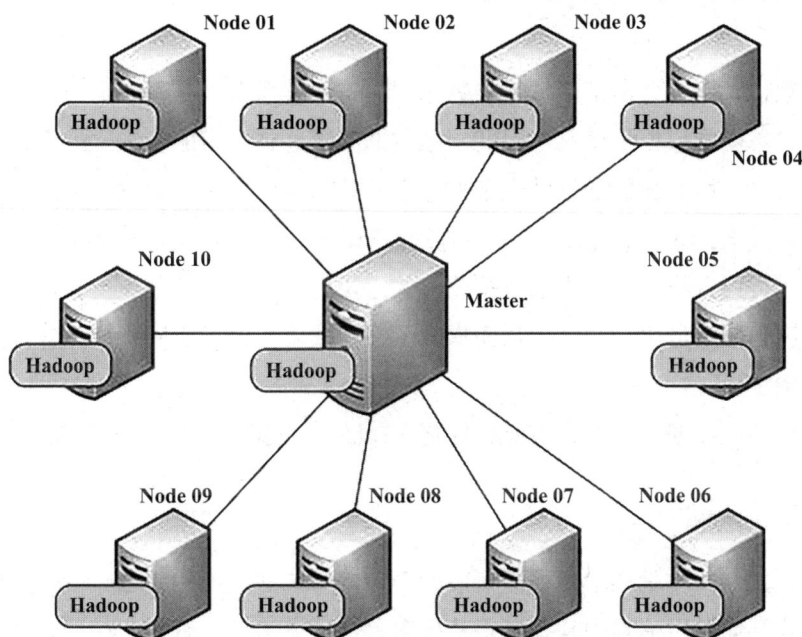

图 4-1　Hadoop 中的集群系统

2）分片

分片是将一个大的数据集划分为较小的、更易于管理的数据集的过程。这些数据集叫作碎片，并且每个碎片可以独立地为所负责的数据提供读写服务。

分片可以极大地提高数据库中的读取性能，并且如果一个碎片出现故障，则只有访问该碎片的用户会受到影响，其他碎片上的数据仍然可以正常访问。这减少了故障对系统整体可用性的影响。此外，分片还可以有效地平衡服务器之间的负载，确保每台服务器都得到充分利用。

值得注意的是，虽然分片可以提高读取性能，但写操作（如插入、更新和删除）可能会变得更加复杂。由于数据被分散在多个碎片上，写操作可能需要跨多个碎片进行，这可能导致性能瓶颈和复杂性增加。因此，在设计分片方案时，需要选择适合业务需求的分片策略。例如，对于大型数据库，可以将数据表分成多个碎片，分别存储在不同的物理磁盘上，通过分片技术实现数据的快速查询和管理。

集群和分片都是大数据存储的关键技术。集群主要关注计算资源的协调与管理，通过负载均衡、故障恢复和资源管理等技术提高系统的性能、可用性和可扩展性；分片则侧重于数据的分布与管理，通过数据分片、数据路由和跨片查询等技术提高数据的存储、查询和处理效率。二者相辅相成，在处理大规模数据时带来更高的效率和可靠性。

4.1.2 大数据存储的分类

以往的数据存储主要是基于关系型数据库的，而关系型数据库在面对大数据的时候，存储设备所能承受的数据量是有上限的，当数据规模达到一定的量级之后，数据检索的效率就会急剧下降，给后续的数据处理带来了困难。为了解决这个问题，主流的数据库系统纷纷给出解决方案，如 MySQL 提供了 MySQL Proxy 组件，实现了对请求的拦截，结合分布式存储技术，可以将一个很大的数据表中的记录拆分到不同的节点上去进行检索，对于每个节点来说，数据量不会很大，从而提升了检索效率。但是实际上，这样的方式没有从根本上解决问题。

目前常见的大数据存储方式主要有分布式存储、NoSQL 存储和云存储 3 种。

1. 分布式存储

分布式存储是相对于集中式存储来说的。在分布式存储出现之前，企业级的存储设备都采用集中式存储。所谓集中式存储，从概念上可以看出是具有集中性的，也就是整个存储是集中在一个系统中的。这个存储系统中包含很多组件，除核心的机头（控制器）、磁盘阵列（JBOD）和交换机等设备外，还有管理设备等辅助设备。

分布式存储最早是由 Google 提出的，其目的是通过廉价的服务器来解决大规模、高并发场景下的 Web 访问问题。与常见的集中式存储不同，分布式存储并不是将数据存储在某个或多个特定的节点上，而是通过网络使用企业中的每台机器上的磁盘空间，并将这些分散的存储资源构成一个虚拟的存储设备，数据分散地存储在企业的各个角落。分布式存储目前多借鉴 Google 的经验，首先在众多的服务器上搭建一个分布式文件系统，然后在这个分布式文件系统上实现相关的数据存储业务。图 4-2 所示为分布式存储。

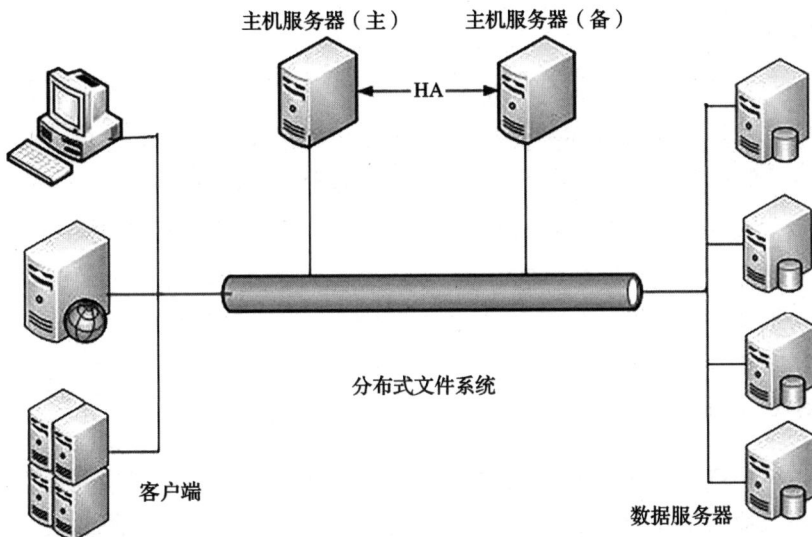

图 4-2　分布式存储

分布式存储有块存储、文件存储和对象存储。

1）块存储

块存储主要有以下 3 种形式。

（1）DAS：是直接连接于主机服务器的一种存储方式，也叫作直连式存储。在 DAS 中，每一台主机服务器都有独立的存储设备，每台主机服务器的存储设备无法互通，需要跨主机存取资料时，必须经过相对复杂的设定，若主机服务器分属不同的操作系统，则要存取彼此的资料，更是复杂，有些系统甚至不能存取。DAS 通常用在单一网络且数据交换量不大、性能要求不高的环境下，可以说是一种应用较早的技术实现。

（2）SAN：是用高速（光纤）网络连接专业主机服务器的一种存储方式。SAN 系统位于主机的后端，它使用高速 I/O 连接方式，如 SCSI、ESCON 及 Fibre-Channel。一般而言，SAN 应用在对网络速度要求高、对数据的可靠性和安全性要求高、对数据共享的性能要求高的环境中，特点是代价高、性能好。SAN 具有高带宽、低延迟的优势，在高性能存储中占有一席之地，但是由于 SAN 价格较高，且可扩展性较差，因此不适合大规模数据的存储。

（3）云存储中的块存储：具备 SAN 的优势，而且成本低，无须用户运维，且支持弹性扩容，可以随意搭配不同等级的存储设备。

2）文件存储

文件存储相对块存储来说能兼顾更多的应用和更多的用户访问，同时提供更方便的数据共享手段。常见的 FTP 服务、NFS 服务、Samba 共享都属于文件存储。文件存储采用上层网络协议，因此一般用于多台服务器共享数据，如服务器日志集中管理、办公文件共享等。但由于文件存储的协议开销高、带宽低、延迟高，因此不利于在高性能集群中应用。

3）对象存储

对象存储是一种新的网络存储方式。存储标准化组织早在 2004 年就给出了对象存储的定义，但其早期多出现在超大规模系统中，所以并不为大众所熟知。一直到云计算和大数据的概念大火，对象存储才慢慢进入公众视野。总体上讲，对象存储兼具 SAN 的高级直接访问磁盘特点及文件存储的分布式共享特点。它的核心是将数据通路和控制通路分离，并且基于对象存储设备，构建对象存储系统，每个对象存储设备具备一定的职能，能够自动管理其上的数据分布。

2. NoSQL 存储

传统的关系型数据库采用关系模型作为数据的组织方式，但是随着对数据存储要求的不断提高，在大数据存储中，之前常用的关系型数据库已经无法满足需求，主要表现为无法满足海量数据的管理需求，无法满足数据高并发、高可扩展性和高可用性的功能需求。在这种情况下，NoSQL 数据库应运而生。

NoSQL 数据库是一种非关系型数据库，与关系型数据库相比，NoSQL 数据库不使用 SQL 作为查询语言，其存储也不需要固定的表模式，用户操作 NoSQL 数据库时通常会避免使用 RDBMS（关系型数据库管理系统）的 Join 操作。NoSQL 数据库一般具备水平可扩展的特性，并且可以支持超大规模数据存储，灵活的数据模型可以很好地支持 Web 2.0 应用。

但是值得注意的是，NoSQL 数据库也存在着以下一些缺点，如缺乏较为扎实的理论基础，在查询复杂数据时性能不高；大都不能实现事务的强一致性，很难实现数据完整性；技术尚不成熟，缺乏专业团队的技术支持，维护较困难等。表 4-1 所示为关系型数据库和 NoSQL 数据库的比较。

表 4-1　关系型数据库和 NoSQL 数据库的比较

	关系型数据库	NoSQL 数据库
特点	存储基于关系模型；结构化存储；完整性约束	存储基于多维关系模型；非结构化存储；具有特定的使用场景
优点	保持事务的强一致性；可以实现复杂数据查询；技术成熟	高并发下读写性能强；支持分布式存储
缺点	高并发下读写性能不足；扩展困难；无法适应非结构化存储	复杂数据查询能力较弱；事务支持较弱；通用性较差

目前 NoSQL 数据库适用于以下情形。

（1）数据模型比较简单。

（2）需要灵活性更强的 IT 系统。

（3）对数据库性能要求较高。

（4）不需要高度的事务一致性。

（5）对于给定 key，比较容易映射复杂 value 的环境。

NoSQL 数据库主要分为列式数据库、键值数据库、文档型数据库和图形数据库 4 类。

1）列式数据库

（1）列式数据库概述。

列存储是相对于传统关系型数据库的行存储来说的，简单来说二者的区别就是如何组织表。一般来讲，将表放入存储系统中有两种方式：行存储和列存储。行存储是将各行放入连续的物理位置，它擅长的随机读操作不适用于大数据环境，常用于联机事务型数据处理。而列存储是将数据按照列存储到数据库中，它是面向大数据环境下数据仓库的数据分析而产生的，常用于解决某些特定场景下关系型数据库 I/O 需求较高的问题。

应用行存储的数据库称为行式数据库，应用列存储的数据库称为列式数据库。此外，随着列式数据库的发展，传统的行式数据库加入了列存储的方式，形成具有两种存储方式的数据库系统。图 4-3 所示为传统的行式数据库，图 4-4 所示为列式数据库。

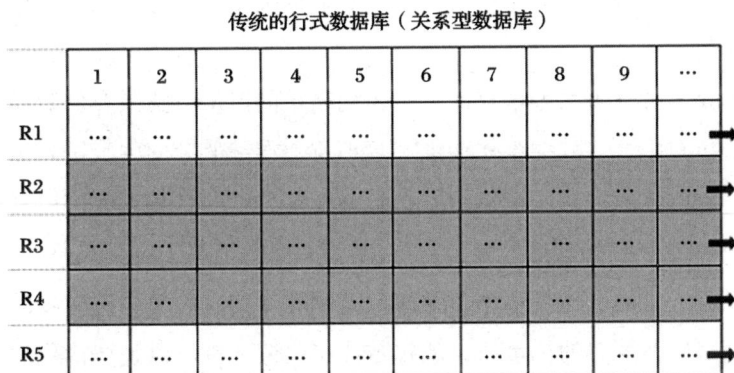

传统的行式数据库（关系型数据库）

	1	2	3	4	5	6	7	8	9	⋯
R1	⋯	⋯	⋯	⋯	⋯	⋯	⋯	⋯	⋯	⋯
R2	⋯	⋯	⋯	⋯	⋯	⋯	⋯	⋯	⋯	⋯
R3	⋯	⋯	⋯	⋯	⋯	⋯	⋯	⋯	⋯	⋯
R4	⋯	⋯	⋯	⋯	⋯	⋯	⋯	⋯	⋯	⋯
R5	⋯	⋯	⋯	⋯	⋯	⋯	⋯	⋯	⋯	⋯

图 4-3　传统的行式数据库

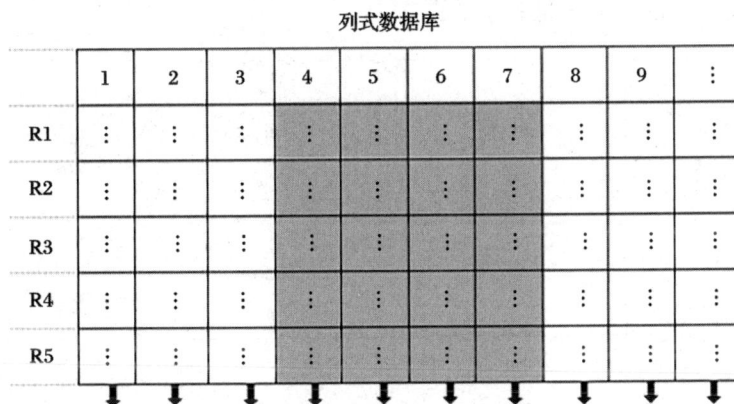

列式数据库

	1	2	3	4	5	6	7	8	9	⋮
R1	⋮	⋮	⋮	⋮	⋮	⋮	⋮	⋮	⋮	⋮
R2	⋮	⋮	⋮	⋮	⋮	⋮	⋮	⋮	⋮	⋮
R3	⋮	⋮	⋮	⋮	⋮	⋮	⋮	⋮	⋮	⋮
R4	⋮	⋮	⋮	⋮	⋮	⋮	⋮	⋮	⋮	⋮
R5	⋮	⋮	⋮	⋮	⋮	⋮	⋮	⋮	⋮	⋮

图 4-4　列式数据库

在实际应用中，传统的关系型数据库，如 Oracle、DB2、MySQL、SQL Server 等采用行存储，而新兴的 HBase、HP Vertica、EMC Greenplum 等分布式数据库采用列存储。其中，HBase 是一个开源的、面向列的 NoSQL 数据库，它参考了 Google 的 BigTable 建模，采用的编程语言为 Java。HBase 是 Apache 软件基金会的 Hadoop 项目的一部分，运行于 HDFS 之上，为 Hadoop 提供类似于 BigTable 规模的服务。HBase 可以容错地存储海量稀疏的数据。

（2）列式数据库的优缺点。

列式数据库的优点：极高的装载速度、适合大量数据、高效的压缩率，以及适合进行聚合操作等。

列式数据库的缺点：不适合扫描少量数据、不适合随机更新，以及不适合进行含有删除和更新的实时操作等。

2）键值数据库

（1）键值数据库概述。

键值存储即 Key-Value 存储，简称 KV 存储。键值存储的数据按照键值对的形式进行组织、索引和存储。键值存储非常适合没有过多数据关系或业务关系的数据，同时能有效地减少读写磁盘的次数。

键值数据库是一种非关系型数据库，它使用简单的键值方式来存储数据。键值数据库将数据存储为键值对集合，其中键作为唯一标识符。在键值存储中，键和值都可以是从简单对象到复杂对象的任何内容。键值数据库是高度可分区的，并且允许以其他类型的数据库无法实现的规模进行水平扩展。图 4-5 所示为键值数据库的存储示意图。

在实际应用中，键值数据库适用于那些频繁读写，拥有简单数据模型的应用。键值数据库中存储的值可以是简单的标量值，如整数或布尔值；也可以是结构化数据，如列表和 JSON 结构数据。例如，在电子商务网站中存储购物车数据的就是键值数据库；在移动应用中存储用户数据信息的也大多是键值数据库。

key_1	value_1
key_2	value_2
key_3	value_3

图 4-5　键值数据库的存储示意图

（2）键值数据库的特点。

键值数据库的特点主要有使用简洁、读取高效及易于缩放等。

① 使用简洁：在使用键值数据库时用到的操作只是增加和删除，不需要设计复杂的数据模型和纲要，也不需要为每个属性指定数据类型。

② 读取高效：键值数据库把数据保存在内存中，因此对于海量数据的读取和写入速度较快。

③ 易于缩放：键值数据库可根据系统负载量，随时添加或删除服务器，并可使用主从式复制和无主式复制来实现缩放过程。

3）文档型数据库

（1）文档型数据库概述。

文档型数据库是键值数据库的子类，它们的差别在于处理数据的方式：在键值数据库中，数据对数据库是不透明的；而文档型数据库依赖于文件的内部结构，获取元数据以用于数据库引擎进行更深层次的优化。因此，文档型数据库的设计标准更加灵活。如果一个应用程序需要存储不同的属性和大量的数据，那么文档型数据库将会是一个很好的选择。例如，要在关系型数据库中表示产品，建模者可以使用通用的属性和额外的表来为每个产品子类型存储属性，而文档型数据库可以更为简单地处理这种情况。文档型数据库的设计模式如下。

```
{
  "name": "A",
  "children": [
    {"name": "B", "children": [{"name": "D"}]},
    {"name": "C"}
  ]
}
```

该设计模式将整个树结构存成一个文档，文档结构即树状，简明易懂。

与键值存储不同的是，文档存储关心文档的内部结构。这使得存储引擎可以直接支持二级索引，从而允许对任意字段进行高效查询。文档存储支持文档嵌套存储，使得查询语言具有搜索嵌套对象的能力，XQuery 就是一个例子。

此外，文档型数据库不同于关系型数据库，关系型数据库是高度结构化的，而文档型数据库允许创建许多不同类型的非结构化的或任意格式的字段。与关系型数据库的主要不同在于，文档型数据库不提供对参数完整性和分布式事务的支持，但文档型数据库和关系型数据库也不是相互排斥的，它们之间可以相互交换数据，从而相互补充、扩展。

（2）文档型数据库的优缺点。

文档型数据库的优点：数据结构要求不严格，表结构可变，并且不需要像关系型数据库一样预先定义表结构。

文档型数据库的缺点：查询性能不高，而且缺乏统一的查询语法。

4）图形数据库

（1）图形数据库概述。

传统的关系型数据库在存储关系型数据时的效果并不好，其查询复杂、缓慢、超出预期，而图形数据库的独特设计恰恰弥补了这个缺陷。图形数据库是一种非关系型数据库，它应用图形理论存储实体之间的关系信息。不过值得注意的是，图形数据库的基本含义是以"图"这种数据结构存储和查询数据，而不是存储图片的数据库。

在图形数据库中，只有两种基本的数据类型：节点和关系。节点可以拥有属性，关系也可以拥有属性，并且属性都是以键值对的方式存储的。节点与节点的联系通过关系进行建立，并且建立的关系是有方向的。

此外，在图形数据库中还存在着节点集的概念。节点集就是图中一系列节点的集合，比较接近关系型数据库中最常使用的表。

图形数据库可用于对事物的建模，如社交图谱，使用图形数据库可以显示出某个人在他/她的朋友圈中是否有影响力，以及这群朋友是否有着共同的兴趣爱好等。因此，相较于关系型数据库，图形数据库的用户在对事物进行抽象时将拥有一个额外的武器，那就是丰富的关系。图 4-6 所示为图形数据库的应用。

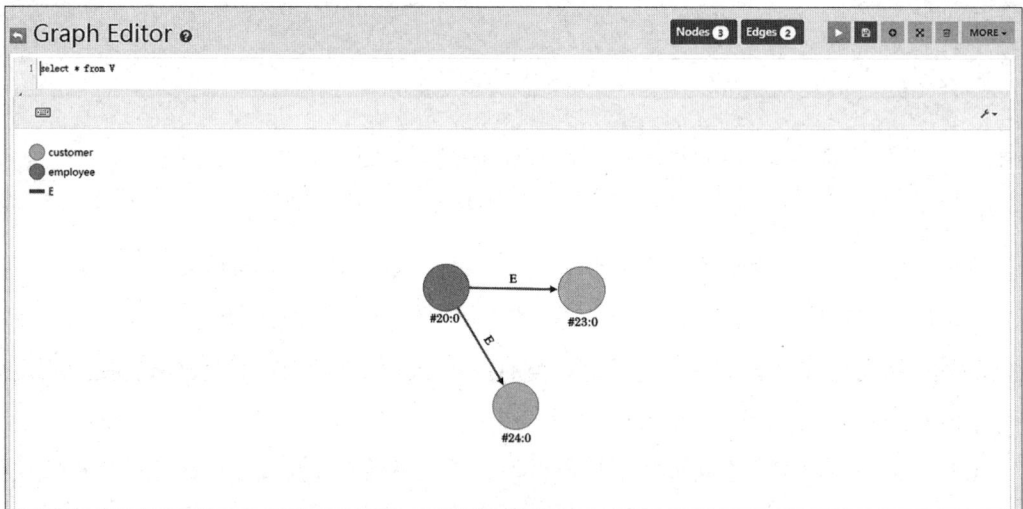

图 4-6　图形数据库的应用

（2）图形数据库的优缺点。

图形数据库的优点：设计灵活，数据结构的自然伸展特性及其非结构化的数据格式，让图形数据库的设计可以具有很大的伸缩性和灵活性；查询性能好，图的遍历是图数据结构所具有的独特算法，即从一个节点开始，根据其连接的关系，可以快速和方便地找出它的邻近节点。

图形数据库的缺点：在支持节点、关系和属性的数量上有限制。

3. 云存储

云存储是在云计算的大背景下发展起来的一种新兴的共享基础架构的方法，它极大地增强了数据库的存储能力，消除了人员、硬件、软件的重复配置，让软硬件升级变得更加容易。云数据库是指被优化或部署到一个虚拟计算环境中的数据库。因此，云数据库具有高可扩展性、高可用性、采用多租形式和支持资源有效分发等特点，可以实现按需付费和按需扩展。

1）云数据库概述

从数据模型的角度来说，云数据库并非一种全新的数据库，如云数据库没有专属于自己的数据模型，它所采用的数据模型可以是关系型数据库所使用的关系模型，也可以是非关系型数据库所使用的非关系模型。针对不同的企业，云数据库可以提供不同的服务，如云数据库既可以满足大企业的海量数据存储需求，又可以满足中小企业的低成本数据存储需求，还可以满足企业动态变化的数据存储需求。

云数据库提供的服务较多，其中 Memcache 提供基于内存的缓存服务，支持海量数据的高速访问。它可以极大地缓解对后端存储的压力，提高网站或应用的响应速度。RDS 是关系型数据库服务（Relational Database Service）的简称，是一种即开即用、稳定可靠、可弹性伸缩的在线数据库服务；Redis 是兼容 Redis 协议标准的、提供持久化存储的内存数据库服务。Redis 基于高可靠双机热备架构及可无缝扩展的集群架构，能够满足高读写性能场景及容量弹性变配场景的需求。

2）云数据库产品与服务

目前市场上的云数据库企业主要有 Amazon、Google、微软、Oracle、阿里、百度、腾讯及金山等。云数据库产品与服务主要有 Dynamo、Google Cloud SQL、Microsoft SQL Azure、阿里云 RDS、百度云数据库及腾讯云数据库等。

（1）Google Cloud SQL。

Google Cloud SQL 是 Google 推出的基于 MySQL 的云数据库。用户一旦使用 Google Cloud SQL，那么所有的事务都将存储在云数据库中，并由 Google 管理，用户不需要配置或排查错误。此外，Google 还提供导入或导出服务，方便用户将数据带进或带出云数据库。

（2）Microsoft SQL Azure。

Microsoft SQL Azure 是微软推出的云数据库，该产品属于 RDS，构建在 SQL Server 之上。它通过分布式技术提升传统关系型数据库的可扩展性和容错能力，并支持使用 TSQL 来管理、创建和操作云数据库。它的数据类型、存储过程和传统的 SQL Server 具有很大的相似性。因此，应用可以在本地进行开发，然后部署到云平台上。此外，Microsoft SQL Azure 还支持大量数据类型，包含几乎所有典型的 SQL Server 2008 的数据类型。

（3）阿里云 RDS。

阿里云 RDS 是一种稳定可靠、可弹性伸缩的在线数据库服务。该服务基于阿里云分布式文件系统和 SSD 高性能存储，支持 MySQL、SQL Server、PostgreSQL、PPAS 和 MariaDB TX 引擎，并且提供了容灾、备份、恢复、监控、迁移等方面的全套解决方案，能够彻底解决数据库运维的烦恼。图 4-7 所示为阿里云 RDS 上的云数据库服务。

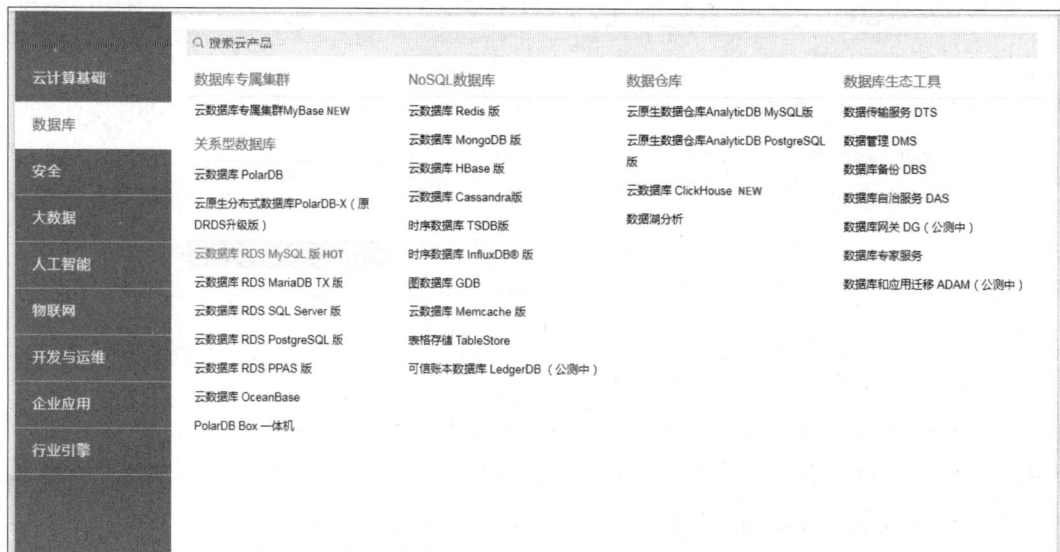

图 4-7　阿里云 RDS 上的云数据库服务

4.1.3　NewSQL 数据库

1. NewSQL 数据库概述

NewSQL 数据库是对各种新的可扩展/高性能数据库的简称，它是一种相对较新的形式，旨在使用现有的编程语言和以前不可用的技术来结合 SQL 数据库和 NoSQL 数据库中最好的部分，即将 SQL 数据库的 ACID 保证与 NoSQL 数据库的可扩展性和高性能相结合。这类数据库不仅具有 NoSQL 数据库对海量数据的存储管理能力，还保持了传统数据库支持 ACID 和 SQL 等特性。因此，NewSQL 数据库被定义为下一代数据库的发展方向。

NewSQL 数据库改变了数据的定义范围。它不再是原始的数据类型，如整型、浮点型，NewSQL 数据库的数据可能是整个文件。此外，NewSQL 数据库是非关系型的、水平可扩展的、分布式的，并且是开源的。目前常见的 NewSQL 数据库主要有以下特点。

（1）拥有关系型数据库产品和服务，并将关系模型的好处带到分布式架构上。

（2）提高了关系型数据库的性能，使之达到不用考虑水平扩展问题的程度。

2. NewSQL 数据库技术与实现

在技术上，相较于传统关系型数据库，NewSQL 数据库更强调数据一致性，以更好地适应分布式数据库的应用；它还取消了耗费资源的缓冲池，直接在内存中运行整个数据库，缩短访问数据库的时间；此外，它还摒弃了单线程服务的锁机制，通过使用冗余机器来实现数据复制和故障恢复，以取代原有的昂贵的恢复操作。

值得注意的是，NewSQL 数据库中并没有开拓性的理论技术的创新，更多的是架构的创新，以及把现有的技术更好地用于当今的服务器，适用于当前的分布式架构，从而使得这些技术能够有机地结合起来，形成高效率的整体。因此，NewSQL 数据库既能够提供 SQL 数据库的性能保证，也能提供 NoSQL 数据库的可扩展性。

3. NewSQL 数据库的应用

1）VoltDB

VoltDB 是一种较为典型的内存数据库，它的架构基于 Michael Stonebraker 等提出的 H-Store，是一种用于联机事务处理的内存数据库。

VoltDB 关注快速处理数据，目的是服务于那些必须对大流量数据进行快速处理的特定应用，如贸易应用、在线游戏、物联网传感器等场景。

2）CosmosDB

CosmosDB 是一种分布于全球的多模型数据库。作为多模型数据库，它的底层存储模型支持键值数据库、列式数据库、文档型数据库和图形数据库，并支持通过 SQL 和 NoSQL API 提供数据。此外，CosmosDB 在设计上还考虑了降低数据库管理的代价。它无须开发人员操心索引或模式管理，可以自动维护索引以确保性能。

CosmosDB 提供多个一致性层级，支持开发人员在所需的层级上做出权衡。除了两种极端的强一致性情况和最终一致性情况外，CosmosDB 还提供了另外 5 个良好定义的一致性层级。每个一致性层级提供单独的协议，确保达到特定的可用性和性能层级。

4.2　大数据中的数据库应用

4.2.1　MySQL

大数据中的
数据库应用

1. MySQL 概述

MySQL 是一个小型的关系型数据库管理系统，由于该软件具有体积小、速度快、操作方便等优点，目前被广泛地应用于 Web 上的中小企业网站的后台系统中。

图 4-8 所示为 MySQL 5.6.41 的启动界面。用户可以在此界面中使用命令来操作

MySQL。例如，使用 show databases 命令来显示数据库，如图 4-9 所示。

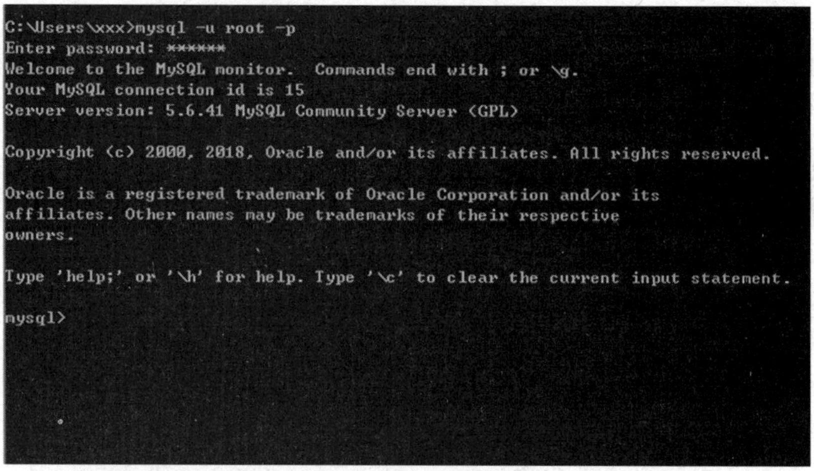

图 4-8　MySQL 5.6.41 的启动界面

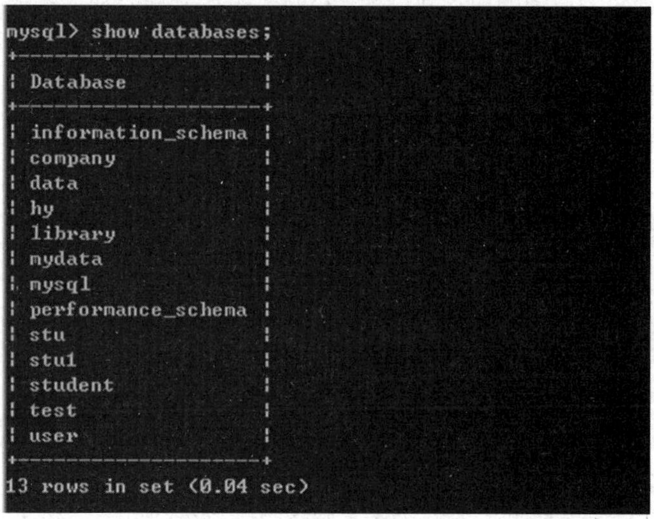

图 4-9　使用 show databases 命令来显示数据库

MySQL 的优点如下。

（1）体积小、速度快、成本低。

（2）使用的核心线程是完全多线程的，可以支持多处理器。

（3）提供了多种语言支持，MySQL 为 C、C++、Python、Java、Perl、PHP、Ruby 等多种编程语言提供了 API，访问和使用方便。

（4）MySQL 支持多种操作系统，可以运行在不同的平台上。

（5）支持大量数据查询和存储，可以承受大量的并发访问。

（6）免费开源。

但是 MySQL 也存在以下缺点。

（1）MySQL 的安全系统是复杂而非标准的。

（2）MySQL 不支持热备份。

2.　MySQL 应用

在使用 MySQL 存储企业的海量数据时，可以用到分布式数据库技术，即将原来集中式数据库中的数据分散存储到多个通过网络连接的数据存储节点上，以获得更大的存储容量和更高的并发访问量。

为了提高并发性能，可以将读操作和写操作分散到不同的数据库服务器上。主服务器（Master）处理写操作，而一台或多台从服务器（Slave）处理读操作。MySQL 的复制功能支持这种配置。图 4-10 所示为 MySQL 的主从结构。

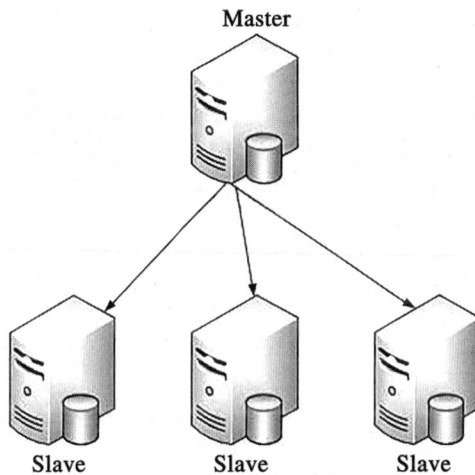

图 4-10　MySQL 的主从结构

当采用主从复制读写方式时，每台 Slave 只负责提供数据和存储数据，因而极大地增加了后台的稳定性和满足了高并发需求。

4.2.2　HBase

1.　HBase 概述

在大数据平台框架当中，Hadoop 凭借相对全面且成熟的技术体系，成为企业的首选。大数据存储是大数据处理的底层支持，只有实现稳定灵活的存储，才能进行高效的数据处理。企业在搭建大数据存储系统时，基于 Hadoop 的数据存储主要通过 HBase 来实现。值得注意的是，在 Hadoop 中，HBase 是一个分布式数据库，而 HDFS 是一个分布式文件系统。

HBase 也就是 Data Base on Hadoop，它是面向列的开源数据库，基于 Hadoop 自身的分布式文件系统 HDFS，能够实现更好的大数据存储性能支持。HBase 的出现是为了满足存储并处理大型数据的需求，在多台机器上搭建起大规模结构化存储集群，仅通过普通的硬件配置，就能实现 PB 级别的数据存储和处理。

2. HBase 组成

HBase 可以分为 4 个模块：Client、ZooKeeper、Master 和 Region Server。

Client：整个 HBase 的入口。用户直接通过 Client 操作 HBase。

ZooKeeper：可以看作 HBase 的协调工具，它可以保证在任何时候，集群中只有一个 Master。ZooKeeper 实时监控 Region Server 的上线和下线信息，并实时汇报给 Master。

Master：负责表（Table）和 Region 的管理工作，并且在 ZooKeeper 的监管下，只允许一个 Master 运行。Master 管理 Region Server 的负载均衡，调整和更新 Region 的分布，并在 Region Server 失效后，负责失效 Region Server 上的 Region 迁移工作。其中 Region 是 HBase 数据存储和管理的基本单位。一个表中可以包含一个或多个 Region。每个 Region 只能给一个 Region Server 提供服务，Region Server 可以同时服务多个 Region，来自不同 Region Server 上的 Region 组合成表的整体逻辑视图。

Region Server：主要负责监控维护 Region，处理对这些 Region 的响应及请求并负责切分在运行过程中变得过大的 Region。

HBase 的架构如图 4-11 所示。

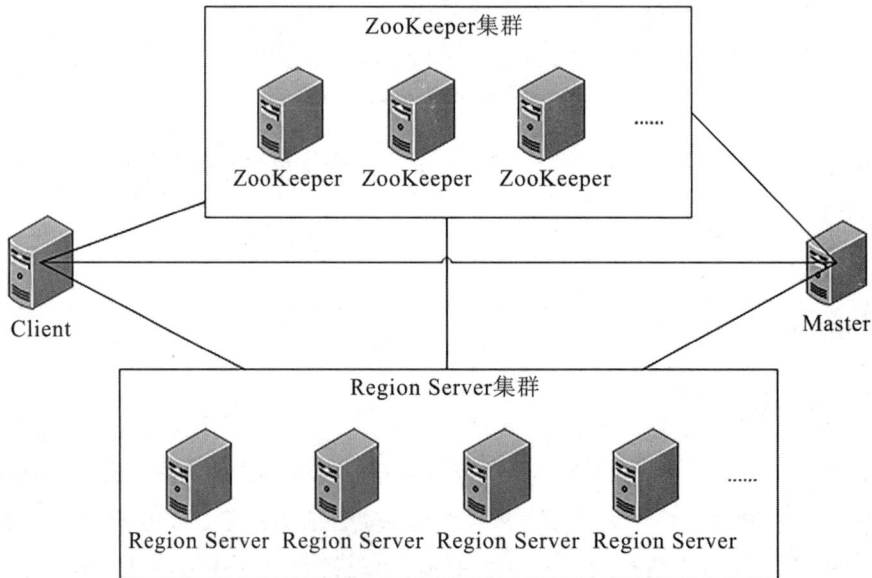

图 4-11　HBase 的架构

HBase 的工作流程如下。

（1）当一个请求产生时，Client 使用 RPC（远程过程调用）机制与 Master 和 Region Server 进行通信，对于管理类操作，Client 与 Master 进行 RPC；对于数据读写操作，Client 与 Region Server 进行 RPC。

（2）当 Client 使用 RPC 机制与 Master 和 Region Server 进行通信时，需要先到 ZooKeeper 上进行寻址。同时 Region Server 会把自己以 Ephemeral 的方式注册到 ZooKeeper 中，使 Master 可以随时感知到各个 Region Server 的健康状态。此外，ZooKeeper 避免了 Master 的单点故障。

（3）当 Client 需要进行表和 Region 的管理工作时，就需要与 Master 进行通信。HBase 中可以启动多个 Master，通过 ZooKeeper 的 Master Election 机制保证总有一个 Master 运行。

（4）当用户需要对数据进行读写操作时，需要访问 Region Server。Region Server 存取一个子表时，会创建一个 Region 对象，然后对表的每个列创建一个 HStore 实例，每个 HStore 实例都会有一个 MemStore 和 0 个或多个 StoreFile 与之对应，每个 StoreFile 都会对应一个 HFile，HFile 就是实际的存储文件。HStore 存储是 HBase 存储的核心，其由两个部分组成：MemStore 和 StoreFile。用户写入的数据首先会放在 MemStore 中，当 MemStore 满了以后会 Flush（泛滥）成一个 StoreFile，当 StoreFile 数量增长到一定阈值时，就会触发 Compact 操作，并将多个 StoreFile 合并成一个 StoreFile，合并过程中会进行版本合并和数据删除，因此可以看出 HBase 其实只有增加数据，所有的更新和删除操作都是在后续的 Compact 过程中进行的，这样当向 HBase 写入数据时，实际上首先会写入内存，从而数据可以快速地被访问，保证了 HBase 的 I/O 高性能。

图 4-12 所示为通过浏览器端口 192.168.2.0:16010 来访问 HBase。

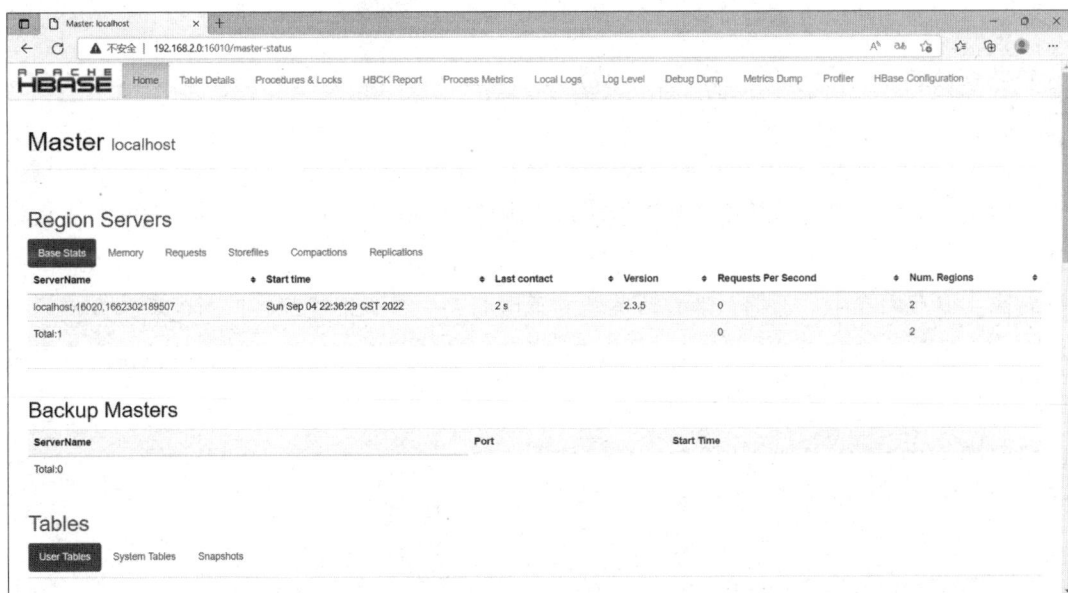

图 4-12　通过浏览器端口 192.168.2.0:16010 来访问 HBase

4.2.3 Redis

1. Redis 概述

Redis 是完全开源免费的，是使用 ANSI C 语言编写的，是遵守 BSD 协议的一个高性能键值数据库。Redis 的性能十分优越，可以支持每秒十几万次的读写操作，并且支持集群、分布式、主从同步等配置，还支持一定的事务处理能力。图 4-13 所示为 Redis 的运行界面。

图 4-13　Redis 的运行界面

Redis 的出现，很大程度上补偿了 Memcache 这类键值数据库的不足，在部分场合可以对关系型数据库起到很好的补充作用。它提供了 Java、C/C++、C#、PHP、JavaScript、Perl、Object-C、Python、Ruby 等客户端，使用方便。

Redis 最大的魅力是支持保存多种数据结构。Redis 的主要缺点是数据库容量受物理内存的限制，不能用于海量数据的高性能读写，因此 Redis 适合的场景主要局限在较小数据量的高性能操作和运算上。值得注意的是，Redis 的读写都是在内存中进行的，所以它的性能较高，但在内存中的数据会随着服务器的重启而丢失，为了保证数据不丢失，人们需要将内存中的数据存储到磁盘中，以便 Redis 重启时能够从磁盘中恢复原有的数据，整个过程就叫作 Redis 持久化，如图 4-14 所示。

图 4-14　Redis 持久化

Redis 的优点如下。

（1）支持持久化，重启后可以将磁盘数据加载到内存中。

（2）支持多种数据类型，包括字符串、哈希值、列表、集合和有序集合等类型。

（3）支持主从同步。

（4）支持原子性，Redis 的所有操作都是原子性的，并且支持多个操作的事务提交。

2. Redis 的数据类型

1）字符串

字符串是一种二进制安全的类型，这意味着 Redis 不仅能够存储字符串，还能存储图片、视频等多种类型数据，并且最大长度支持 512MB。此外，对每种数据类型，Redis 都提供了丰富的操作命令。

2）哈希值

哈希值是由 field 和关联的 value 组成的映射。其中，field 和 value 都是字符串类型的。

3）列表

列表是一个按插入顺序排序的字符串元素集合，基于双链表实现。

4）集合

集合是一种无顺序类型，它和列表的最大区别在于集合中的元素没有顺序，且元素是唯一的。

5）有序集合

在有序集合中，每个元素都会关联一个 Double 类型的分数权值，通过这个权值来给集合中的成员进行从小到大的排序。

3. Redis 应用

Redis 的常见应用场景如下。

（1）数据缓存。由于 Redis 访问速度快、支持的数据类型比较丰富，因此 Redis 很适合用来存储热点数据，另外结合 expire 命令，我们可以设置过期时间并进行缓存更新，这个功能最为常见，几乎所有的项目都有所运用。

（2）限时业务。在 Redis 中可以使用 expire 命令设置一个键的生存时间，到时间后 Redis 会删除它。利用这一特性，Redis 可以运用在限时的优惠活动信息、手机验证码等业务场景中。

（3）计数。Redis 中的 incrby 命令可以实现原子性的递增，因此可以运用于高并发的秒杀活动、分布式序列号的生成等，具体应用还体现在限制一个手机号发多少条短信、一个接口一分钟接收多少个请求、一个接口一天被调用多少次等。

（4）网站访问排名。关系型数据库在排行榜方面查询速度普遍偏慢，所以可以借助 Redis 的 Sorted Set 进行热点数据的排序查询。

4.2.4　MongoDB

1. MongoDB 概述

MongoDB 是一个跨平台、面向文档的数据库。它可以应用于各种规模的企业、各个行业，以及各类应用程序的开源数据库。它是一个基于分布式文件存储的数据库，是非关系型数据库中功能最丰富，且最像关系型数据库的数据库。

MongoDB 是专为高可扩展性、高性能和高可用性而设计的数据库。它可以从单服务器部署扩展到大型、复杂的多数据中心架构。利用内存计算的优势，MongoDB 能够提供高性能的数据读写操作。

MongoDB 支持的数据结构非常松散，是类似 JSON 的格式，因此可以存储比较复杂的数据类型。MongoDB 最大的特点是它支持的查询语言非常强大，其语法有点类似面向对象的查询语言，几乎可以实现类似关系型数据库单表查询的绝大部分功能，而且支持对数据建立索引。

2. MongoDB 的特点

1）文档

文档是 MongoDB 中数据的基本单元，非常类似于关系型数据库中的行，但是比行要复杂得多。

2）集合

集合就是一组文档，如果说 MongoDB 中的文档类似于关系型数据库中的行，那么集合就类似于关系型数据库中的表。

3）数据库

在 MongoDB 中，多个文档组成集合，多个集合组成数据库。一个 MongoDB 实例可以承载多个数据库。它们之间可以看作是相互独立的，每个数据库都有独立的权限控制。

3. MongoDB 的应用

MongoDB 的主要应用场景如下。

1）游戏场景

使用 MongoDB 存储用户信息，用户的装备、积分等直接以内嵌文档的形式存储，方便查询、更新。

2）社交场景

使用 MongoDB 存储用户信息，以及用户发表的朋友圈信息，通过地理位置索引实现查找附近的人、地点等功能。

3）物流场景

使用 MongoDB 存储订单信息，订单状态在运送过程中会不断更新，如果以 MongoDB 内嵌数组的形式来存储，那么一次查询就能将订单所有的变更读取出来。

4）物联网场景

使用 MongoDB 存储所有接入的智能设备信息，以及设备汇报的日志信息，并对这些信息进行多维度的分析。

图 4-15 所示为 MongoDB 在 Windows 下的启动和运行。图 4-16 所示为 MongoDB 操作，使用 use new 命令创建新的数据库，使用 insert 命令插入数据值，使用 find 命令进行查询。

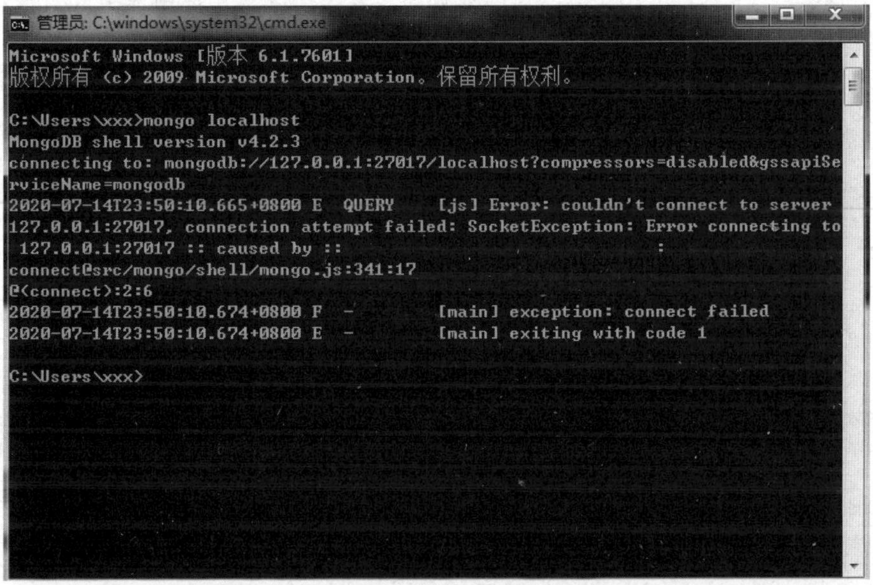

图 4-15　MongoDB 在 Windows 下的启动和运行

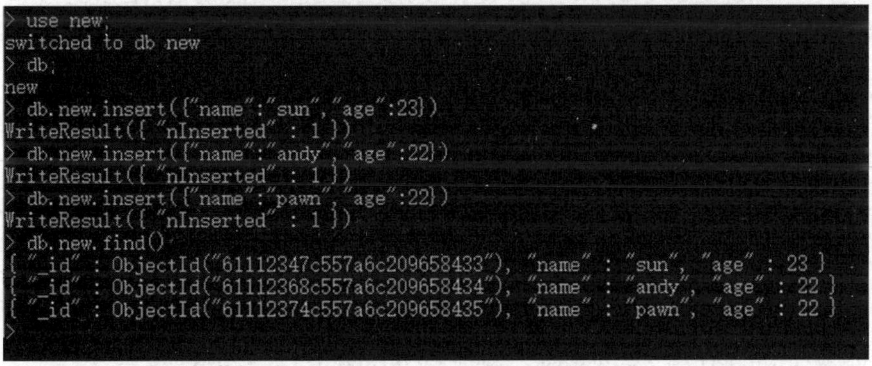

图 4-16　MongoDB 操作

4.2.5　InfluxDB

1.　InfluxDB 概述

InfluxDB 是一个由 InfluxData 开发的开源时序型数据库，它由 Go 语言编写，致力于高性能地存储与查询时序数据。值得注意的是，InfluxDB 是一个时间序列数据库（TSDB），TSDB 是针对时序数据进行优化的数据库，专门为处理带有时间戳的度量或事件而构建。时序数据可以是随时间跟踪、监视、下采样和聚合的度量或事件，如服务器指标、应用程序性能、网络数据、传感器数据，以及许多其他类型的分析数据。

InfluxDB 具有高效存储和查询的能力，采用自适应压缩算法和特定的存储引擎，可以高效地存储大量的时序数据，并通过类似 SQL 的查询语言（InfluxQL）提供丰富的查询功能。它支持高并发写入，适用于处理实时数据流，并可定义数据保留策略自动删除旧数据以控制数据库大小。因此，InfluxDB 常见的一种使用场景就是工业数据监控统计。

InfluxDB 中的相关概念如下。

database：数据库。

measurement：数据库中的表。

time：时间戳，表明数据产生的时间。

point：表里面的一行数据，point 由时间戳、字段（field）和标签（tag）组成。

point 组成属性如表 4-2 所示，field 中的数据类型如表 4-3 所示。

表 4-2　point 组成属性

属性	描述
time	时间戳为每个数据记录时间，是数据库中的主索引（会自动生成）
field	字段是各种记录值（没有索引的属性），如温度、湿度。在 InfluxDB 中，字段必须存在
tag	标签是各种有索引的属性，如地区、海拔

表 4-3　field 中的数据类型

数据类型	描述
float	浮点型
integer	整型
string	字符串
boolean	布尔型

值得注意的是，InfluxDB 使用 UTC 中主机的本地时间为数据分配时间戳，并且在插入新数据时，tag、field 和 time 之间用空格分隔。

此外，在 InfluxDB 中还有 series，series 是 InfluxDB 中一些数据的集合。

2. InfluxDB 应用

InfluxDB 基本操作命令如下。

查看数据库：show databases。

新建数据库（以数据库名称为 test 为例）：create database test。

使用数据库（以数据库名称为 test 为例）：use test。

删除数据库（以数据库名称为 test 为例）：drop database test。

显示数据库中所有的表：show measurements。

图 4-17 所示为 InfluxDB 的运行界面。图 4-18 所示为在 InfluxDB 中查询数据的结果。

```
D:\influxdb-1.7.9_windows_amd64\influxdb-1.7.9-1>influxd --config influxdb.conf

 8888888           .d888 888                   8888888b.  888888b.
   888            d88P"  888                   888  "Y88b 888  "88b
   888            888    888                   888    888 888  .88P
   888   88888b.  888888 888 888  888 888  888 888    888 8888888K.
   888   888 "88b 888    888 888  888  Y8bd8P' 888    888 888  "Y88b
   888   888  888 888    888 888  888   X88K   888    888 888    888
   888   888  888 888    888 Y88b 888 .d8""8b. 888  .d88P 888   d88P
 8888888 888  888 888    888  "Y88888 888  888 8888888P"  8888888P"

2022-05-29T06:22:06.309803Z     info    InfluxDB starting       {"log_id": "0akc
W3u0000", "version": "1.7.9", "branch": "1.7", "commit": "23bc63d43a8dc05f53afa4
6e3526ebb5578f3d88"}
2022-05-29T06:22:06.309803Z     info    Go runtime      {"log_id": "0akcW3u0000"
, "version": "go1.12.6", "maxprocs": 4}
2022-05-29T06:22:06.483810Z     info    Using data dir  {"log_id": "0akcW3u0000"
, "service": "store", "path": "D:\\influxdb-1.7.9_windows_amd64\\influxdb-1.7.9-
1\\data"}
2022-05-29T06:22:06.483810Z     info    Compaction settings     {"log_id": "0akc
W3u0000", "service": "store", "max_concurrent_compactions": 2, "throughput_bytes
_per_second": 50331648, "throughput_bytes_per_second_burst": 50331648}
2022-05-29T06:22:06.483810Z     info    Open store (start)      {"log_id": "0akc
W3u0000", "service": "store", "trace_id": "0akcW4_l000", "op_name": "tsdb_open",
```

图 4-17　InfluxDB 的运行界面

```
> select * from device1
name: device1
time                           machine value
----                           ------- -----
2022-08-05T14:20:23.2710342Z unit01  15
2022-08-05T14:20:37.2758353Z unit01  16
2022-08-05T14:20:40.5360217Z unit01  14
2022-08-05T14:20:42.2471196Z unit01  14
2022-08-05T14:20:48.6464856Z unit01  18
2022-08-05T14:20:52.2656926Z unit01  21
2022-08-05T14:20:56.8629556Z unit01  29
2022-08-05T14:20:59.3820997Z unit01  30
2022-08-05T14:21:03.3413261Z unit01  18
2022-08-05T14:21:05.6734595Z unit01  20
>
```

图 4-18　在 InfluxDB 中查询数据的结果

4.2.6 OrientDB

1. OrientDB 概述

OrientDB 是一个开源 NoSQL 数据库。OrientDB 属于 NoSQLo 数据库系列的第二代分布式数据库。在 OrientDB 之前，市场上还有几个 NoSQL 数据库，其中一个是 MongoDB。MongoDB 和 OrientDB 包含许多常见功能，但二者的引擎是不同的。MongoDB 是纯文档型数据库，OrientDB 是具有图形引擎的混合文档型数据库。

OrientDB 使用 Java 语言编写，速度非常快，在普通硬件上，每秒可存储 220000 条记录。对于文档数据，它还支持 ACID 事务处理。表 4-4 所示为 MongoDB 与 OrientDB 的区别。

表 4-4　MongoDB 与 OrientDB 的区别

特性	MongoDB	OrientDB
关系	使用关系型数据库连接创建实体之间的关系，运行时成本高，不随数据库规模增加而扩展	像关系型数据库一样嵌入和连接文档，使用从图形数据库世界中获取的直接、超快速链接
获取数据方式	代价高昂的 Join 操作	轻松返回包含相互关联文档的完整图表
事务	不支持 ACID 事务，支持原子操作	支持 ACID 事务和原子操作
查询语言	具有基于 JSON 的自己的查询语言	查询语言建立在 SQL 基础上
索引	对所有索引使用 B-Tree 算法	支持 3 种不同的索引算法，使用户可以获得最佳性能
存储引擎	使用内存映射技术	使用 LOCAL 和 PLOCAL 两个存储引擎

2. OrientDB 结构与应用

OrientDB 的主要特点是支持多模型对象，即它支持不同的模型，如文档、图形、键值和真实对象。

1）类

类（Class）是用于定义数据结构的模型。类的概念是从面向对象的编程范例中抽取出来的。OrientDB 中的类与关系型数据库中的表具有最接近的关系，但是类可以是无模式的、模式完整的或混合的。类可以从其他类继承，并且每个类都有自己的一个或多个集群。

2）记录

记录（Record）是 OrientDB 中最小的加载和存储单位。

3）文档

文档（Document）是 OrientDB 中最灵活的记录。文档由具有约束的模式类定义，但文档可以通过 JSON 格式轻松导出和导入。

4）Vertex

在 OrientDB 的图（Graph）模型下，每个节点叫作 Vertex，每个 Vertex 也是一个文档，在 OrientDB 中 Vertex 的基类是 V。

5）Edge

在 OrientDB 的图模型下，连接两个 Vertex 的边叫作 Edge，Edge 是有方向的且仅能连接两个 Vertex。

6）集群

集群（Cluster）是用于存储记录、文档或 Vertex 的重要概念。简单来说，集群是存储一组记录的地方。每个数据库最多有 32767 个集群，每个类都必须至少有一个对应的集群。

7）RecordID

当 OrientDB 生成记录时，数据库服务器自动为该记录分配单位标识符，称为 RecordID。每个记录都有一个 RecordID。

8）关系

OrientDB 支持两种关系（Relationship）：引用和嵌入。

图 4-19 所示为 OrientDB 的登录界面。图 4-20 所示为 OrientDB 的运行界面。

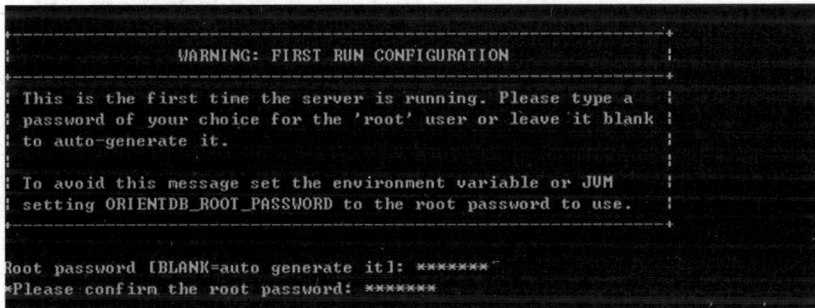

图 4-19　OrientDB 的登录界面

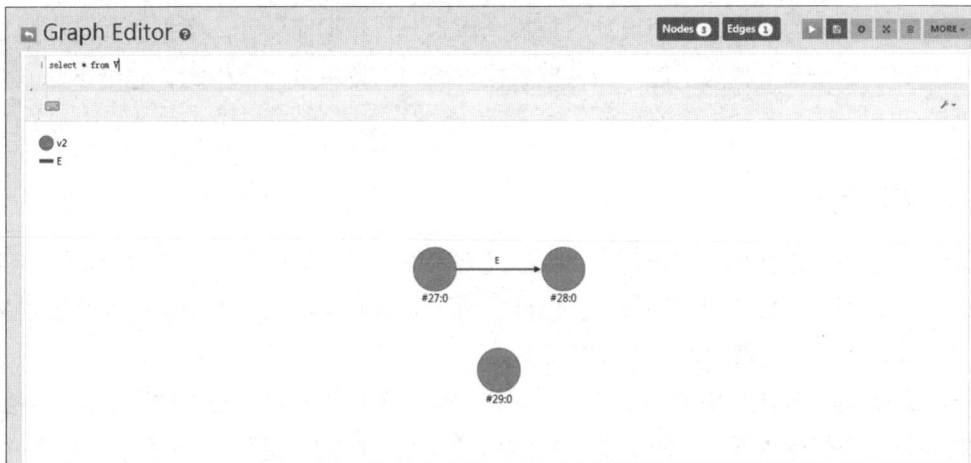

图 4-20　OrientDB 的运行界面

4.3 数据仓库

4.3.1 数据仓库概述

数据仓库（Data Warehouse）简称 DW，顾名思义，数据仓库是一个很大的数据存储集合，出于企业的分析性报告和决策支持目的而创建，并对多样的业务数据进行筛选与整合。通常，数据定期从事务系统、关系型数据库和其他来源流入数据仓库。

数据仓库是专门用于存储和管理大规模、多维度的数据的地方，它可以为复杂的数据分析和决策提供支持。在数据仓库建设中，需要考虑数据的组织方式、数据的索引和查询优化等问题，以提高数据查询和分析的效率。

1. 数据库与数据仓库的区别

数据库与数据仓库的区别实际上是 OLTP 与 OLAP 的区别。

1）OLTP

OLTP（Online Transaction Processing）叫作联机事务处理，也可称为面向交易的处理，它针对具体业务在联机数据库中进行日常操作，通常对少数记录进行查询、修改。在 OLTP中，用户较为关心操作的响应时间，数据的安全性、完整性及并发支持的用户数等问题。传统的数据库作为数据管理的主要手段，主要用于操作型处理，像 MySQL 和 Oracle 等关系型数据库一般属于 OLTP 系统。

2）OLAP

OLAP（Online Analytical Processing）叫作联机分析处理。分析型处理一般针对某些主题的历史数据，支持管理决策，OLAP 可以看作广义概念上的商业智能（Business Intelligence，BI）的一部分，传统的 OLAP 通常包含关系型数据库操作、商业报告，以及数据挖掘等方面。

因此，数据库为捕获数据而设计，数据仓库为分析数据而设计。数据仓库是在数据库已经大量存在的情况下，为了进一步挖掘数据资源、支持决策而产生的，它绝不是"大型数据库"。

2. ETL 技术

数据仓库中的数据来源十分复杂，数据既有可能来自不同的平台，又有可能来自不同的操作系统，同时数据模型相差较大。因此，为了获取并向数据仓库中加载这些数据量大且种类较多的数据，一般要使用专业的工具。

ETL 是数据处理流程中的一个关键步骤，它涵盖了从不同源系统中抽取数据，对数据进行转换以符合目标数据仓库的要求，以及将转换后的数据加载到数据仓库中的整个过程。在转换的过程中，需要针对具体的业务场景对数据进行处理，如对非法数据进行监测与过滤、对数据进行格式转换和规范化、对数据进行替换，以及保证数据完整性等。数据仓库从各数据源获取数据及在数据仓库内发生的数据转换和流动都可以认为是 ETL 的过程，ETL 是数据仓库的流水线，也可以认为是数据仓库的血液，它维系着数据仓库中数据的新陈代谢，而数据仓库日常管理和维护的大部分工作就是保持 ETL 的正常和稳定。

ETL 的流程主要包含数据抽取、数据转换和数据加载，下面分别介绍。

1）数据抽取

数据抽取指把数据从数据源中读出来，一般用于从源文件和源数据库中抽取相关的数据，目前在实际应用中，数据源较多采用的是关系型数据库。

（1）全量抽取。全量抽取类似于数据迁移或数据复制，它将数据源中的表或视图中的数据原封不动地从数据库中抽取出来，并转换成自己的 ETL 工具可以识别的格式，通常来讲全量抽取比较简单。

（2）增量抽取。增量抽取只抽取自上次抽取以来数据库中要抽取的表或视图中新增或修改的数据。在 ETL 过程中，增量抽取比全量抽取应用更广。如何捕获变化的数据是增量抽取的关键。对捕获方法一般有两点要求：一是准确性，能够将业务系统中的变化数据按一定的频率准确地捕获；二是性能，不能对业务系统造成太大的压力，影响现有业务。

值得注意的是，数据抽取并不仅仅是根据业务需求确定公共字段，还涉及从不同类型的数据库（Oracle、MySQL、DB2、Vertica 等）、不同类型的文件系统（Linux、Windows、HDFS），以何种方式（数据库抽取、文件传输、流式）、何种频率（分钟、小时、天、周、月）、何种抽取方式（全量抽取、增量抽取）获取数据。所以数据抽取的具体实现包含了大量的工作和技术难点。

2）数据转换

数据转换在 ETL 的工作流程中常处于中心位置，它把原始数据转换成期望的格式和维度。在数据仓库的场景下，数据转换也包含数据清洗，如需要根据业务规则对异常数据进行清洗，保证后续分析结果的准确性。值得注意的是，数据转换既可以包含简单的数据格式的转换，也可以包含复杂的数据组合的转换。此外，数据转换还包括许多功能，如常见的记录级功能和字段级功能。

3）数据加载

数据加载指把处理后的数据加载到目标处，如数据仓库或数据集市。将数据加载到目标处的基本方式是刷新加载和更新加载。其中刷新加载常用于数据仓库首次被创建时的填充，更新加载则用于目标数据仓库的维护。值得注意的是，将数据加载到数据仓库中通常意味着向数据仓库中的表添加新行，或者在数据仓库中清洗被识别为无效的或不正确的数据。此外，在实际的工作中，数据加载需要结合使用的数据库系统（Oracle、MySQL、Spark、Impala 等），确定最优的数据加载方案，以节约 CPU、I/O 设备和网络传输资源。

ETL 的工作流程如图 4-21 所示。

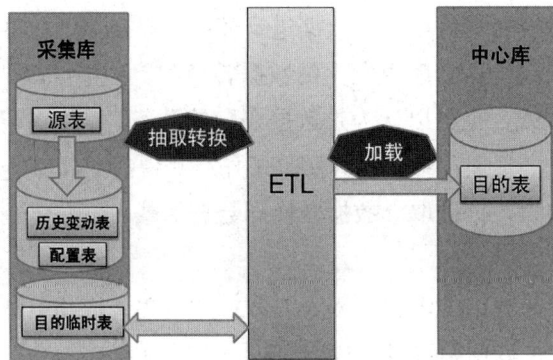

图 4-21　ETL 的工作流程

4）ETL 处理方式

常见的 ETL 处理方式可分为以下 3 种。

（1）数据库外部的 ETL 处理。

大多数数据转换工作都在数据库之外、在独立的 ETL 过程中进行。这些独立的 ETL 过程与多种数据源协同工作，并将这些数据源集成。数据库外部的 ETL 处理的优点是执行速度较快。但缺点是大多数 ETL 处理中的可扩展性必须由数据库的外部机制提供，如果数据库的外部机制不具备可扩展性，那么此 ETL 处理就不能扩展。

（2）数据库段区域中的 ETL 处理。

数据库段区域中的 ETL 处理不使用外部引擎而是使用数据库作为唯一的控制点。多种数据源的所有原始数据大部分未做修改就被载入中立的段区域中。如果源系统是关系型的，则段表将是典型的关系型表；如果源系统是非关系型的，则数据将被分段置于包含列 VARCHAR2(4000)的表中，以便在数据库内做进一步转换。在成功地将外部未做修改的数据载入数据库后，再在数据库内部进行转换，这就是系列方法载入然后转换。数据库段区域中的 ETL 处理执行的步骤是抽取、加载、转换，即通常所说的 ELT。在实际数据仓库中经常使用这种方式。这种方式的优点是为抽取出的数据提供一个缓冲以便进行复杂的转换，减轻了 ETL 进程的复杂度。

（3）数据库中的 ETL 处理。

数据库中的 ETL 处理使用数据库作为完整的数据转换引擎，在转换过程中不使用段区域。数据库中的 ETL 处理具有数据库段区域中的 ETL 处理的优点，同时充分利用了数据库的数据转换引擎功能。目前的主流数据库产品 Oracle 9i 等可以提供这种功能。

根据以上 3 种 ETL 处理方式可知，数据库外部的 ETL 处理可扩展性差，不适合复杂的数据清洗；数据库段区域中的 ETL 处理可以进行复杂的数据清洗；数据库中的 ETL 处理具有数据库段区域中的 ETL 处理的优点，同时充分利用了数据库的数据转换引擎功能。所以为了进行有效的数据清洗，应该使用数据库中的 ETL 处理。

3. ETL 工具

目前市场上常见的 ETL 工具如下。

1）Talend Open Studio

Talend 是数据集成和数据治理解决方案领域的领袖企业，也是第一家针对数据集成工具市场的 ETL 开源软件供应商。Talend Open Studio 以其图形化的界面和拖放组件简化了 ETL 流程，适合各种数据库和文件数据源，不需要掌握专业的 ETL 知识，仅仅通过 Web 界面和简单的组件拖放就可实现数据处理。

2）DataStage

DataStage 是 IBM 的商业软件，是一种数据集成软件平台，能够帮助企业从散布在各个系统中的复杂异构信息中获得更多价值。DataStage 支持对数据结构从简单到高度复杂的大量数据进行收集、变换和分发操作。并且 Datastage 全部的操作在同一个界面中，不用切换界面，就能够看到数据的来源及整个作业的情况。

3）Kettle

Kettle 是一款国外开源的 ETL 工具，采用 Java 语言编写，可以在 Windows、Linux、UNIX 上运行，数据抽取高效稳定。Kettle 中有两种脚本文件：Transformation 和 Job。Transformation 完成针对数据的基础转换，Job 则完成整个工作流的控制。图 4-22 所示为 Kettle 在数据仓库中的应用。

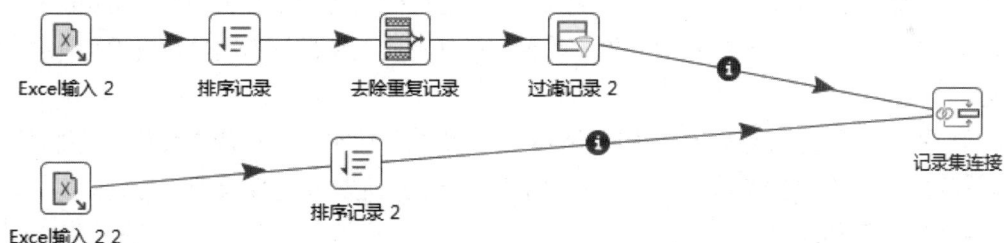

图 4-22　Kettle 在数据仓库中的应用

4）Informatica PowerCenter

Informatica PowerCenter 是一款非常强大的 ETL 工具，支持各种数据源之间的数据抽取、转换、加载等处理，多用于大数据和商业智能等领域。应用 Informatica PowerCenter 的企业可根据自己的业务数据构建数据仓库，在业务数据和数据仓库间进行 ETL 操作，并在挖掘到的这些零碎且无规律的原始数据的基础上，进行多维度的数据分析，通过寻找用户的习惯和需求来指导业务拓展及战略转移的方向。

5）ODI

ODI 是 Oracle 的 ETL 工具，同时是一个综合的数据集成平台，可满足所有数据集成需求：从大容量、高性能的批处理负载，到事件驱动、持续少量的集成流程，再到支持 SOA 的数据服务。不过和通常所见的 ETL 工具不同，ODI 不是采用独立的引擎而是采用 RDBMS 进行数据转换，并且由于 ODI 是基于 Java 开发的产品，因此可以安装在 Windows、Linux、HP-UX、Solaris、AIX 和 Mac OS 平台上。

4. 数据仓库建模

根据数据分析的需求抽象出合适的数据模型，是数据仓库建设的一个重要环节。所谓数据模型，就是抽象出来的一组实体及实体之间的关系，而数据建模，便是为了表达实际的业务特性与关系所进行的抽象。数据仓库建设不同于日常的信息系统开发，除遵循其他系统开发的需求分析、设计、测试等通常的软件生命周期外，它还涉及企业信息数据的集成、大容量数据的阶段处理和分层存储、数据仓库的模式选择等。因此数据仓库的模型设计异常重要，这是关系到数据仓库项目成败的关键。

要成功地创建一个数据仓库，必须有一个合理的数据模型。数据仓库建模在需求分析之后开始。在创建数据仓库的数据模型时应考虑以下几点：满足不同层次用户的需求；兼顾查询效率与数据粒度的需求；支持用户需求变化；避免影响业务系统性能；提供可扩展性。值得注意的是，数据模型的可扩展性决定了数据仓库对新需求的适应能力，数据仓库建模既要考虑眼前的信息需求，也要考虑未来的信息需求。

数据仓库建模的目标是通过建模的方法更好地组织、存储数据，以便在性能、成本、效率和数据质量之间找到一个最佳平衡点。数据仓库建模的方法有很多种，常见的有范式建模法、维度建模法、实体建模法等，每种方法从本质上讲是从不同的角度看待业务中的问题。

值得注意的是，数据仓库建模的设计目标是模型的稳定性、自适应性和可扩展性。为了做到这一点，必须坚持数据仓库建模的相对独立性、业界先进性原则。

1）范式建模法

范式是符合某一种级别的关系模式的集合。构造数据库必须遵循一定的规则，而在关系型数据库中这种规则就是范式。目前关系型数据库有 6 种范式：第一范式（1NF）、第二范式（2NF）、第三范式（3NF）、Boyce-Codd 范式（BCNF）、第四范式（4NF）和第五范式（5NF）。

在数据仓库的模型设计中，一般采用第三范式。一个符合第三范式的关系必须满足以下 3 个条件。

（1）每个属性的值唯一，不具有多义性。

（2）每个非主属性必须完全依赖于整个主键，而非主键的一部分。

（3）每个非主属性不能依赖于其他关系中的属性，因为这样的话，这种属性就应该归到其他关系中去。

2）维度建模法

维度建模法是数据仓库领域中最流行的数据仓库建模的方法。维度建模法以分析决策的需求出发构建模型，构建的模型为分析需求服务，因此它重点解决用户如何更快速地完成分析需求的问题，同时所建模型有较好的大规模复杂查询的响应性能。

维度建模法中比较重要的概念是事实表（Fact Table）和维度表（Dimension Table），其最简单的描述就是，按照事实表、维度表来构建数据仓库和数据集市。

（1）事实表。事实表描述的是业务过程中的事实数据，是要关注的具体内容，每行数据对应一个或多个度量或事件。

（2）维度表。维度表（简称维表）也称为查找表，是与事实表相对应的表，它描述的是事物的属性，反映了观察事物的角度。

（3）事实表与维度表的关系。一般来说，每一个事实表都要和一个或多个维度表相关联，用户在利用事实表创建多维数据集时，可以使用一个或多个维度表。

3）实体建模法

实体建模法并不是数据仓库建模中常见的一种方法，它来源于哲学的一个流派。从哲学的意义上说，客观世界应该是可以细分的，客观世界由一个个实体，以及实体与实体之间的关系组成。因此在数据仓库建模过程中完全可以引入这种抽象的方法，将整个业务划分成一个个实体，而每个实体之间的关系，以及针对这些关系的说明就是数据仓库建模需要做的工作。

使用实体建模法其实很简单，将任何业务都看成 3 个部分：实体、事件和说明。

（1）实体：主要指领域模型中特定的概念主体，指发生业务关系的对象。

（2）事件：主要指概念主体之间完成一次业务的过程，指特定的业务过程。

（3）说明：主要指针对实体和事件的特殊说明。

由于实体建模法能够很轻松地实现业务模型的划分，因此在业务建模阶段和领域概念建模阶段，实体建模法有着广泛的应用。

以下代码实现了 Python 数据仓库维度建模。

```python
import pandas as pd
# 假设已经有了一个事实表和几个维度表的数据架构
# 事实表
sales_data = {
    'sale_id': [1, 2, 3, 4, 5],
    'product_id': [101, 102, 101, 103, 102],
    'store_id': [1, 2, 1, 3, 2],
    'sale_date': ['2023-01-01', '2023-01-02', '2023-01-03', '2023-01-04',
'2023-01-05'],
    'sale_amount': [100, 150, 75, 200, 125]
}
sales_df = pd.DataFrame(sales_data)
```

```
# 产品维度表
products_data = {
    'product_id': [101, 102, 103],
    'product_name': ['Product A', 'Product B', 'Product C']
}
products_df = pd.DataFrame(products_data)
# 店铺维度表
stores_data = {
    'store_id': [1, 2, 3],
    'store_name': ['Store X', 'Store Y', 'Store Z']
}
stores_df = pd.DataFrame(stores_data)
# 日期维度表
#先将销售数据和产品维度表连接起来
sales_with_products = sales_df.merge(products_df, on='product_id')
# 再将结果与店铺维度表连接起来
sales_with_products_and_stores  =  sales_with_products.merge(stores_df,
on='store_id')
# 基于连接后的数据进行各种分析，如计算每个店铺的总销售额
total_sales_per_store                                                 =
sales_with_products_and_stores.groupby('store_name')['sale_amount'].sum().re
set_index()
print(total_sales_per_store)
```

代码运行结果如下。

```
   store_name   sale_amount
0    Store X        175
1    Store Y        275
2    Store Z        200
```

4.3.2 Hive

Hive 是基于 Hadoop 的一种数据仓库工具，可以将结构化的数据文件映射为一个数据库表，并提供简单的 SQL 查询功能，可以将 SQL 语句转换为 Map/Reduce 任务并运行。

Hive 是建立在 Hadoop 上的数据仓库基础构架。它提供了一系列的工具，可以用来进行数据的抽取、转换和加载。Hive 定义了简单的类 SQL 查询语言，称为 HQL，它允许熟悉 SQL 的用户查询数据。同时，HQL 允许熟悉 MapReduce 的开发人员开发自定义的 Mapper 和 Reducer 来处理内建的 Mapper 和 Reducer 无法完成的复杂的分析工作。

Hive 的优点如下。

（1）Hive 可以自由地扩展集群的规模，一般情况下不需要重启服务器。

（2）Hive 支持用户自定义函数，用户可以根据自己的需求来实现自己的函数。

（3）Hive 具有良好的容错性，某一节点出现问题后仍可继续运行。

Hive 的架构如图 4-23 所示。

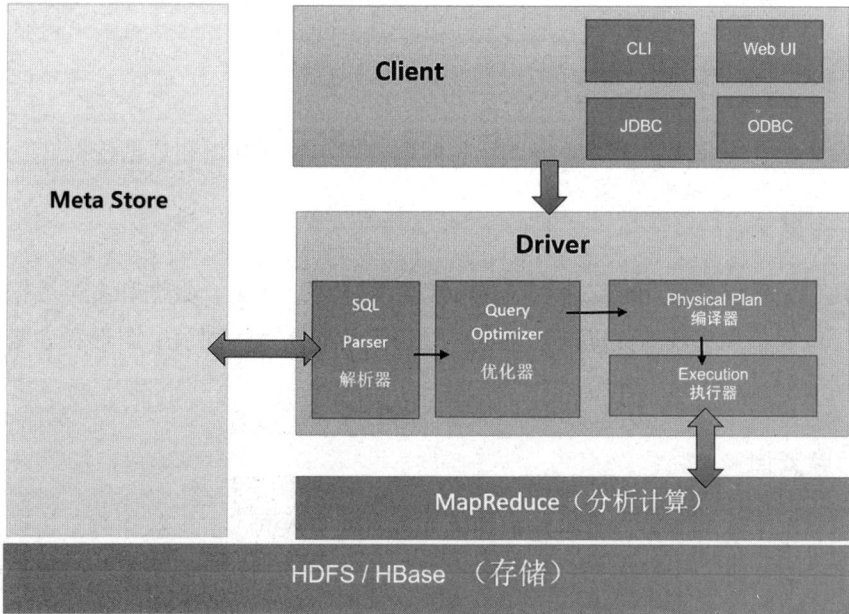

图 4-23　Hive 的架构

Hive 主要组成部分如下。

1. Meta Store

Meta Store 用来存储元数据，元数据包括表名、表所属的数据库、表的拥有者、列/分区字段、表的类型、表的数据所在目录等。Meta Store 默认存储在自带的 Derby 数据库中，但是由于开启多个 Hive 时会报异常，因此推荐使用 MySQL 数据库存储 Meta Store。

2. Client

Client 是用户接口，主要包含 CLI（Command-Line Interface，命令行界面）、JDBC、ODBC 和 Web UI。

3. Driver

Driver 是驱动器，包含解析器（SQL Parser）、编译器（Physical Plan）、优化器（Query Optimizer）和执行器（Execution）。

Hive 通过给用户提供一系列接口，接收用户的指令（SQL 语句），使用 Driver 将 SQL 语句解析成对应的 MapReduce 程序，并生成相应的 JAR 包，结合 Meta Store 提供的对应文件的路径，提交到 Hadoop 中执行，最后将执行结果输出到 Client。

Hive 的优势在于处理大数据，对处理少量数据没有优势，因此 Hive 的执行延迟比较高，常用于对实时性要求不高的场景，或者是数据的离线处理场景，如日志分析等。

4.3.3　数据仓库的应用

常见的数据仓库应用主要有报表展示、即席查询、数据分析和数据挖掘。

1. 报表展示

报表几乎是每个数据仓库必不可少的一类数据应用，将聚合数据和多维数据展示为报表，提供了最简单和直观的数据展示方式。在报表中通常使用图表、图形和表格来展示数据，使数据更加直观和易于理解。

2. 即席查询

理论上数据仓库的所有数据（包括细节数据、聚合数据、多维数据和分析数据）都应该开放即席查询功能（用户根据自己的需求，灵活地选择查询条件，系统能够根据用户的选择生成相应的统计报表）。即席查询提供了足够灵活的数据获取方式，用户可以根据自己的需要查询获取数据，并导出到 Excel 等外部文件。

3. 数据分析

数据分析大部分可以基于构建的业务模型展开，当然也可以使用聚合数据进行趋势分析、比较分析、相关分析等，而多维数据提供了多维分析的数据基础；同时从细节数据中获取一些样本数据进行特定的分析也是较为常见的一种数据分析途径。

4. 数据挖掘

数据挖掘可以基于数据仓库中已经构建起来的业务模型展开，但大多数时候数据挖掘会直接从细节数据入手，而数据仓库为数据挖掘工具（如 SAS、SPSS 等）提供了数据接口。

4.4　本章小结

（1）大数据存储通常是指将那些数量巨大，且难于收集、处理和分析的数据集持久化到计算机中。在进行大数据分析之前，首先要将海量数据存储起来，以便今后的使用。

（2）目前常见的大数据存储方式主要有分布式存储、NoSQL 存储和云存储 3 种。

（3）NoSQL 数据库是一种非关系型数据库，与关系型数据库相比，NoSQL 数据库不使用 SQL 作为查询语言，其存储也不需要固定的表模式，用户操作 NoSQL 数据库时通常会避免使用 RDBMS 的 Join 操作。

（4）数据仓库是专门用于存储和管理大规模、多维度数据的地方，它可以为复杂的数据的分析和决策提供支持。

（5）Hive 是基于 Hadoop 的一种数据仓库工具，可以将结构化的数据文件映射为一个数据库表，并提供简单的 SQL 查询功能，可以将 SQL 语句转换为 MapReduce 任务并运行。

习题 4

（1）请阐述什么是大数据存储。

（2）请阐述什么是集群。

（3）请阐述什么是键值数据库。

（4）请阐述 MySQL 数据库的优点。

（5）请阐述 HBase 的工作流程。

（6）请阐述什么是维度建模法。

第 5 章　数据清洗

本章学习目标

- 了解数据清洗的定义。
- 了解数据清洗的内容。
- 了解数据清洗的常见方法。
- 了解数据标准化。
- 了解数据清洗中的常见算法。
- 了解数据质量与数据质量管理。
- 了解数据清洗工具。

5.1　数据清洗概述

5.1.1　认识数据清洗

1. 数据清洗的定义

数据的不断剧增是大数据时代的显著特征，大数据必须经过清洗、分析、建模、可视化才能体现其潜在的价值。然而，在众多数据中总是存在着许多脏数据，脏数据即不完整、不规范、不准确的数据，因此必须进行数据清洗。数据清洗就是把脏数据彻底洗掉，只有经过数据清洗才能从根本上提高数据质量。数据清洗是发现并纠正数据文件中可识别错误的一道程序，该程序针对数据审查过程中发现的明显错误值、缺失值、异常值、可疑数据，选用适当的方法进行清洗，使脏数据变为干净数据，有利于后续经统计分析得出可靠的结论。

如下学生成绩数据中包含了脏数据，需要进行数据清洗。

```
data = {
    'StudentID': [101, 102, 103, 104, 105, 106],
    'Name': ['Alice', 'Bob', 'Charlie', 'David', 'Eva', 'Frank'],
    'Math': [90, 85, np.nan, -15, 92, 88],
    'English': [np.nan, 88, 85, 90, 92, np.nan],
```

```
    'Science': [89, 90, 91, np.nan, 88, 115]
}
```

在这里 np.nan 代表缺失值，-15 则代表异常值（成绩不能为负数）。

数据清洗中包含两个重要的概念：原始数据和干净数据。

1）原始数据

原始数据是来自数据源的数据，一般作为数据清洗的输入数据。由于原始数据的来源纷杂，因此不适合直接进行分析。值得注意的是，对于未清洗的数据，无论尝试什么类型的算法，都无法获得准确的结果。

2）干净数据

干净数据也称目标数据，即符合数据仓库或上层应用逻辑规格的数据，也是数据清洗过程的结果数据。

对前述脏数据清洗后的结果数据即干净数据，如下所示。

处理缺失值后的数据集如下。

	StudentID	Name	Math	English	Science
0	101	Alice	90.0	88.75	89.0
1	102	Bob	85.0	88.00	90.0
2	103	Charlie	68.0	85.00	91.0
3	104	David	-15.0	90.00	94.6
4	105	Eva	92.0	92.00	88.0
5	106	Frank	88.0	88.75	115.0

处理异常值后的数据集如下。

	StudentID	Name	Math	English	Science
0	101	Alice	90.0	88.75	89.0
1	102	Bob	85.0	88.00	90.0
2	103	Charlie	68.0	85.00	91.0
3	104	David	0.0	90.00	94.6
4	105	Eva	92.0	92.00	88.0
5	106	Frank	88.0	88.75	100.0

因此，数据清洗的目的主要有两个，第一是通过数据清洗让数据可用，第二是让数据变得更适合进行后续的分析工作。据统计，在大数据项目的实际开发工作中，数据清洗通常占开发过程总时间的 50%～70%。

2. 数据清洗的内容

数据清洗可以有多种表述方式，其定义依赖于具体的应用。一般认为，数据清洗的含义是检测和去除噪声数据，以及处理遗漏数据、去除空白数据域和去除特定知识背景下的白噪声。

1）检测和去除噪声数据

噪声数据是指数据集中那些错误或异常的值。这可能是由数据录入错误、设备故障或数据传输问题等情况造成的。噪声数据可能会对数据分析和建模结果产生负面影响，因此需要被检测和去除。

2）处理遗漏数据

遗漏数据是指数据集中缺失或未记录的值。遗漏数据可能是由各种情况造成的，如数据录入遗漏、设备故障或数据本身不存在等。处理遗漏数据的方法包括删除包含缺失值的记录，使用均值、中位数或众数等统计量进行填充，或者使用机器学习算法进行预测填充等。

3）去除空白数据域

空白数据域是指数据集中那些没有任何有效值的字段或列。空白数据域可能是由数据录入遗漏或数据结构设计不合理等情况造成的。去除空白数据域可以提高数据集的紧凑性和可分析性。

4）去除特定知识背景下的白噪声

白噪声是指在特定知识背景下与分析目标无关的数据。这些数据虽然本身可能没有错误，但由于它们与分析目标无关，因此被视为白噪声。去除白噪声可以使数据集更加聚焦于分析目标，提高数据分析的效率和准确度。

除上述方面外，数据清洗还可能包括其他操作，如数据格式转换、数据标准化、数据离散化等，以进一步提高数据质量和可分析性。

3. 数据清洗的流程

数据清洗的总体流程如图 5-1 所示。

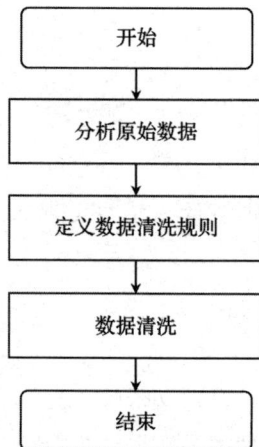

图 5-1 数据清洗的总体流程

从图 5-1 中可以看出，原始数据是数据清洗的基础，数据分析是数据清洗的前提，而定义数据清洗规则是数据清洗的关键。具体的数据清洗规则主要包括非空检核、主键重复检核、非法代码与非法值清洗、数据格式检核、记录数检核等。

（1）非空检核：要求字段为非空的情况下，对该字段数据进行检核。如果数据为空，则需要进行相应处理。

（2）主键重复检核：多个业务系统中同类数据经过清洗后，在统一保存时，为保证主键的唯一性，需进行检核工作。

（3）非法代码与非法值清洗：非法代码问题包括非法代码、代码与数据标准不一致等，非法值问题包括取值错误、格式错误、多余字符、乱码等，需根据具体情况进行检核及修正。

（4）数据格式检核：通过检核表中属性值的格式是否正确来衡量其准确性，如时间格式、币种格式、多余字符、乱码等。

（5）记录数检核：指各个系统相关数据之间的数据总数检核或数据表中每日数据量的波动检核。

值得注意的是，当下机器学习和众包技术的发展为数据清洗的研究工作注入了新的活力。机器学习可以从用户记录中学习制定数据清洗规则的规律，从而减轻用户标注数据的负担。众包技术则把数据清洗任务发布到互联网，集中众多用户的知识和决策，从而通过众包的形式充分利用外部资源优势，在降低数据清洗代价的同时，提高数据清洗的准确度和效率。

5.1.2　数据清洗的常见方法

1. 缺失值的处理方法

1）删除缺失值

如果样本数很多，并且出现缺失值的样本占整个样本的比例相对较小，那么我们可以使用最简单有效的方法处理缺失值的情况，那就是将出现缺失值的样本直接删除。这是一种很常用的策略。

2）均值填补法

均值填补法是根据缺失值的属性相关系数最大的那个属性把数据分成几个组，然后分别计算每个组的均值，用这些均值代替缺失值。

3）热卡填补法

对于一个包含缺失值的变量，热卡填补法的做法是在数据库中找到一个与它最相似的对象，然后用这个相似对象的值来进行填补。不同的场景可能会选用不同的标准来对相似对象进行判定。最常见的是使用相关系数矩阵来确定哪个变量（如变量 Y）与缺失值所在变量（如变量 X）最相关。

4）最近距离决定填补法

最近距离决定填补法假设数据现在为 y，前一段时间为 x，然后根据 x 的值去把 y 的值填补好。该方法不适用于受时间影响较大的数据。

5）回归填补法

假设 y 属性存在部分缺失值，但是知道 x 属性，那么可以先用回归方法对没有缺失值的样本进行模型训练，再把这个样本的 x 属性代入，对 y 属性进行预测，最终填补到缺失处。当然，这里的 x 属性不一定是一个属性，也可以是一个属性组，这样能够减少单个属性与 y 属性之间的相关性影响。

6）多重填补法

多重填补法是在贝叶斯理论的基础上，用 EM 算法来对缺失值进行处理的方法。首先，对于每一个缺失值，生成 M 个填补值，从而生成 M 个完整数据集；然后，对生成的 M 个完整数据集分别进行相同的数据分析或建模操作；最后，将 M 个分析结果合并为一个最终结果。

7）k-最近邻法

k-最近邻法先根据欧氏距离函数和马氏距离函数来确定距缺失值最近的 k 个元组，然后将这 k 个元组加权平均来估计缺失值。

8）有序最近邻法

有序最近邻法建立在 k-最近邻法的基础上，它是根据属性的缺失率进行排序，从缺失率最小的属性开始进行填补的一种数据清洗的常用方法。这样做的好处是将算法处理后的数据也加入对新的缺失值的计算中，这样即使缺失了很多数据，依然会有很好的效果。在这里需要注意的是，欧氏距离函数不考虑各个变量之间的相关性，这样可能会使缺失值的估计不是最佳，所以一般采用马氏距离函数进行有序最近邻法的计算。

9）基于贝叶斯的方法

基于贝叶斯的方法分别将缺失的属性作为预测项，然后根据最简单的贝叶斯方法，对这个预测项进行预测。

2. 噪声数据的处理方法

噪声数据主要包含错误数据、假数据和异常数据。这里主要讲述异常数据的处理方法。异常数据也称为异常值，是指由于系统误差、人为误差或固有数据的变异而使它们与总体的行为特征、结构等不一样的数据。

通常异常值也被称为离群点，数据中的异常值如图 5-2 所示。

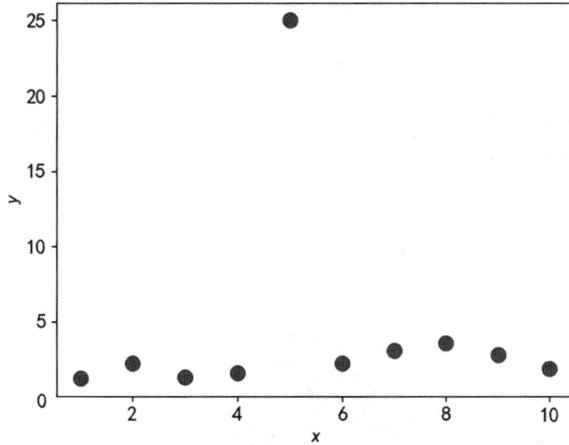

图 5-2 数据中的异常值

对于异常值的处理，常使用的方法有以下几种。

1）分箱法

分箱法通过考察某一数据周围数据的值，来平滑有序数据的值。在分箱法中，用"箱的深度"表示不同的箱里有相同数据的个数，用"箱的宽度"来表示每个箱的取值区间是固定的。在采用分箱法时，需要确定的两个主要问题是如何分箱，以及如何对每个箱子中的数据进行平滑处理。

2）聚类分析

将数据分组为若干个簇，在簇外的值即孤立点，这些孤立点就是噪声数据，应当对这些孤立点进行删除或替换。图 5-3 所示为聚类分析示意图。

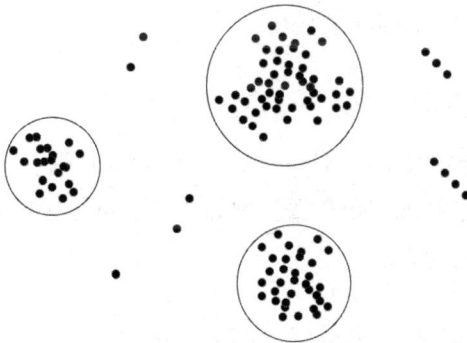

图 5-3 聚类分析示意图

从图 5-3 中可以看出，在圆外的点即为噪声数据。

3）估算分析法

对于极个别的异常值，还可以采取估算分析法进行处理。例如，可以使用均值、中值来进行估算。此外，在估算之前，应该首先分析该异常值是自然异常值还是人为异常值。如果是人为异常值，则可以用估算值来估算。除此之外，还可以使用统计模型来预测异常值，然后用预测值估算它。

4）3σ 原则

3σ 原则是指如果数据服从正态分布，那么在 3σ 原则下，异常值为一组测定值中与均值的偏差超过 3 倍标准差的值。因此，如果数据服从正态分布，那么距离均值 3σ 之外的值出现的概率为 $P(|x-u| > 3\sigma) \leq 0.003$，属于极个别的小概率事件，即可认为该值是异常值。图 5-4 所示为用 3σ 原则来检测异常值。

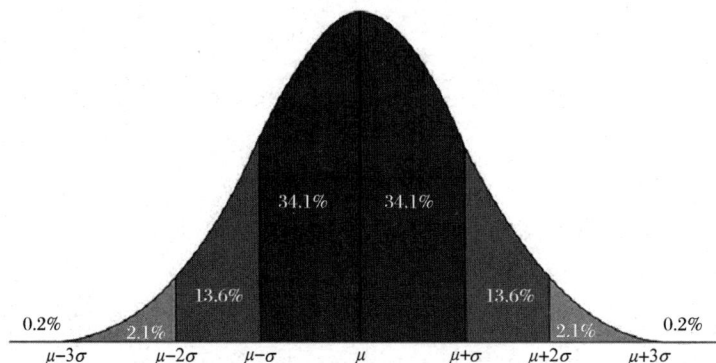

图 5-4　用 3σ 原则来检测异常值

值得注意的是，在识别异常值后，操作人员需要按照经验和业务流程判断其值的合理性：若此值合理，则保留该值；若不合理，则按照其重要性考虑是否需要重新采集。例如，公司的 A 商品正常情况下日销量为 1000 台左右，昨日举行促销活动导致总销量达到 10000台，由于后端库存不足，今日销量又下降到 100 台。在这种情况下，10000 台和 100 台都正确地反映了业务运营的结果，而非异常值。

3. 冗余数据的处理方法

冗余数据既包含重复数据（如图 5-5 中两个方框内的数据），也包含与分析问题无关的数据，通常采用过滤方法来处理冗余数据。例如，对于重复数据采用重复过滤的方法，对于无关数据则采用条件过滤的方法。

1）重复过滤

重复过滤是指在已知重复数据内容的基础上，从每一个重复数据中抽取一条记录保存下来，并删掉其他的重复数据。

2）条件过滤

条件过滤是指根据一个或多个条件对数据进行过滤。在操作时，对一个或多个属性设置相应的条件，并将符合条件的数据放入结果集中，将不符合条件的数据过滤掉。例如，可以先在电子商务网站中对商品的属性（品牌、价格等）进行分类，然后根据商品的属性进行筛选，最终得到想要的结果。

图 5-5　重复数据

5.1.3　数据标准化

1. 数据标准化简介

在大数据分析前,为了统一标准,保证结果的可靠性,需要对原始数据进行标准化处理。

数据标准化是指通过一定的数学转换方式,将原始数据按照一定的比例进行转换,使之落入一个小的特定区间内,如 0~1 或-1~1 的区间内,以消除不同变量之间性质、量纲、数量级等特征属性的差异,将其转换为一个无量纲的相对数值。因此,数据标准化可以使各指标的数值都处于同一个数量级上,从而便于不同单位或数量级的指标进行综合分析和比较。

例如,在比较学生成绩时,一个百分制的变量与一个五分制的变量放在一起是无法比较的。只有通过数据标准化,让它们符合同一个标准时才具有可比性。

又例如,在利用大数据预测房价时,由于全国各地的工资收入水平是不同的,如果直接使用原始的数据值,那么它们对房价的影响程度将是不一样的,而通过数据标准化,可以使得不同的特征具有相同的尺度。

因此,原始数据经过标准化处理后,能够转换为无量纲的指标值,各指标值处于同一数量级,方可进行综合测评分析。

2. 数据标准化的方法

目前有许多种数据标准化的方法,常用的有 Min-Max 标准化、Z-Score 标准化和 Decimal Scaling 标准化等。下面对数据标准化的常用方法进行了介绍。

1）Min-Max 标准化

Min-Max 标准化对原始数据进行线性变换。设 MinA 和 MaxA 分别为属性 A 的最小值和最大值,将属性 A 的一个原始值 x 通过 Min-Max 标准化映射成在[0,1]区间中的值,其公式为

$$新数据 = \frac{(x - MinA)}{(MaxA - MinA)}$$

这种方法适用于原始数据的取值范围已经确定的情况。例如,在处理自然图像时,人们获得的像素值在[0,255]区间中,常用的处理方法是将这些像素值除以 255,使它们缩放到

[0,1]区间中。

2）Z-Score 标准化

Z-Score 标准化基于原始数据的均值和标准差进行数据的标准化。将属性 A 的原始值 v 使用 Z-Score 标准化到 v' 的计算方法为

$$v' = \frac{(v-均值)}{标准差}$$

Z-Score 标准化适用于属性 A 的最大值和最小值未知的情况，或者有超出取值范围的离群数据的情况。

在分类、聚类算法中需要使用距离来度量相似性或需要使用 PCA（协方差分析）技术进行降维的时候，Z-Score 标准化表现较好。

3）Decimal Scaling 标准化

Decimal Scaling 标准化通过移动数据的小数点位置来进行标准化。小数点移动多少位取决于属性 A 的取值中的最大绝对值。将属性 A 的原始值 x 使用 Decimal Scaling 标准化到 y 的计算方法为

$$y=x/(10j)$$

式中，j 是满足条件的最小整数。

例如，假定属性 A 的取值为-986～917，则属性 A 的最大绝对值为 986，通过 Decimal Scaling 标准化，使每个值除以 1000（$j=3$），这样，-986 被标准化为-0.986。

3. 数据标准化的实例

图 5-6 所示为原始数据，图 5-7 所示为 Z-Score 标准化后的数据，标准化后数据的均值为 0，方差为 1。

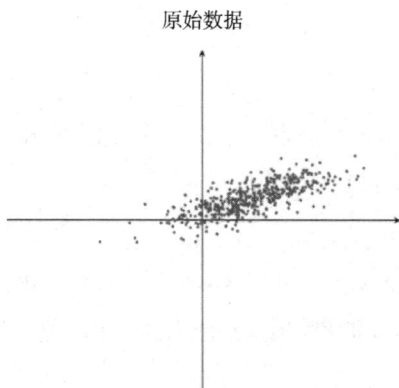

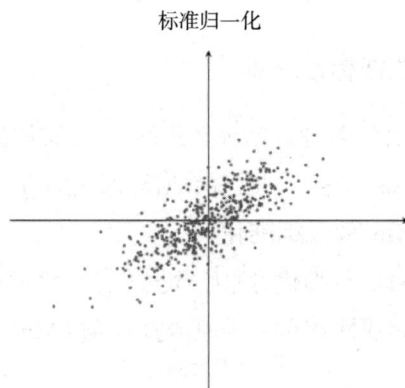

图 5-6　原始数据　　　　　图 5-7　Z-Score 标准化后的数据

数据标准化最典型的方法就是数据的归一化处理，即将数据统一映射到[0,1]区间上。

5.1.4　数据清洗中的常见算法

1. 哈希算法

哈希算法也称散列算法，基本原理是把任意长度的数据输入，通过哈希算法变成固定长度的数据输出。

哈希算法又称摘要（Digest）算法，它的作用是对任意一组输入数据进行计算，得到一个固定长度的输出摘要。使用哈希算法可以将任意长度的二进制串转换为固定长度的二进制串。

哈希算法的特点如下。

（1）从哈希值不能反向推导出原始数据，所以哈希算法也叫单向哈希算法。

（2）对输入数据非常敏感，哪怕原始数据只修改了 1bit，最后得到的哈希值也大不相同。

（3）对于不同的原始数据，哈希值相同的概率非常小。

（4）哈希算法的执行效率很高，即使针对较长的文本，也能快速地计算出哈希值。

哈希算法的目的是验证原始数据是否被篡改。

MD5 函数是一种被广泛使用的密码哈希函数，是哈希算法的重要应用。MD5 函数用于确保信息传输完整一致，它可以产生一个 128bit（16B）的哈希值，因此 MD5 函数广泛应用于错误检查。

循环冗余校验是一种根据网络数据包或计算机文件等数据，产生简短固定位数校验码的哈希算法。它生成的校验码在数据传输或存储之前被计算出来并且附加到数据后面，接收方收到后进行校验确定数据是否发生变化。由于该算法易于计算机硬件使用、容易进行数学分析且尤其善于检测传输通道干扰引起的错误，因此获得了广泛的应用。

2. 字符串匹配算法

字符串匹配是一个经典算法问题，在实际工程中经常遇到。字符串匹配算法通常输入原字符串（主串）和模式串（子串），要求返回子串在主串中首次出现的位置。该算法假设主串 S 和子串 T 是给定的两个串，在主串 S 中找到子串 T 的过程称为字符串匹配，如果在主串 S 中找到子串 T，则称匹配成功，函数返回子串 T 在主串 S 中首次出现的位置，否则称匹配不成功，返回 -1。字符串匹配算法的数学表达：给定两个串 S="$S_1 S_2 S_3 \cdots S_n$" 和 T="$T_1 T_2 T_3 \cdots T_n$"，在主串 S 中寻找子串 T 的过程叫作字符串匹配。例如，主串为 "ABCDEFG"，子串为 "DEF"，则算法返回 3。

传统的字符串匹配算法可以概括为前缀搜索、后缀搜索、子串搜索。代表算法有暴力匹配算法、KMP 算法、Jaro Winkler 算法、Levenshtein 算法、BM 算法、Horspool 算法、

BNDM 算法、BOM 算法等。所用到的技术包括滑动窗口、位并行、自动机、后缀树等。一般来讲，算法运行的速度是评价一个字符串匹配算法最重要的标准。

以下是对几种传统的字符串匹配算法的介绍。

1）暴力匹配算法

暴力匹配算法规定 i 是主串 S 的下标，j 是子串 T 的下标。假设现在主串 S 匹配到 i 位置，子串 T 匹配到 j 位置。如果当前字符匹配成功（$S[i]=T[j]$），则 $i+1$、$j+1$，继续匹配下一个字符；如果匹配失败（$S[i]\neq T[j]$），则令 $i=i-(j-1)$，$j=0$，相当于每次匹配失败时，i 都回溯到本次失配起始字符的下一个字符，j 都回溯到 0。

在该算法中，如果 i 已经匹配了一段字符后出现了失配的情况，则 i 会重新回溯，j 会从 0 开始比较。因此该算法在运行时会浪费大量的时间。

2）KMP 算法

KMP 算法是一种改进的字符串匹配算法，该算法要解决的是在主串中的子串的定位问题，也就是关键字搜索。在 KMP 算法中，子串就是关键字，如果它在一个主串中出现，则返回它的具体位置，否则返回-1。

KMP 算法的实现原理如下。

对于子串 T 的每个元素 T_j，都存在一个实数 k，使得子串 T 开头的 k 个字符（$T_0T_1\cdots T_{k-1}$）依次与 T_j 前面的 k（$T_{j-k}T_{j-k+1}\cdots T_{j-1}$，这里第一个字符 T_{j-k} 最多从 T_1 开始，所以 $k<j$）个字符相同。如果这样的实数 k 有多个，则取最大的一个。子串 T 中每个 j 位置的字符都有这种信息，采用 next 数组表示，即 $next[j]=Max\{k\}$。

在 KMP 算法中，next 数组的提取是整个 KMP 算法中最核心的部分。

3）Jaro Winkler 算法

Jaro Winkler 算法是用于计算两个字符串之间相似度的一种算法。

Jaro Winkler 算法会输出一个最终得分，得分越高说明两个字符串的相似度越大，0 分表示没有任何相似度，1 分则代表完全匹配。

4）Levenshtein 算法

Levenshtein 算法常用于计算两个字符串之间的最小编辑距离，最小编辑距离就是把字符串 A 通过添加、删除、替换字符的方式转变成字符串 B 所需要的最小操作次数。一般来说，最小编辑距离越小，两个字符串的相似度越大。

Levenshtein 算法的实现步骤如下。

定义两个字符串分别为 strA、strB。首先计算 strA 的长度 n，strB 的长度 m，如果 $n=0$，则最小编辑距离是 m；如果 $m=0$，则最小编辑距离是 n。然后构造一个 $(m+1)\times(n+1)$ 的矩阵 **Arr**，并初始化矩阵的第一行和第一列分别为 0-n、0-m。接着两重循环遍历 strA，在此基础上遍历 strB，如果 strA[i]=strB[j]，那么 cost=0，否则 cost=1，并判断 **Arr**[$j-1$][i]+1、**Arr**[j][$i-$

1]+1、**Arr**[*j*−1][*i*−1]+cost 的最小值，将最小值赋给 **Arr**[*j*][*i*]。最后，在循环结束后，矩阵的最后一个元素就是最小编辑距离。

5.2　数据质量与数据质量管理

5.2.1　数据质量

1. 数据质量介绍

大数据应用必须建立在质量可靠的数据之上才有意义，建立在低质量甚至错误数据之上的应用有可能与其初心背道而驰。

数据质量管理就是确保企业拥有的数据完整且准确，只有完整、准确的数据才可以供企业分析和使用。因此，企业只有拥有强大的数据质量管理流程，才可以确保数据的干净和清洁。

2. 数据质量评估

数据质量一般指数据能够真实、完整地反映企业经营管理实际情况的程度，通常可从以下几个方面评估。

1）准确性

准确性是指数据在系统中的值与真实值的符合情况，一般而言，数据应符合业务规则和统计口径。常见数据准确性问题如下。

（1）与实际情况不符：数据来源存在错误，难以通过业务规则进行判断与约束。

（2）与业务规则不符：在数据的采集、使用、管理、维护过程中，业务规则缺乏或执行不力，导致数据缺乏准确性。

2）完整性

完整性是指数据的完备程度。常见数据完整性问题如下。

（1）系统已设定字段，但在实际业务操作中并未完整采集该字段数据，导致数据缺失或不完整。

（2）系统未设定字段或存在数据需求，但未在系统中设定对应的取数字段。

3）一致性

一致性是指系统内部和外部数据源之间数据的一致程度，即数据是否遵循了统一的规范，数据集是否保持了统一的格式。常见数据一致性问题如下。

（1）系统联动出错：系统间应该相同的数据却不一致。

（2）缺乏系统联动：在系统中缺乏必要的数据联动和核对。

4）可用性

可用性一般用来衡量数据项整合和应用的可用程度。常见数据可用性问题如下。

（1）缺乏应用功能：没有相关的数据处理、加工规则或数据模型的应用功能来获取目标数据。

（2）缺乏整合共享功能：数据分散，不易于有效整合和共享。

其他数据质量评估标准包括有效性（可考虑对数据格式、类型、标准的遵从程度）、合理性（可考虑数据符合逻辑约束的程度）。对国内某企业数据质量问题进行的调研显示如下：常见数据质量问题中，准确性问题占33%，完整性问题占28%，一致性问题占15%，可用性问题占24%，这在一定程度上代表了国内企业面临的数据问题。表 5-1 所示为数据质量评估的常见等级（注：数据质量问题频率=数据质量问题发生次数/存储的总数据量，指标单位为次/GB）。表 5-2 所示为数据质量评估的参考维度。

表 5-1　数据质量评估的常见等级

数据质量等级	描述	统计口径
一级	数据质量差，需要重点监控	数据质量问题频率大于或等于 1 次/GB
二级	数据质量一般	数据质量问题频率大于或等于 0.5 次/GB，小于 1 次/GB
三级	数据质量好	数据质量问题频率小于 0.5 次/GB

表 5-2　数据质量评估的参考维度

维度	描述	评估标准
正确性	数据正确体现了真实情况	数据内容和定义是否一致
精确性	数据精度满足业务规则要求	数据精度是否达到业务规则要求的位数
完整性	必需的数据已经被记录	必需的数据是否缺失，不允许为空字符或空值等
时效性	数据被及时更新以体现当前事实	当需要使用时，数据能否反映当前事实，即数据必须及时，能够满足系统对数据时间的要求
依赖一致性	数据在特定数据集中不存在重复值	数据取值是否满足与其他数据之间的依赖关系
可访问性	数据易于访问	数据是否便于自动化读取
业务有效性	数据符合已定义的业务规则	数据是否按已定义的格式标准组织
技术有效性	数据符合已定义的格式规范	见时效性评估标准
可用性	数据在需要时是可用的	数据在需要时是否可用
参照完整性	数据在被引用的父表中有定义	数据是否在被引用的父表中有定义

3. ISO 8000 数据质量标准

ISO 8000 数据质量标准是针对数据质量制定的国际标准化组织标准，该标准致力于管理数据质量，具体来说，包括规范和管理数据质量活动、数据质量原则、数据质量术语、数据质量特征（标准）和数据质量测试。根据 ISO 8000 数据质量标准的要求，数据质量高低程度由系统数据与明确定义的数据要求进行对比而得到。通过 ISO 8000 数据质量标准的规范，可以保证用户在满足决策需求和数据质量的基础上，在整个产品或服务的周期内高质量地交换、分享和存储数据，从而保证用户可以依托获取的数据高效地做出最优的安全决策。

通过将 ISO 8000 数据质量标准应用于企业内部，可以对企业内部数据进行规范化整合，对各个部门的数据进行统一识别和管理，从企业的整体层面进行资源与信息的协调管理，从而减少信息沟通不畅带来的运营成本。此外，如果在合作企业之间或整个行业中采用 ISO 8000 数据质量标准，那么数据或信息将有更大的可用性。例如，在医疗卫生领域，各个医疗机构的信息系统不能很好地兼容，导致同一病人在不同医院的病历信息无法快速共享和传递。通过在全国范围内应用 ISO 8000 数据质量标准，可以将病历信息与特定信息系统分离，病历信息可以独立于医疗信息系统存在，并可被任意一个遵循 ISO 8000 数据质量标准的信息系统读取，这样患者可以更加自主地选择就医医院，而不用担心自身的病历信息缺失导致的医疗误判。

5.2.2　数据质量管理

1. 数据质量管理介绍

数据价值的成功发掘必须依托于高质量的数据，唯有准确、完整、一致的数据才有使用价值。因此，需要从多维度来分析数据的质量，如偏移量检查、非空检查、值域检查、规范性检查、重复性检查、关联关系检查、离群值检查、波动检查等。需要注意的是，优秀的数据质量管理模型的设计必须依赖于对业务的深刻理解，在技术上也推荐使用大数据相关技术来保障检测性能和降低对业务系统的性能影响，如 Hadoop、MapReduce、HBase 等。

数据质量管理是指对数据从计划、获取、存储、共享、维护、应用、消亡等生命周期的每个阶段中可能引发的各类数据质量问题，进行识别、度量、监控、预警等一系列管理活动，并通过改善和提高企业的管理水平使得数据质量获得进一步提高。数据质量管理是企业数据治理的一个重要组成部分，企业数据治理的所有工作都是围绕提高数据质量而开展的。

不过值得注意的是，数据质量管理是一个集方法论、技术、业务和管理为一体的解决方案，通过有效的数据质量管理手段，进行数据的管理和控制，消除数据质量问题进而提升企业数据变现的能力。

表 5-3 所示为数据质量管理要素。

表 5-3　数据质量管理要素

数据质量管理要素	描述	责任人
数据完整性	确保数据没有遗漏或缺失	数据管理员
字段完整性	检查每个字段是否都有值	数据校验员
记录完整性	检查是否有遗漏的记录	数据校验员
数据准确性	确保数据是真实、准确的	数据校验员
数据校验规则	设定并应用数据校验规则	数据质量专家
数据重复性	识别并处理重复的数据	数据清洗员
数据一致性	确保数据在不同系统和应用中保持一致	数据整合员

2. 数据质量管理的价值

数据质量管理的目标是解决企业内部数据使用过程中遇到的数据质量问题，提升数据的完整性、准确性和真实性，为企业的日常经营、精准营销、管理决策、风险管控等提供坚实、可靠的数据基础。

因此，数据质量管理的价值就是通过建设一个完整的数据质量管理平台，对数据进行检核与统计，从制度、标准、监控、流程等方面提升数据信息的管理能力，解决项目面临的数据标准问题和数据质量问题，为数据治理提供准确的数据信息。数据质量管理能够完成从发现数据问题到解决数据问题的全过程，从而为企业不断提高数据质量，形成从数据产生，到数据交换，再到数据应用过程中数据质量的统一管理与控制。

3. 数据质量管理的主要工作

数据质量管理主要有以下工作。

1）数据质量管理环境

强有力的数据质量管理环境的建设是数据治理项目成功的最根本的保证。其包括两个层面：一是在制度层面，制定企业数据治理的相关制度和流程，并在企业内推广，融入企业文化；二是在执行层面，为各项业务应用提供高可靠的数据。

2）数据质量管理方针

为了改进和提高数据质量，必须从产生数据的源头开始抓起，从管理入手，对数据运行的全过程进行监控，强化全面数据质量管理的思想观念，把这一观念渗透到数据全生命周期。数据质量问题是影响系统运行、业务效率、决策能力的重要因素，在数字化时代，数据质量问题不仅影响信息化建设，还影响企业的降本增效、业务创新。对于数据质量问题，采用事前预防控制、事中过程控制、事后监督控制的方式进行管理和控制，持续提升企业数据质量水平。

3）数据质量问题分析

关于数据质量问题的分析，企业可以使用经典的六西格玛策略，六西格玛策略是一种改善企业质量流程管理的策略，以"零缺陷"为追求，以客户为导向，以业界最佳为目标，以数据为基础，以事实为依据，以流程绩效和财务评价为结果，持续改进企业经营管理的思想方法、实践活动和文化理念。六西格玛策略重点强调质量的持续改进，对于数据质量问题的分析，该策略依然适用。

4）数据质量监控

（1）事前预防控制。建立数据标准化模型，对每个数据元素的业务描述、数据结构、业务规则、质量规则、管理规则、采集规则进行清晰的定义，采集规则本身也是一种数据，在元数据中定义。面对庞大的数据种类和结构，如果没有元数据来描述这些数据，用户将无法准确地获取所需信息。正是通过元数据，数据才可以被理解、使用，才会产生价值。构建数据分类和编码体系，形成企业数据资源目录，让用户能够轻松地查找和定位到相关的数据。

（2）事中过程控制。事中过程控制即在数据的维护和使用过程中去监控和处理数据质量问题。通过建立数据质量的流程化控制体系，对数据的新建、变更、采集、加工、装载、应用等各个环节进行流程化控制。

（3）事后监督控制。定期开展数据质量的检查和清洗工作应作为企业数据质量管理的常态工作来抓。事后监督控制工作主要包含设置数据质量规则、设置数据检查任务、出具数据质量问题报告、制定和实施数据质量改进方案、评估与考核等。

5）数据生命周期管理

数据生命周期从数据规划开始，其中包括设计、创建、处理、部署、应用、监控、存档、销毁这几个阶段并不断循环。企业的数据质量管理应贯穿数据生命周期的全过程，覆盖数据标准规划设计、数据建模、数据质量监控、数据问题诊断、数据清洗等各方面。

以典型的设备资产为例，其生命周期一般包括以下 6 个环节：设计、采购、安装、运行、维护和报废，如图 5-8 所示。从设备设计、采购、安装开始，直至设备运行、维护、报废进行全生命周期管理；将基建期图纸、采购、资料信息写入设备台账中，实现数据的无缝衔接和平滑过渡，实现基建、生产一体化，提升企业资产利用率，增强企业投资回报率。同时结合成本管理、财务管理，既实现对资产过程的管控，又实现对资产价值的管理。

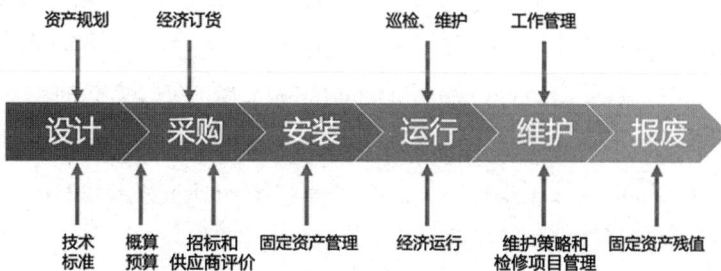

图 5-8　设备资产生命周期

在数据生命周期管理中最重要的几个方面包含数据规划、数据设计、数据创建和数据使用。

（1）数据规划。从企业战略的角度不断完善企业数据模型的规划，把数据质量管理融入企业战略中，建立数据治理体系，并融入企业文化中。

（2）数据设计。推动数据标准化要求的制定和贯彻执行，根据数据标准化要求统一建模管理，统一数据分类、数据编码、数据存储，为数据的集成、交换、共享、应用奠定基础。

（3）数据创建。利用数据模型保证数据结构完整、一致，执行数据标准化要求，规范数据维护过程，加入数据质量检查，从源头保证数据的正确性、完整性、唯一性。

（4）数据使用。利用元数据监控数据使用；利用数据标准化要求，保证数据正确。元数据提供各系统统一的数据模型，监控数据的来源去向，提供全息的数据地图支持；企业严格执行数据标准化要求，保证数据输入端的正确性。

要做好数据质量的管理，应抓住影响数据质量的关键因素，设置质量管理点或质量控制点，从数据的源头抓起，从根本上解决数据质量问题。在企业的数据治理中，数据质量管理必须识别相应产品规范或用户需求中的质量信息，在元数据、质量评价报告中形成正确的质量描述，并且这些规范上的质量结果均要为"合格"。

5.3　数据清洗工具

5.3.1　Python

在使用 Python 进行数据清洗时，主要依靠 Python 中的扩展库 NumPy 和 Pandas 来完成清洗任务。其中，NumPy 是 Python 中科学计算的第三方库，代表"Numeric Python"。NumPy 是一个提供多维数组对象、多种派生对象（如掩码数组、矩阵），以及用于快速操作数组的函数及 API，它包括数学变换、逻辑变换、数组形状变换、排序、选择、随机模拟等功能。NumPy 最重要的一个特点是提供多维数组对象，数组是一系列相同类型数据的集合，元素可用从零开始的索引来访问。Pandas 是在 NumPy 基础上建立的程序库，它提供了两种高效的数据结构，即 Series 和 DataFrame。DataFrame 本质上是一种带行标签和列标签、支持相同类型数据和缺失值的多维数组。Pandas 不仅为各种带标签的数据提供了便利的存储界面，还实现了许多强大的数据操作功能，尤其是它的 Series 和 DataFrame 为执行那些消耗大量时间的数据清理任务提供了便利。

值得注意的是，在 Python 中进行数据清洗时，常常要使用可视化库来展示数据。图 5-9 所示为使用 Python 来检测数据集中的异常值。

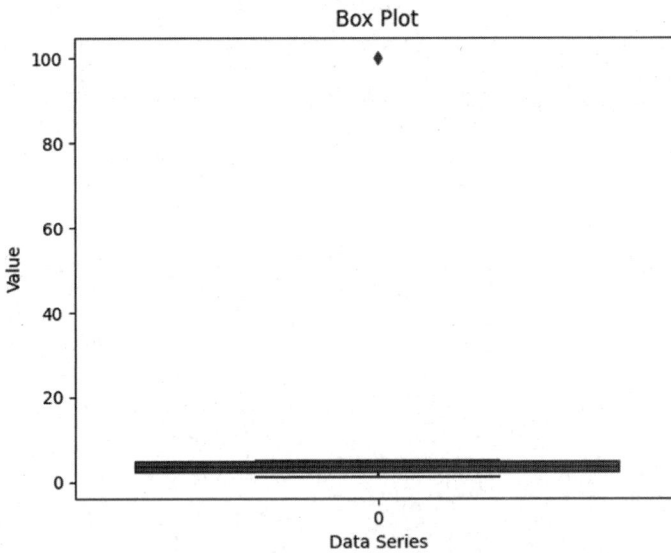

图 5-9 使用 Python 来检测数据集中的异常值

图 5-10 所示为使用 Python 来显示数据集中变量间的关系。

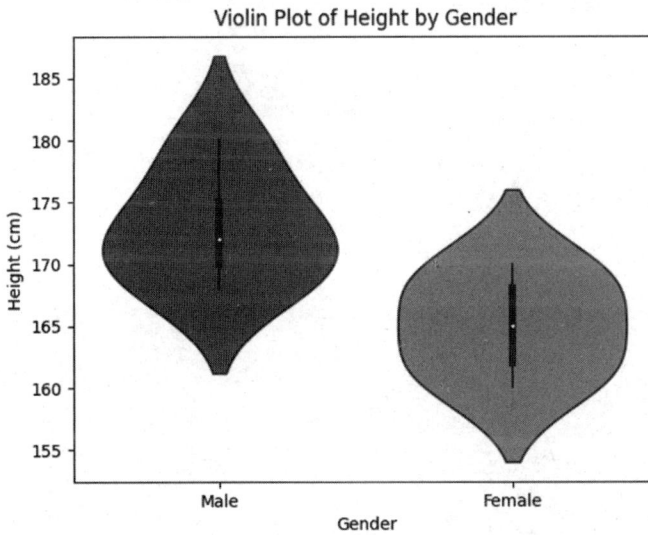

图 5-10 使用 Python 来显示数据集中变量间的关系

以下代码为使用 Python 中的 NumPy 和 Pandas 来进行数据清洗。

```
import pandas as pd
import numpy as np
# 示例 Series
s = pd.Series([10, 20, 30, 40, 50, np.nan], index=['a', 'b', 'c', 'd',
'e', 'f'])
```

```
print(s)
# 过滤缺失值
filtered = s.dropna()
print("过滤缺失值后的 Series:\n", filtered)
# 条件过滤，如筛选大于 30 的值
condition_filter = s > 30
filtered_by_condition = s[condition_filter]
print("条件过滤后的 Series（值大于 30）:\n", filtered_by_condition)
# 升序排序
sorted_asc = s.sort_values()
print("升序排序后的 Series:\n", sorted_asc)
# 降序排序
sorted_desc = s.sort_values(ascending=False)
print("降序排序后的 Series:\n", sorted_desc)
filled_na = s.fillna(0)   # 使用 0 填充缺失值
print("使用 0 填充缺失值后的 Series:\n", filled_na)
# 删除含有缺失值的行
dropped_na = s.dropna()
print("删除含有缺失值的行后的 Series:\n", dropped_na)
# 前向填充（用前一个有效观察值填充）
ffill_example = s.fillna(method='ffill')
print("前向填充后的 Series:\n", ffill_example)
# 后向填充（用后一个有效观察值填充）
bfill_example = s.fillna(method='bfill')
print("后向填充后的 Series:\n", bfill_example)
```

运行结果如下所示。

```
a    10.0
b    20.0
c    30.0
d    40.0
e    50.0
f     NaN
dtype: float64
```

过滤缺失值后的 Series 如下。

```
a    10.0
b    20.0
c    30.0
d    40.0
e    50.0
dtype: float64
```

条件过滤后的 Series（值大于 30）如下。

```
d    40.0
e    50.0
dtype: float64
```

升序排序后的 Series 如下。

```
a    10.0
b    20.0
c    30.0
d    40.0
e    50.0
f     NaN
dtype: float64
```

降序排序后的 Series 如下。

```
e    50.0
d    40.0
c    30.0
b    20.0
a    10.0
f     NaN
dtype: float64
```

使用 0 填充缺失值后的 Series 如下。

```
a    10.0
b    20.0
c    30.0
d    40.0
e    50.0
f     0.0
dtype: float64
```

删除含有缺失值的行后的 Series 如下。

```
a    10.0
b    20.0
c    30.0
d    40.0
e    50.0
dtype: float64
```

前向填充后的 Series 如下。

```
a    10.0
b    20.0
c    30.0
```

```
d    40.0
e    50.0
f    50.0
dtype: float64
```

后向填充后的 Series 如下。

```
a    10.0
b    20.0
c    30.0
d    40.0
e    50.0
f    NaN
dtype: float64
```

5.3.2 R 语言

R 语言是用于统计分析、图形展示和报告的编程语言和软件环境。R 语言是由新西兰奥克兰大学的 Ross Ihaka 和 Robert Gentleman 创建的。

在进行数据清洗时，R 语言中的缺失值通常以 NA 表示，可以使用 is.na( )函数判断缺失值是否存在，另外 complete.cases( )函数可识别样本数据是否完整从而判断缺失情况。对是否存在缺失值进行判断后需要进行缺失值处理，常用的方法有删除法、替换法、插补法。

1. 删除法

删除法根据数据处理的不同角度可分为删除观测样本法、删除变量法两种。删除观测样本法又称为行删除法，在 R 语言中可通过 na.omit( )函数删除所有含有缺失值的行，这属于以减少样本量来换取数据完整性的方法，在缺失值所占比例较小的情况下，这一方法会十分有效。然而，这种方法有很大的局限性，它会造成资源的大量浪费，丢弃了隐藏在被删除样本中的信息。在样本量较小的情况下，删除少量样本就足以严重影响到数据的客观性和结果的正确性。

删除变量法适用于变量有较大缺失且对研究目标影响不大的情况，意味着要删除整个变量，在 R 语言中可通过 data[, −p]来实现，其中 data 表示目标数据集，p 表示缺失变量所在的列。当缺失变量所占比例较大，特别是当缺失变量非随机分布时，这种方法可能导致数据发生偏离，从而得出错误的结论。

2. 替换法

替换法将缺失值分为数值型和非数值型来分别进行处理。如果缺失值是数值型的，则用该缺失值在其他所有对象中取值的均值来替换；如果缺失值是非数值型的，则根据统计学中的众数原理，用该缺失值在其他所有对象中取值次数最多的值来替换。

均值替换法是一种简便、快速的缺失值处理方法。使用均值替换法来替换缺失值，对该缺失值的均值估计不会产生影响。但这种方法是建立在完全随机缺失假设之上的，而且会造成缺失值的方差和标准差变小。同时，这种方法会产生有偏估计，所以并不被推崇。

3. 插补法

插补法是一种复杂的方法，它根据数据集中的其他信息来预测和填充缺失值，从而保留更多的数据信息。

例如，使用 mice 包进行多重插补，代码如下。

```
install.packages("mice")library(mice)
# 进行多重插补
imputed_data <- mice(df, m=5, maxit=50, method='pmm', seed=500)
# 查看插补结果
print(imputed_data)
completed_data <- complete(imputed_data, 1)
# 选择第一组插补结果
```

在这里，mice()函数用于创建多个插补数据集。

此外，使用 R 语言进行异常值分析时，可以先对变量进行描述性统计，进行初步的筛选，目的是查看哪些数据是不合理的。一般来说，常用的统计量是最大值和最小值，它们可以用来判断这个变量的取值是否超出了合理范围。例如，当人体体温的最大值为 50℃时，则判断该变量的取值存在异常。一种经典的检测数据异常值的方法是箱形图法，也称 Tukey 法。箱形图是一种用于显示一组数据分散情况的统计图，因形状如箱子而得名。图 5-11 所示为用 R 语言绘制的箱形图。

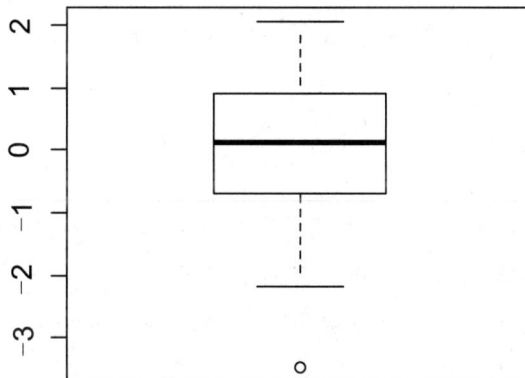

图 5-11　用 R 语言绘制的箱形图

5.3.3 Kettle

Kettle 可以完成数据仓库中的数据清洗与数据转换工作，常见的功能有数据类型的转换、数据值的修改与映射、数据排序、空值的填充、重复数据的清洗、超出范围数据的清洗、日志的写入、数据值的过滤，以及随机值的运算等。

Kettle 生成的文件后缀名为 ktr，可用 Windows 中的记事本打开，并查看其中保存的数据内容。

图 5-12 所示为使用 Kettle 去除重复记录。图 5-13 所示为使用 Kettle 统计空值。

图 5-12　使用 Kettle 去除重复记录

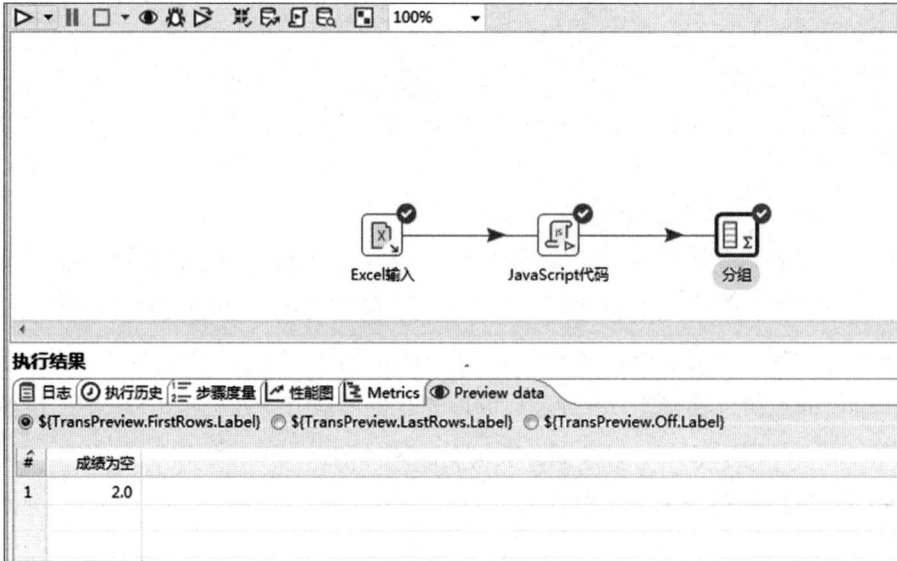

图 5-13　使用 Kettle 统计空值

5.3.4 DataCleaner

DataCleaner 是一个简单且易于使用的数据清洗工具。DataCleaner 包括一个独立的图形用户界面用于分析、比较和验证数据，并监控 Web 应用。它能够将凌乱的半结构化数据集转换为可视化并可以读取的干净数据集。此外，DataCleaner 还提供数据仓库和数据管理服务。

DataCleaner 的特点：可以访问多种不同类型的数据存储结构，如 Oracle、MySQL、CSV 文件等，还可以作为引擎来清理、转换来自多个数据存储结构的数据，并将其统一到主数据的单一视图中。

值得注意的是，DataCleaner 提供了一种和 Kettle 类似的运行模式。用户在图形用户界面通过数据源选择、组件拖曳、参数配置、结果输出等一系列操作，最终将程序运行的结果保存为一个任务文件（*.xml）。

图 5-14 所示为 DataCleaner 的运行界面。图 5-15 所示为 DataCleaner 的数据清洗界面。

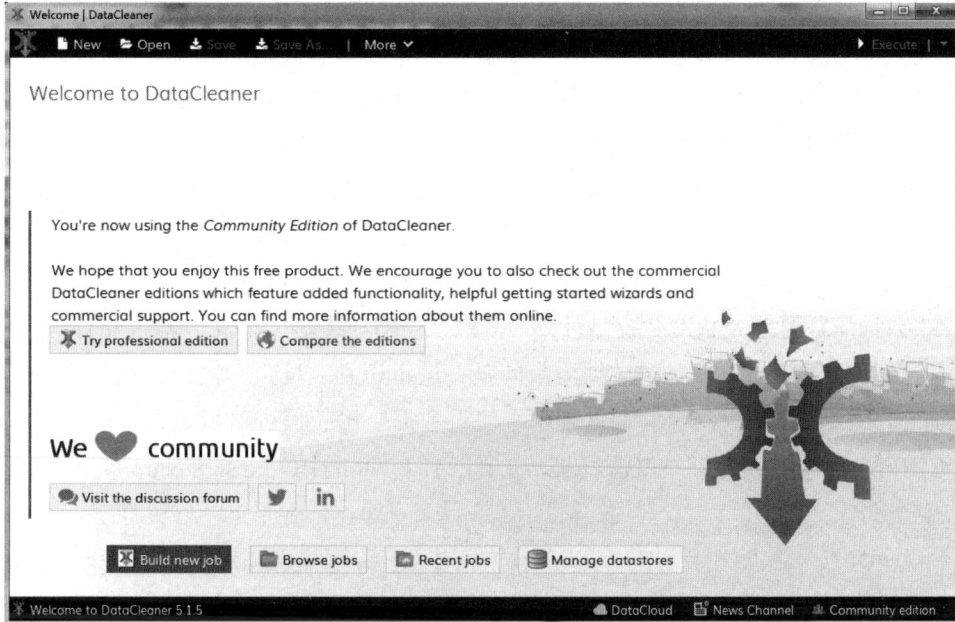

图 5-14　DataCleaner 的运行界面

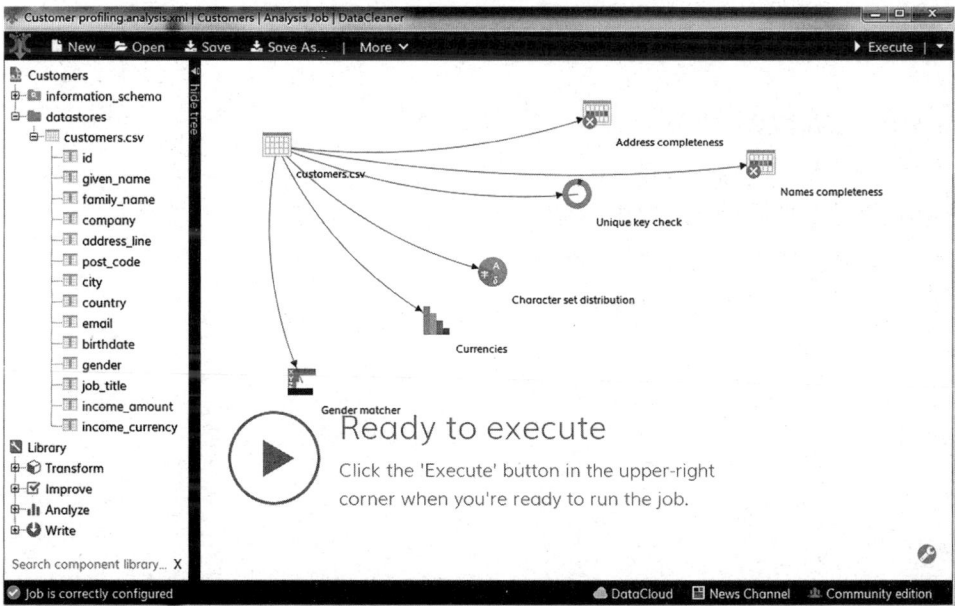

图 5-15　DataCleaner 的数据清洗界面

5.4　本章小结

（1）数据的不断剧增是大数据时代的显著特征，大数据必须经过清洗、分析、建模、可视化才能体现其潜在的价值。

（2）数据清洗的含义是检测和去除数据集中的噪声数据，以及处理遗漏数据、去除空白数据域和去除特定知识背景下的白噪声。

（3）数据标准化是通过一定的数学转换方式，将原始数据按照一定的比例进行转换，使之落入一个小的特定区间内，如 0~1 或-1~1 的区间内，以消除不同变量之间性质、量纲、数量级等特征属性的差异，将其转换为一个无量纲的相对数值。

（4）数据质量管理就是确保企业拥有的数据完整且准确，只有完整、准确的数据才可以供企业分析和使用。因此，企业只有拥有强大的数据质量管理流程，才可以确保数据的干净和清洁。

（5）数据质量管理是指对数据从计划、获取、存储、共享、维护、应用、消亡等生命周期的每个阶段里可能引发的各类数据质量问题，进行识别、度量、监控、预警等一系列管理活动，并通过改善和提高企业的管理水平使得数据质量获得进一步提高。

（6）在使用 Python 进行数据清洗时，主要依靠 Python 中的扩展库 NumPy 和 Pandas 来完成清洗任务。

（7）Kettle 是一款国外开源的 ETL 工具，采用 Java 语言编写，可以在 Windows、Linux、UNIX 上运行，数据抽取高效稳定。

习题 5

（1）请阐述什么是数据清洗。
（2）请阐述数据清洗的内容。
（3）请阐述数据标准化的方法。
（4）请阐述字符串匹配算法的流程。
（5）请阐述什么是数据质量管理。

第6章 大数据分析与挖掘

本章学习目标

- 了解大数据分析的概念。
- 了解数据挖掘的类型。
- 了解数据挖掘算法。
- 了解数据挖掘的应用。

6.1 大数据分析概述

6.1.1 大数据分析的概念

数据分析是指用适当的统计分析方法对收集来的数据进行分析，为提取有用信息和形成结论而对数据加以详细研究和概括总结的过程。随着大数据时代的来临，大数据分析也应运而生。一般来讲，大数据分析是指对规模巨大的数据进行分析，其目的是提取海量数据中有价值的内容，找出内在的规律，从而帮助人们做出正确的决策。

图 6-1 所示为百度指数上对关键词"高跟鞋"的大数据分析。百度指数是一个基于百度搜索引擎的数据分析工具，它反映了特定关键词在百度搜索引擎中的搜索频率、趋势变化，以及相关新闻和讨论的数量。作为一个强大的市场分析和研究工具，百度指数为企业提供了丰富的数据支持，帮助企业更好地理解和适应市场变化，优化产品和服务，提升品牌价值和竞争力。

广义的数据分析可分为统计分析和大数据分析。统计分析一般针对样本数据，而大数据分析则针对全体数据。二者的差距主要表现为以下两点。

第一，二者处理的数据类型不同。统计分析处理结构化数据，主要包括横截面数据、时间序列数据和面板数据，这些数据一般能以 Excel 表格的形式呈现，而且表格的行列都有清晰的经济学含义，有一致的统计口径。大数据分析能处理很多非结构化数据，包括文档、视频、图像，这些数据一般难以用 Excel 表格的形式呈现。非结构化数据需要量化后才能分析，但在量化中一般伴随着信息损失。

第二，统计分析的重点是假设检验，核心理念与波普尔的证伪主义非常接近。相比之下，大数据分析更具实用主义色彩。预测在大数据分析中占有很大比重，对预测效果的后续评估也是大数据分析的重要内容。

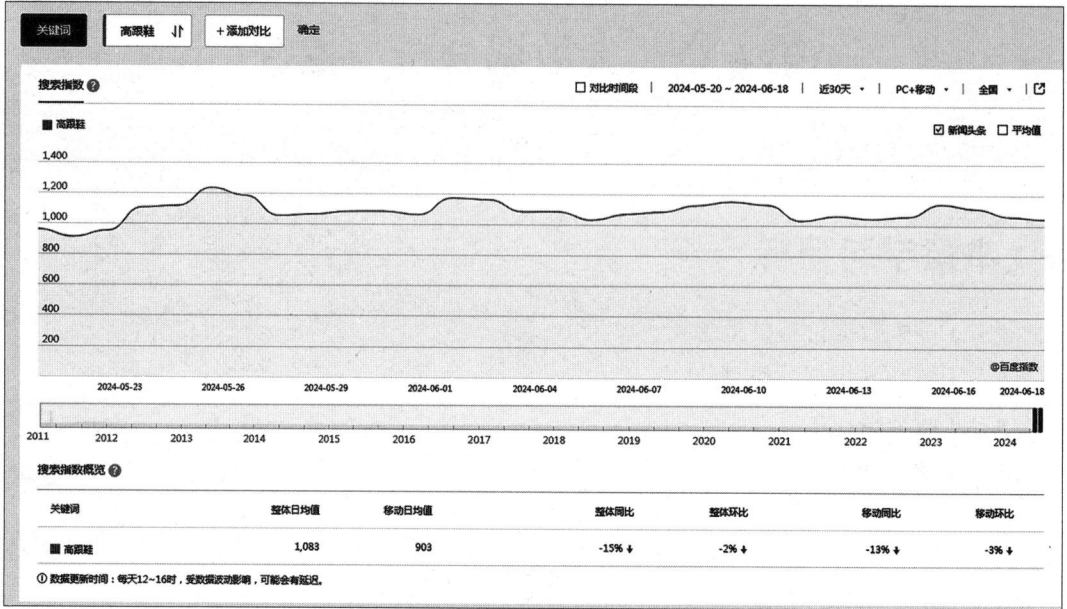

图 6-1　百度指数上对关键词"高跟鞋"的大数据分析

因此，大数据分析的主要任务有两类：第一类是预测任务，目标是根据某些属性的值，预测另外一些特定属性的值。被预测的属性一般称为目标变量或因变量，被用来支持预测的属性称为解释变量或自变量；第二类是描述任务，目标是找出可以概括数据中潜在联系的模式，包括相关、趋势、聚类、轨迹和异常等。描述任务通常是探查性的，常常需要后处理技术来验证和解释结果。

例如，工业大数据分析的直接目的是获得业务活动所需的各种知识，贯通大数据技术与大数据应用之间的桥梁，支撑企业生产、经营、研发、服务等各项活动的精细化，促进企业转型升级。图 6-2 所示为大数据分析在工业中的应用。

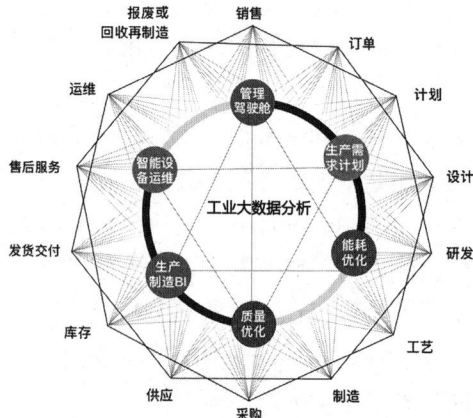

图 6-2　大数据分析在工业中的应用

以下为使用 Python 读取并分析物联网数据的代码。

```python
import json
import matplotlib.pyplot as plt
from datetime import datetime
# 读取 iot_data.txt 文件中的数据
def read_iot_data(filename):
    timestamps = []
    temperatures = []
    with open(filename, 'r') as f:
        for line in f:
            data = json.loads(line)
            timestamps.append(datetime.fromtimestamp(data['timestamp']))
            temperatures.append(data['temperature'])
    return timestamps, temperatures
# 绘制温度随时间变化的曲线
def plot_temperature_over_time(timestamps, temperatures):
    plt.figure(figsize=(10, 6))
    plt.plot(timestamps, temperatures, marker='o')
    plt.title('temperature Over time')
    plt.xlabel('timestamp')
    plt.ylabel('temperature (℃)')
    plt.grid(true)
    plt.xticks(rotation=45)    # 如果时间戳标签太长，可以旋转它们
    plt.show()
if __name__ == "__main__":
    timestamps, temperatures = read_iot_data('iot_data.txt')
    plot_temperature_over_time(timestamps, temperatures)
```

运行结果如图 6-3 所示。在这里，标题 Temperature Over Time 表示温度随时间变化。

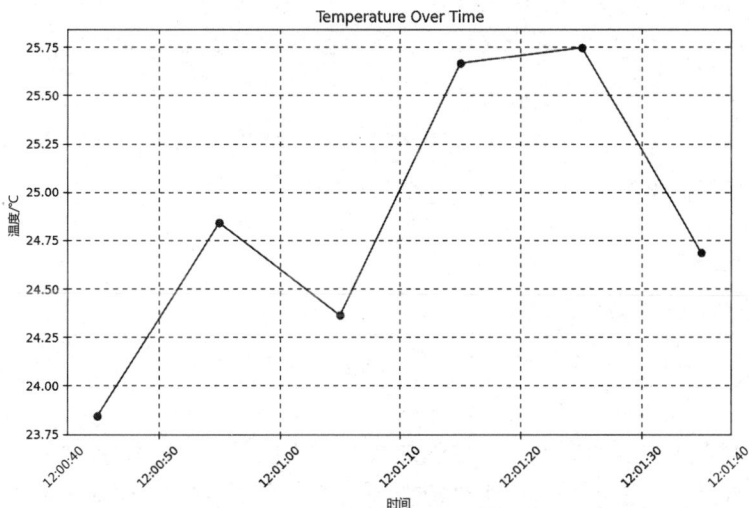

图 6-3　使用 Python 读取并分析物联网数据的运行结果

6.1.2 大数据分析的类型

大数据分析主要分为描述性统计分析、探索性数据分析及验证性数据分析等。

1. 描述性统计分析

描述性统计分析是指运用制表、分类和作图，以及计算概括性数据来描述数据特征的各项活动。描述性统计分析要对调查总体所有变量的有关数据进行统计性描述，主要包括数据的频数分析、集中趋势分析、离散程度分析，以及一些基本的统计图形分析。

2. 探索性数据分析

探索性数据分析是指为了形成值得假设的检验而对数据进行分析的一种方法，是对传统统计学假设检验手段的补充。它是对已有的数据（特别是调查或观察得来的原始数据）在尽量少的先验假设下进行探索，通过作图、制表、方程拟合、计算特征量等手段探索数据的结构和规律的一种数据分析方法。在大数据时代，人们面对各种杂乱的脏数据时，探索性数据分析非常有效。

从逻辑推理上讲，探索性数据分析属于归纳法，有别于从理论出发的演绎法。因此，探索性数据分析成为大数据分析中不可缺少的一步，并且逐步面向大众。

3. 验证性数据分析

验证性数据分析注重对数据模型和研究假设的验证，侧重于已有假设的证实或证伪。假设检验是指根据数据样本所提供的证据，肯定或否定有关总体的声明。它一般包含以下流程。

（1）提出零假设，以及对应的备择假设。

（2）在零假设前提下，推断样本统计量出现的概率（样本统计量可符合不同的概率分布，不同的概率分布有不同的检验方法）。

（3）设定拒绝零假设的阈值，若样本统计量在零假设下出现的概率小于阈值，则拒绝零假设，承认备择假设。

6.1.3 大数据分析的方法

1. 分类

大数据分析的方法

随着社会数字化程度的提高，大数据的快速增长成了当今时代的一大趋势。传统的数据处理和分析方法已经无法满足大规模数据的需求，而机器学习中的分类算法则成了处理这一问题的得力工具。分类算法通过学习已知数据的模式，能够自动为新数据分配合适的

类别，使人们能够更好地理解和利用庞大的数据集。

分类是一种重要的数据挖掘技术。分类首先从数据中选出已经分好类的训练集，然后根据训练集的特点构造一个分类器，利用分类器对未知类别的样本赋予不同类别。分类一般分为训练和测试两个阶段。在训练阶段，分析训练集的特点，为每个类别产生一个相应数据集的准确描述或模型。在测试阶段，利用类别的准确描述或模型对测试集进行分类，测试其分类准确度。

目前的分类算法主要有神经网络算法、决策树算法、统计算法等。不同的分类算法产生不同的分类器，分类器的优劣直接影响最终数据挖掘的效率与准确性。因此，面对海量数据时，不同的问题有着不同的解决方法，应选择合适的分类算法。

在分类算法中，特征提取是非常关键的一步。特征是从原始数据中提取的具有代表性的信息，用于描述数据的属性和特性。有效的特征提取可以帮助分类算法更好地理解数据，提高分类器的性能。

随着分类算法在各行业的广泛应用，其可解释性逐渐成为关注的焦点。在某些应用场景中，对模型决策的可解释性要求较高，如金融领域和医疗领域。未来的分类算法可能会更加注重提高模型的可解释性，使决策过程更为透明，让用户能够理解模型的判定依据，提高社会对分类算法应用的信任度。未来的分类算法可能会更加注重多模态数据的融合。随着传感器技术和多源数据的广泛应用，图像、文本、声音等多种数据类型的信息可用性不断增加。未来的分类算法可能会更好地处理这些多模态数据，实现更全面的信息提取和分析，为更多复杂任务提供解决方案。

图 6-4 所示为分类示意图。

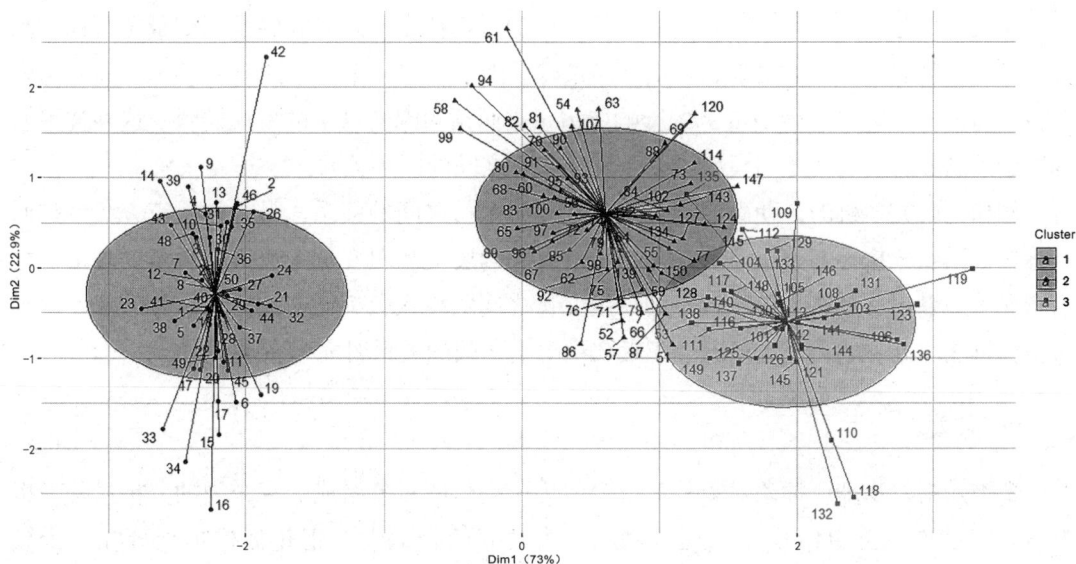

图 6-4 分类示意图

2. 回归分析

在统计学中，回归分析指的是确定两种或两种以上变量间相互依赖的定量关系的一种分析方法。回归分析按照涉及的变量的多少，分为一元回归分析和多元回归分析；按照因变量的多少，分为简单回归分析和多重回归分析；按照自变量和因变量之间的关系类型，分为线性回归分析和非线性回归分析。

线性回归分析是最为人熟知的建模技术之一。线性回归分析通常是人们在学习预测模型时首选的少数几种技术之一。在该技术中，因变量是连续的，自变量（单个或多个）可以是连续的，也可以是离散的。

图 6-5 所示为线性回归分析。

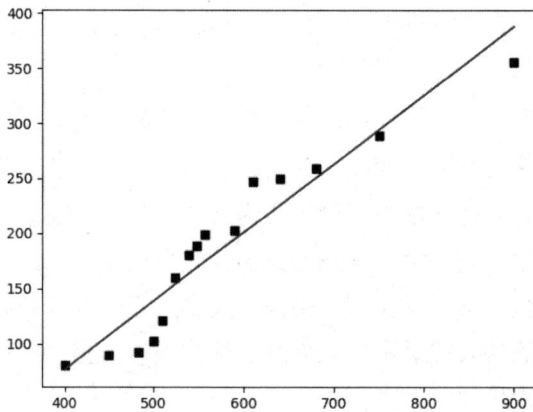

图 6-5　线性回归分析

在大数据分析中，回归分析是一种预测性的建模技术，它研究的是因变量（目标）和自变量（预测器）之间的关系。它主要通过建立因变量 Y 与影响它的自变量 X 之间的回归模型，衡量自变量 X 对因变量 Y 的影响能力，进而预测因变量 Y 的发展趋势。这种技术通常用于预测分析、时间序列模型，以及发现变量之间的因果关系。

例如，研究司机的鲁莽驾驶与道路交通事故数量之间的关系，最好的研究方法就是回归分析。回归分析能够表明自变量（司机的鲁莽驾驶）和因变量（道路交通事故数量）之间的显著关系，并允许人们比较不同尺度变量之间的相互影响，这在分析司机的鲁莽驾驶与多种可能因素（如天气、路况、车辆状况等）之间的关系时尤为重要。

3. 聚类

聚类是指将物理或抽象对象的集合分组为由类似的对象组成的多个类的分析过程。聚类自动寻找并建立分组规则，通过判断样本之间的相似性，把相似样本划分在一个簇（Cluster）中。它的目的就是实现对样本的细分，使得同组内的样本特征较为相似，不同组内的样本特征差异较大。与分类不同，聚类所要求划分的类是未知的，因此聚类是一种探索性的分析。在分组的过程中，聚类不需要事先定义好分组标准，它能够从样本数据出发，自动进行分组。从实际应用的角度看，聚类是数据挖掘的主要任务之一。

在聚类中，人们通常将数据点划分为不同的簇，使得同一簇内的数据点之间更为相似。这种相似性是通过一定的距离度量来定义的，常见的包括欧氏距离、曼哈顿距离等。

图 6-6 所示为聚类，从图中可以看出数据点被分成了 5 个簇。

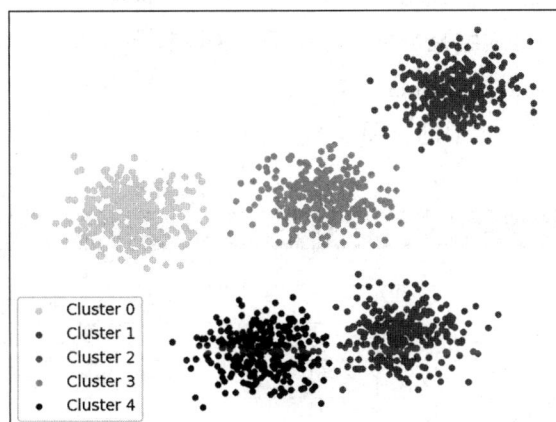

图 6-6　聚类

聚类源于很多领域，包括数学、计算机科学、统计学、生物学和经济学。在不同的应用领域，聚类技术都得到了发展，这些技术被用来描述数据、衡量不同数据源间的相似性，以及把数据源分类到不同的簇中。

常见的聚类算法包括系谱聚类、密度聚类等。例如，银行可以利用聚类算法对客户进行细分，基于客户的交易历史、资产规模、风险偏好、年龄、职业等多个维度进行聚类。通过聚类，可以将具有相似特征和行为模式的客户归为一类，从而更准确地识别不同客户群体的需求和偏好，如使用不同的颜色来区分不同的客户群体，蓝色代表高净值客户，绿色代表普通储户，红色代表活跃投资者等。通过聚类，银行可以更准确地了解客户需求和市场变化，为不同客户群体提供定制化的产品和服务，提高客户满意度和忠诚度，同时降低营销成本和风险。

值得注意的是，在大数据背景下，数据量巨大、数据多样性高、实时性要求高等因素给聚类带来了巨大的挑战。传统的聚类算法可能无法有效地处理这些庞大的数据集，因此需要采用分布式计算和更高效的算法来应对这些挑战。

4. 关联规则分析

关联规则分析的主要目的在于发现数据中所存在的关系，这种关系会以关联规则的形式表现出来。关联规则的定义是：两个不相交的非空集合 X、Y，如果有 $X \rightarrow Y$，就说 $X \rightarrow Y$ 是一条关联规则。其中 X 和 Y 表示的是两个互斥事件，X 称为前因，Y 称为后果，上述关

联规则表示 X 会导致 Y。关联规则的强度用支持度（Support）和置信度（Confidence）来描述。支持度和置信度越高，说明关联规则越强，关联规则分析就是挖掘出满足一定强度的规则。例如，在商场的购物数据中，常常可以看到多种物品同时出现，这背后隐藏着联合销售或打包销售的商机。

在实际应用中，"商品销售"讲述了商品之间的关联规则，如果大量的数据表明，消费者购买 A 商品的同时，会购买 B 商品，那么 A 商品和 B 商品之间存在关联规则，记为 $A→B$。啤酒与尿布的故事很好地解释了数据挖掘中的关联规则分析的原理。表 6-1 中的每一行代表一次购买记录（注意只记录商品种类，而忽略同一商品的购买数量）。数据记录的所有项的集合称为总项集，表 6-1 中的总项集 $S=${牛奶,面包,尿布,啤酒,鸡蛋,可乐}。

表 6-1　某时刻商品关联关系表

时间	商品
T_1	{牛奶,面包}
T_2	{面包,尿布,啤酒,鸡蛋}
T_3	{牛奶,尿布,啤酒,可乐}
T_4	{面包,牛奶,尿布,啤酒}
T_5	{面包,牛奶,尿布,可乐}

在上述例子中，购买啤酒就一定会购买尿布，{啤酒}→{尿布}就是一条关联规则。此关联规则的支持度：Support({啤酒}→{尿布})=啤酒和尿布同时出现的次数/数据记录数=3/5=60%；此关联规则的置信度：Confidence({啤酒}→{尿布})=啤酒和尿布同时出现的次数/啤酒出现的次数=3/3=100%。

挖掘关联规则的过程主要包含以下 4 个步骤。

（1）数据筛选，首先对数据进行清洗，清洗掉那些公共的数据，如热门词、通用词（此步依据具体项目而定）。

（2）根据支持度，从事务集合中找出频繁项集。

（3）根据置信度，从频繁项集中找出强关联规则（置信度阈值需要根据实验或经验而定）。

（4）根据提升度（Lift），从强关联规则中筛选出有效的强关联规则（提升度的设定需要经过多次实验确定）。

用于挖掘关联规则的主要算法有如下所述的 3 种算法。

1）Apriori 算法

关联规则问题是数据挖掘领域的一个最基本、最重要的问题，其可以通俗地理解为两个项或多个项之间的描述。由于生活中很多事物的联系并不能精确地表示，于是出现了以概率统计为基础的经典算法，Apriori 算法就是其中最具影响力的算法。

Apriori 算法以两阶段频集思想的递推算法为核心，把所有满足最小支持度阈值的项集称为频繁项集，简称频集。Apriori 算法是最有影响力的挖掘布尔关联规则频繁项集的算法，挖掘出的关联规则属于单维、单层、布尔型的关联规则。

Apriori 算法的基本思想是首先在原始数据集中找出所有的频繁项集，这些频繁项集的频繁性至少满足事先定义的最小支持度阈值。然后使用第一步寻找到的频繁项集生成关联规则，剔除其中不满足最小置信度阈值的关联规则，剩下的关联规则就是同时满足最小支持度阈值和最小置信度阈值的强关联规则。Apriori 算法本身具有效率上的局限性，因此会产生大量中间集，许多专家学者提出了一些改进的算法来提高 Apriori 算法的效率，包括基于划分的算法、基于哈希计数的算法，以及事务压缩等算法。

2）FP-Growth 算法

Apriori 算法虽然简单准确，但因其需要多次迭代生成大量的中间集，所以在效率上存在一定缺陷，J.Han 等人提出了一种利用频繁模式树（FP-Tree）进行频繁模式挖掘的 FP-Growth 算法，这种算法不会产生候选项集。FP-Growth 算法在第一遍扫描之后，首先将数据库中的频繁项集生成为一棵频繁模式树，并且保留数据之间的关联信息；然后将这棵频繁模式树分化为若干个条件库，其中每个条件库都有一个长度为 1 的频繁项集与之对应；最后分别挖掘这些条件库寻找频繁项集。该算法使用的是一种典型的"分而治之"的策略。如果原始数据量很大，那么可以使用划分的方法，这使得一个庞大的频繁模式树可以放入主存储器中。FP-Growth 算法不仅具有 Apriori 算法的准确性和良好的适应性，还有效地解决了 Apriori 算法所存在的效率缺陷问题。

3）基于划分的算法

基于划分的算法首先从逻辑上将数据库分成几个互不相交的分块，每次只对一个分块的数据独立分析，生成分块中所有的频繁项集；然后把所有分块中产生的频繁项集汇总，得到可能的频繁项集；最后计算这些频繁项集在整个数据库中的支持度，一次生成所有的频繁项集。在划分时要限制分块的大小，至少要保证每个分块都能成功地放入主存储器中。因为每一个局部频繁项集都能保证在某一个分块中是频繁的，所以该算法的正确性得以保证。基于划分的算法是可以高度并行的，可以为每个分块都分配一个独立的处理器用于生成频繁项集。一个循环结束后寻找到了每个分块的局部频繁项集，处理器之间就会以通信的方式来产生全局候选项集，即可能的频繁项集。然而在实际应用中，通信过程和每个独立处理器生成频繁项集的时间差异往往是导致算法执行效率不高的主要因素。

随着关联规则挖掘技术的不断进步，关联规则分析已经在各行各业中广泛应用。例如，国内外的电商网站、银行的理财服务都从关联规则分析中受益。电商网站分析用户的购买信息，挖掘出其中潜在的关联规则，然后根据关联规则的指导设置相应的交叉销售，即购买一件商品时推荐一些类似的商品，又或者将多个具有强相关的商品进行捆绑销售。在金融行业中，基于挖掘出的关联规则，银行可以成功地预测客户需求，改善自身营销方式，为客户提供合适的理财产品。例如，在 ATM 或手机 App 上根据客户的行为信息，宣传银行的相应产品供客户了解，提高产品的销量。目前关联规则挖掘技术的应用正进一步向医疗等领域扩展。

6.2　数据挖掘

6.2.1　数据挖掘概述

1. 数据挖掘的定义

数据挖掘是指在大量的数据中挖掘出有用信息，通过分析来揭示数据之间有意义的联系、趋势和模式。数据挖掘是一门交叉学科，将人们对数据的应用从低层次的简单查询，提升到从数据中挖掘知识，提供决策支持。在需求推动下，数据挖掘与数据库、人工智能、数理统计、可视化、并行计算等技术融合后，形成新的研究热点。

数据挖掘首先是搜集数据，数据越丰富越好，数据量越大越好，只有获得足够的高质量的数据，才能获得确定的判断，才能产生认知模型，这是从量变到质变的过程。由此产生经验，经验的积累就能产生有价值的判断。认知模型是渐进发展的模型，当认识深入以后，将产生更加抽象的模型与许多猜想，通过猜想再扩展模型，从而达到深度学习和深度挖掘的目的。

数据挖掘可以分为两类：直接数据挖掘和间接数据挖掘。

1）直接数据挖掘

直接数据挖掘的目标是利用可用的数据建立一个模型，并利用这个模型对剩余数据的一个特定变量进行描述。

2）间接数据挖掘

间接数据挖掘的目标中没有选出某一特定的变量，也不是用模型进行描述的，而是在所有的变量中建立起某种关系。例如，在零售行业中，通过间接数据挖掘可以发现不同商品之间的关联关系，从而优化商品陈列和促销策略；在社交媒体分析中，间接数据挖掘可以帮助理解用户之间的社交关系、兴趣偏好等。

2. 数据挖掘技术

数据挖掘技术是指为了完成数据挖掘任务所需要用到的全部技术，是数据挖掘方法的集合。在金融、零售等行业已广泛采用数据挖掘技术，分析用户的可信度和购物偏好等。

数据挖掘技术众多。根据挖掘任务可将数据挖掘技术分为预测模型发现、聚类分析、分类与回归分析、关联规则分析、序列模式发现、依赖关系或依赖模型发现、异常和趋势发现、离群点检测等。根据挖掘对象可将数据挖掘技术分为关系型数据库挖掘、面向对象数据库挖掘、空间数据库挖掘、时态数据库挖掘、文本数据库挖掘、多媒体数据库挖掘、异质数据库挖掘、遗产数据库挖掘等。根据挖掘方法可将数据挖掘技术分为机器学习方法、统计方法、神经网络方法和数据库方法。其中，机器学习方法可细分为归纳学习方法（决策树、规则归纳等）、基于范例的学习方法、遗传算法等。统计方法可细分为回归分析（多元回归、自回归等）、判别分析（贝叶斯判别、费歇尔判别和非参数判别等）、聚类分析（系统聚类、动态聚类等）、探索性分析（主成分分析、相关分析等）等。神经网络方法可细分为前向神经网络方法（BP 算法等）、自组织神经网络方法（自组织特征映射、竞争学习等）等。数据库方法主要是多维数据分析或 OLAP 方法，还有面向属性的归纳方法。

数据挖掘的基本流程可以总结为以下几个阶段：商业理解、数据理解、数据准备、数据建模、模型评估、模型部署及应用，如图 6-7 所示。

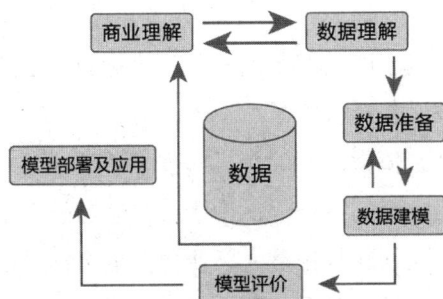

图 6-7　数据挖掘的基本流程

1）商业理解

商业理解主要是明确业务需求，并根据业务背景进行资源评估，最后确定业务的具体目标。

2）数据理解

数据理解是对数据进行先导性的洞察分析，是利用绘制图表、计算某些特征量等手段，对样本数据集的结构特征和分布特性进行分析的过程。该步骤有助于选择合适的数据预处理和数据分析技术，它是数据建模的依据，如数据理解时发现数据稀疏，建模则选择对稀疏数据支持性相对较好的建模方案；如果数据包含文本数据，则建模时需要考虑自然语言处理相关技术等。

3）数据准备

数据准备是将不规整的业务数据整理为相对规整的建模数据（如数据缺失处理、异常值检测处理等）。数据的质量决定了模型输出的结果，即数据决定了模型的性能上限，所以人们需要花大量的时间来对数据进行处理。在数据准备阶段，如果数据存在缺失值而导致建模过程混乱甚至无法进行建模，则需要进行缺失值处理，缺失值处理分为删除缺失值、对缺失值进行插补及不处理 3 种情况。如果建模数据存在数据不均衡的情况，则需要考虑数据均衡处理；如果建模数据存在量纲、数量级上的差别，则需要进行数据归约处理以消除量纲、数量级的影响；如果异常值对分析结果影响巨大，则需要进行异常值检测处理以排除影响。

理论上，数据和特征决定了模型的性能上限，这里的数据指的是经过特征工程得到的数据，因此特征工程是人们进行机器学习必须重视的过程。特征工程的目的是最大限度地从原始数据中提取特征以供算法和模型使用。一般认为特征工程包括特征选择、特征归约、特征生成 3 个部分。其中，特征选择在降低模型复杂度、提高模型训练效率、增强模型准确度方面作用较大；在建模数据繁多的情况下，通过特征归约降低建模数据维度，减小特征共线特性对模型准确度的不利影响，从而提高模型训练效率；特征生成是在特征维度信息相对单一的情况下，为提升模型准确性能而采取的维度信息扩充的方法。

4）数据建模

数据挖掘的核心阶段是基于既定的数据和分析目标建立适宜的算法模型进行训练和迭代优化。数据建模涉及的技术包括机器学习、统计分析、深度学习，相关技术之间没有明显的区分界线，且功能互补。值得注意的是，深度学习领域涉及多种模型框架和操作使用技巧，其本身可以作为机器学习的特例，适用于机器学习的多个应用场景。深度学习作为一种实现机器学习的技术，往往在数据量大、业务数据指标难以人工提取的情况下发挥着举足轻重的作用，它在图像处理、语音识别、自然语言处理等领域具有其他机器学习算法无法企及的准确性能。

CRISP-DM 模型是欧盟起草的跨行业数据挖掘标准流程（Cross-Industry Standard Process for Data Mining）的简称。这个模型以数据为中心，将相关工作分成业务理解、数据理解、数据准备、构建模型、模型评估、模型部署 6 个基本步骤，如图 6-8 所示。在该模型中，相关步骤不是顺次完成的，而是存在多处循环和反复。在业务理解和数据理解之间、数据准备和构建模型之间，都存在反复的过程。这意味着，这两个过程是在交替深入的情况中进行的。总的来说，CRISP-DM 模型提供了一种系统性的方法来指导数据挖掘项目的整个流程，从业务理解到模型部署的每一个阶段都有明确的目标和任务，帮助确保数据挖掘项目的成功实施。

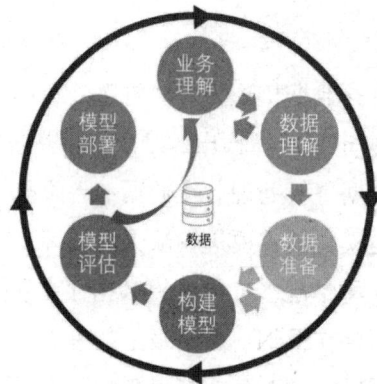

图 6-8　CRISP-DM 模型

5）模型评估

模型评估是评估所构建的模型是否符合既定的业务目标，它有助于发现表达数据的最优模型。模型评估秉承的准则是在满足业务目标的前提下优先选择简单的模型。每个分析场景可以基于多种算法构建多个模型，也可以依据模型优化的方法体系进行模型训练优化，而关于如何在训练得到的多个模型中选择最优模型，可以选择性能度量作为指标，并基于一定的评估方法进行择优选择。

6）模型部署及应用

模型部署及应用是将数据挖掘结果作用于业务的过程，即将训练得到的最优模型部署到实际应用中；模型部署后，可使用调度脚本控制模型实现流程化运行。在模型日常运行过程中，可根据实际需求检查模型运行结果是否满足前端业务的实际应用需求，跟踪模型运行情况，定期进行模型运行结果分析，并适时进行模型优化。

图 6-9 所示为数控车床寿命预测模型，该模型设备部件为主轴，设备名称为数控车床，通过建立模型来预测其寿命，并通过可视化图表来显示。

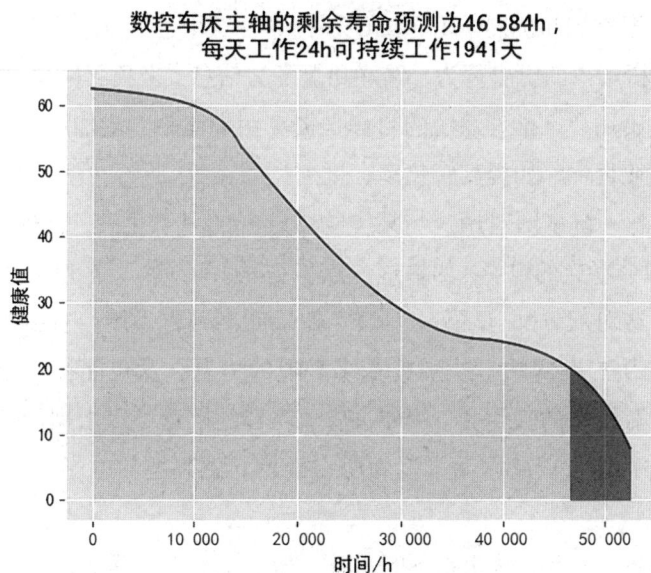

图 6-9　数控车床寿命预测模型

6.2.2　数据挖掘应用

在大数据时代下，数据挖掘已应用到各种各样的领域中，成为高科技发展的热点话题。在软件开发、医疗卫生、金融、教育等领域都可以看到数据挖掘的影子，使用数据挖掘技术可以发现大数据内在的巨大价值。

1. 电子邮件系统中垃圾邮件的判断

电子邮件系统判断一封电子邮件是否属于垃圾邮件，这应该属于文本挖掘的范畴，通常会采用朴素贝叶斯算法进行判断。它的主要原理就是根据电子邮件中的词汇是否经常出现在垃圾邮件中进行判断。例如，如果一封电子邮件的正文中包含推广、广告、促销等词汇时，则该电子邮件被判断为垃圾邮件的概率将会比较大。

在实际应用中，当一封新电子邮件到达时，电子邮件系统会提取邮件正文的特征向量，并将其输入训练好的朴素贝叶斯分类器中。朴素贝叶斯分类器会根据电子邮件正文中的词汇及其在垃圾邮件和正常邮件中的概率分布，输出这封邮件是垃圾邮件的概率。如果这个概率超过某个阈值，则这封邮件就会被标记为垃圾邮件。有时候正常的电子邮件也可能包含一些常见于垃圾邮件的词汇，如免费、点击等。为了避免误判，电子邮件系统可能会结合其他因素，如发件人的信誉、邮件格式等进行综合判断。

2. 推荐系统

推荐系统是数据挖掘和机器学习领域中一种非常实用且广泛应用于各种在线平台的技术。它主要通过分析用户的历史行为、偏好和上下文信息，来预测用户可能感兴趣的内容，并将这些内容推荐给用户。推荐系统的目标是提高用户体验、增加用户活跃度和满意度，同时促进平台的商业目标，如提高转化率、增加销售额等。

一般来讲，推荐系统试图对用户与某类物品之间的联系建模，如网站利用推荐系统向用户推荐他们可能会喜欢的电影。如果这一点做得很好的话，就能够吸引更多的用户持续使用网站的服务，这对双方都有好处。同样，如果能准确告诉用户有哪些电影与某一部电影相似，就能方便用户在网站上找到更多感兴趣的信息，这也能提升用户的体验、参与度，以及网站内容对用户的吸引力。例如，基于内容的推荐可以根据用户以往的浏览历史来预测用户将来的行为，因此网站可以为用户推荐其感兴趣的电影、小说、音乐、食品、服装等。

随着技术的发展，推荐系统也在不断进化，如引入上下文感知（Context-Aware）、序列建模（Seq2Seq）、多任务学习（Multi-Task Learning）等高级技术，以适应更加复杂和个性化的推荐需求。

3. 信用卡违约预测

如今，随着科技的高速发展，信息量急剧增加，内容变得越来越丰富，信用卡在人们的生活中具有不可忽视的地位。众所周知，信用卡是由银行发放的，银行需要对申请人的个人信息进行核实，确认无误后再发放信用卡。并且信用卡在办理之前，银行需要对申请人进行细致调查，根据申请人的实际情况判断他/她是否有能力来偿还所贷金额。

信用卡违约预测是风险管理中的一项关键任务，它利用数据挖掘和机器学习技术来预测持卡人是否会违约，即无法按时偿还信用卡债务。这项工作对于银行和其他金融机构来说至关重要，因为它直接关系到资产安全、信贷策略制定及客户信任度。目前许多银行可以采用有效的数据挖掘技术，针对信用卡客户属性和消费行为的海量数据进行分析，建立信用卡客户的违约预测模型，从而更好地维护优质客户，消除违约客户的风险行为，为信用卡等金融业务价值的提升提供技术上的保障。

4. 数控车床寿命预测

数据挖掘技术在数控车床寿命预测中的应用主要体现在利用大量的运行数据和历史信息来预测数控车床的剩余使用寿命，从而帮助企业实现预防性维护和优化生产计划。

例如，通过收集与数控车床寿命相关的数据，如运行时间、切削条件、材料类型等，进行统计分析来预测其寿命。常用的统计方法包括生存分析法、回归分析法等。这些方法能够考虑到多种因素，提高预测结果的准确性。

近年来，随着机器学习技术的发展，越来越多的研究者开始将其应用于数控车床寿命预测。通过收集数控车床的运行数据，利用机器学习算法（如神经网络、支持向量机等）进行训练，建立数控车床寿命的预测模型。这种方法具有较高的灵活性和准确性，并且能够自动适应切削条件的变化。

数据挖掘技术应用于数控车床寿命预测中，可以从多个角度对数控车床的寿命进行预测，提高预测结果的准确性。

5. 污水处理

处理不当的污水会严重污染水体和土壤，导致生态系统被破坏和危害人类健康。因此，有效的污水处理对于保护环境和人类健康至关重要。污水中包含大量的水资源及可回收物质，如氮、磷等，通过适当的处理，这些资源可以回收利用，减少资源浪费。

数据挖掘技术可以通过分析历史数据，识别污水处理过程中的关键参数和变量，从而优化处理流程。例如，通过分析污水中的化学物质含量、生物需氧量（BOD）和悬浮固体（SS）等指标的变化，调整处理工艺，以提高处理效率和水质。

此外，企业利用数据挖掘模型，如回归分析模型、神经网络模型等，可以根据污水厂的实时数据预测处理后的水质。这有助于提前识别潜在的污染问题，并及时采取措施防止污水超标排放。

数据挖掘技术在污水处理领域的应用带来了显著的环境和经济效益。通过精确的数据分析，可以提高处理效率，优化资源使用，并减轻对环境的负担。

6. 城市交通优化

随着城市化进程的加速，城市交通问题日益突出，如何有效地解决这些问题成了全球城市规划和管理领域的热门话题。而数据挖掘技术的出现和广泛应用为解决这些问题提供了新的思路和方法。

数据挖掘技术在城市交通优化中的应用主要是通过分析大量交通数据来提高交通运营管理水平和道路服务水平。例如，利用机器学习或深度学习技术，可以建立城市交通流量预测模型。这些模型使用历史数据和实时数据进行训练，对未来的交通状况进行预测，以提高城市交通效率。

此外，交通管理部门还可以利用数据挖掘技术分析交通流量数据，从而实现红绿灯的动态调整。根据实时交通状况优化红绿灯切换时间，减少交通拥堵，提升道路通行能力。

在公交线路优化中，交通管理部门结合大数据分析和智能算法，可以优化公交线路和调度，提高公交系统的运营效率，吸引更多市民选择公交出行，减少私家车的使用频率。

7. 石油勘探

石油作为一种不可再生能源，目前全球储量日益减少，从而使得石油勘探变得越来越重要。数据挖掘技术能够处理和分析大量地质、物理和化学数据，从而为石油勘探提供深入见解。这些技术包括统计分析、机器学习、模式识别等方法，能够发现数据中的隐藏模式和关联。

例如，在地震数据解释中，数据挖掘技术可以自动识别地震波形中的异常模式，这些异常模式可能代表油气藏的存在。通过聚类分析、关联规则分析等方法，可以从地震数据中提取更多有价值的信息。此外，钻井数据记录了钻井过程中的各种参数，如深度、压力、温度等。数据挖掘技术可以分析这些参数与油气产量之间的关系，优化钻井位置和参数设置。

数据挖掘技术在石油勘探中发挥着关键作用，从数据采集与预处理到决策支持系统的建立，每一步都依赖于先进的数据处理和分析技术。随着技术的不断进步，石油勘探将更加高效、精准，为全球能源供应提供有力支持。

8. 疾病检测

数据挖掘技术在疾病检测中的应用是一个充满活力的研究领域，它利用了统计学、机器学习、深度学习等先进技术，从海量的医疗数据中发现模式、关联和异常，从而实现对疾病的早期识别、诊断和风险评估。

数据挖掘技术能够从患者的病史记录、基因组数据、临床检查结果、生活方式信息等多源数据中提取关键特征，识别出与特定疾病相关的模式。例如，逻辑回归模型常用于预测疾病发生的风险，通过分析患者的人口统计信息、生活习惯等因素来判断疾病发生的可能性。

此外，数据挖掘技术被广泛应用于构建慢性病（如糖尿病、心血管疾病）的风险预测模型。这些模型综合考虑了患者的生理指标、生活习惯、家族病史等信息，帮助医生识别高风险群体，及时采取干预措施。

在个性化健康管理方面，数据挖掘技术可以根据个人的健康数据提供定制化的健康管理建议，如饮食调整、运动计划等，以预防疾病的发生。

6.3　数据挖掘算法

6.3.1　K-Means 算法

K-Means 算法是著名的划分聚类算法，由于它具有简洁和高效的特点，因此它是所有聚类算法中使用最广泛的。其步骤是随机选取 K 个对象作为初始的聚类中心，然后计算每个对象与各个种子聚类中心之间的距离，把每个对象分配给距离它最近的种子聚类中心。种子聚类中心及分配给它们的对象就代表一个聚类。每分配一个对象，种子聚类中心会根据聚类中现有的对象被重新计算。这个过程将不断重复，直到满足某个终止条件。该算法的终止条件可以是以下任何一个。

（1）没有（或最小数目）对象被重新分配给不同的聚类。

（2）没有（或最小数目）聚类中心再发生变化。

（3）误差平方和局部最小。

K-Means 算法作为一种简单但强大的聚类算法，在众多领域展示了出色的应用能力。不管是文本分类、物流优化、客户细分、体育分析、欺诈检测、乘车数据分析、网络犯罪分析、呼叫记录分析，还是 IT 警报处理，K-Means 算法都能提供有效的解决方案。

例如，在竞技体育中的球员状态评估方面，K-Means 算法通过分析球员的各项指标，识别出状态相似的球员，从而帮助教练制定更有效的训练计划。

又例如，在图像分割方面，K-Means 算法可以根据像素的颜色、亮度和纹理等特征将图像分割为不同的区域，有助于目标识别和图像分析。

图 6-10 所示为 K-Means 算法的实现，将数据点聚类为 2 类。

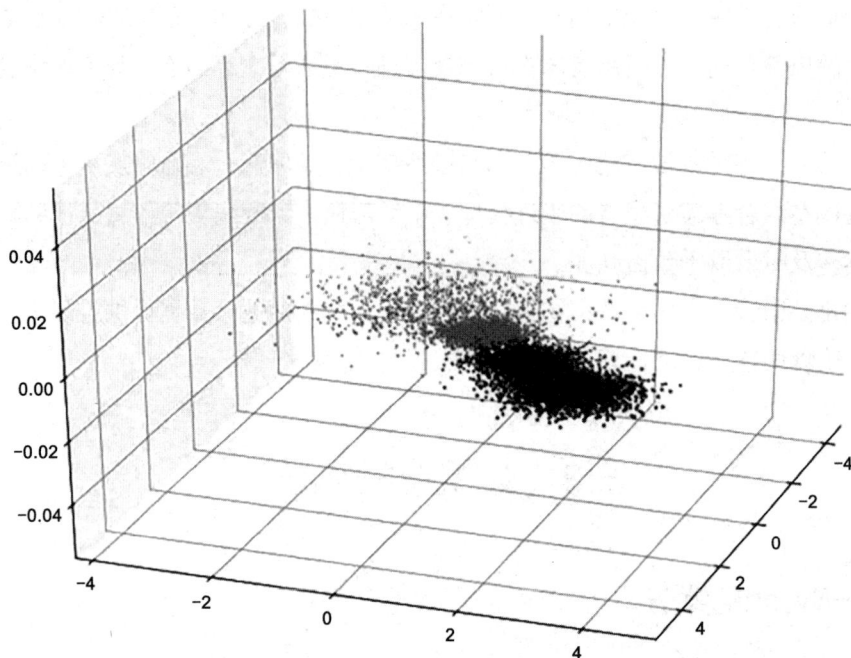

图 6-10　K-Means 算法的实现

以下代码显示了 $K=3$ 的聚类分析。

```python
import numpy as np
import pandas as pd
import matplotlib.pyplot as plt
# 生成示例数据
np.random.seed(42)
data = pd.DataFrame({
    'Feature1': np.random.rand(100),
    'Feature2': np.random.rand(100)
})
# 实现 K-Means 算法
def k_means_clustering(data, k=3, max_iters=100):
    # 初始化聚类中心
    centroids = data.sample(k).reset_index(drop=True)
    for _ in range(max_iters):
        # 计算每个样本到各个种子聚类中心的距离
        distances = np.linalg.norm(data.values[:, np.newaxis] - centroids.values,
axis=2)
        # 分配样本到最近的种子聚类中心
        labels = np.argmin(distances, axis=1)
        # 更新种子聚类中心为各类别样本的均值
        centroids = data.groupby(labels).mean().reset_index(drop=True)
```

```
    return labels
# 聚类
labels = k_means_clustering(data, k=3)
# 可视化结果
plt.scatter(data['Feature1'], data['Feature2'], c=labels, cmap='viridis',
edgecolor='k')
plt.title('K-Means Clustering')
plt.xlabel('Feature1')
plt.ylabel('Feature2')
plt.show()
```

聚类结果如图 6-11 所示。

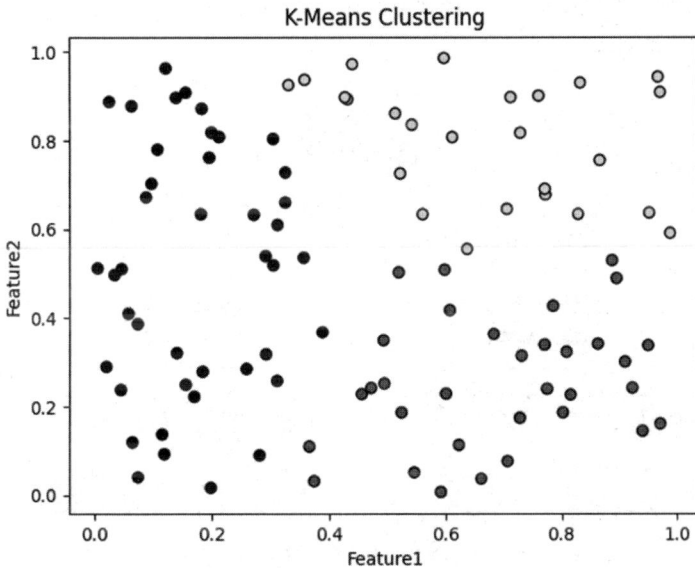

图 6-11　聚类结果

6.3.2　决策树算法

决策树算法是一种能解决分类或回归问题的机器学习算法，最早产生于 20 世纪 60 年代。决策树算法首先对数据进行处理，利用归纳算法生成可读的规则和决策树，然后使用决策对新数据进行分析，因此在本质上决策树算法是通过一系列规则对数据进行分类的算法。

决策树呈树状结构，在分类问题中，表示基于特征对实例进行分类的过程。决策树算法在学习时，利用训练数据，根据损失函数最小化的原则构造决策树；在预测时，对新数据利用决策树进行分类。

决策树算法的原理如下。

（1）找到划分数据的特征作为决策点。

（2）利用找到的特征将数据划分成 *n* 个子集。

（3）如果同一个子集中的数据属于同一类型就不再划分，如果不属于同一类型，则继续利用特征进行划分。

（4）直到每一个子集中的数据属于同一类型，停止划分。

决策树构造可以分两步进行。第一步，决策树的生成：由训练样本集生成决策树的过程。一般情况下，训练样本集是根据实际需要产生的、有一定综合程度的、用于数据分析处理的数据集。第二步，决策树的剪枝：决策树的剪枝是对上一阶段生成的决策树进行检验、校正和修剪的过程，主要是用新的样本集（称为测试集）中的数据校验决策树生成过程中产生的初步规则，将那些影响预测准确性的分支剪除。

图 6-12 所示为决策树。

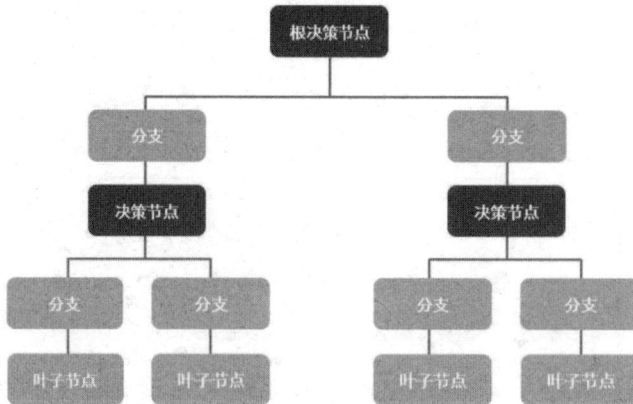

图 6-12　决策树

图 6-13 所示为一棵结构简单的决策树，用于预测贷款用户是否具有偿还贷款的能力。贷款用户主要具备是否拥有房产、是否结婚和平均月收入 3 个特征。每一个内部节点都表示一个特征条件判断，叶子节点表示贷款用户是否具有偿还货款的能力。例如，用户甲没有房产，没有结婚，平均月收入为 5000 元。先通过决策树的根决策节点判断，用户甲符合右边分支（是否拥有房产为否）；再判断是否结婚，用户甲符合左边分支（是否结婚为否）；最后判断平均月收入是否大于 4000 元，用户甲符合左边分支（平均月收入大于 4000 元），该用户落在"可以偿还"的叶子节点上。所以预测用户甲具有偿还贷款的能力。

决策树算法可以应用在很多领域，如根据地理位置预测产品的需求量、根据疾病分类患者、根据起因分类设备故障、根据拖欠支付的可能性分类贷款申请。对于这些问题，核心任务都是要把样本分类到各可能的离散值对应的类别中，因此这些问题经常被称为分类问题。例如，在工业制造方面，机床最核心的问题就是刀具问题。实际上，刀具之于机床就如牙齿之于人类，只有在刀具发生问题前感知到，才能第一时间去修复。如果在刀具发生问题之后再去修复则意义不大，会给企业生产造成难以挽回的损失。制造公司能够通过控制器收集不同机床运行的数据，包括电流、电压等，并使用决策树算法来建立数据模型，预测机床使用多久后发生故障。

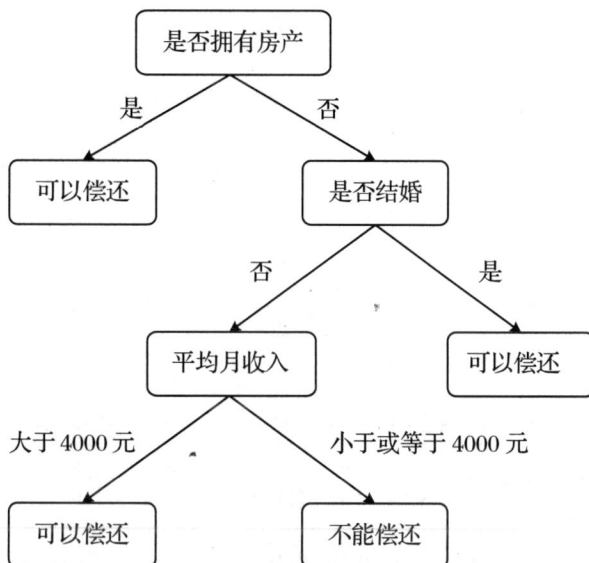

图 6-13 决策树示例图

6.3.3 KNN 算法

KNN 算法也叫作 K 最近邻算法，是数据挖掘分类技术中最简单的方法之一。所谓 K 最近邻，就是 K 个最近的邻居的意思，说的是每个样本都可以用它最近的 K 个邻居来代表。

KNN 算法的核心思想是如果一个样本在特征空间中的 K 个最相邻的样本中的大多数属于某一个类别，则该样本也属于这个类别，并具有这个类别上样本的特性。该算法在确定分类决策上只依据最相邻的一个或几个样本的类别来决定待分类样本所属的类别。由于 KNN 算法主要靠周围有限的邻近的样本，而不是靠判别类域的方法来确定所属类别的，因此对于类域的交叉或重叠较多的待分类样本集来说，KNN 算法较其他算法更为适合。

KNN 算法的实现主要有 3 个步骤。

（1）给定待分类样本，计算它与已分类样本中的每个样本的距离。

（2）圈定与待分类样本距离最近的 K 个已分类样本，作为待分类样本的近邻。

（3）根据这 K 个近邻中的大部分样本所属的类别来决定待分类样本该属于哪个类别。

在数学上，KNN 算法表示如下。

定义一些数据点，如[1, 2]、[1, 4]、[1, 0]、[4, 2]、[4, 4]、[4, 0]，将这些数据点分类为['A', 'A', 'A', 'B', 'B', 'B']。给出一个新的数据点[3, 3]，设置 K=2，则 KNN 算法会把新的数据

点分类为'B'。KNN 算法生成的图形如图 6-14 所示。

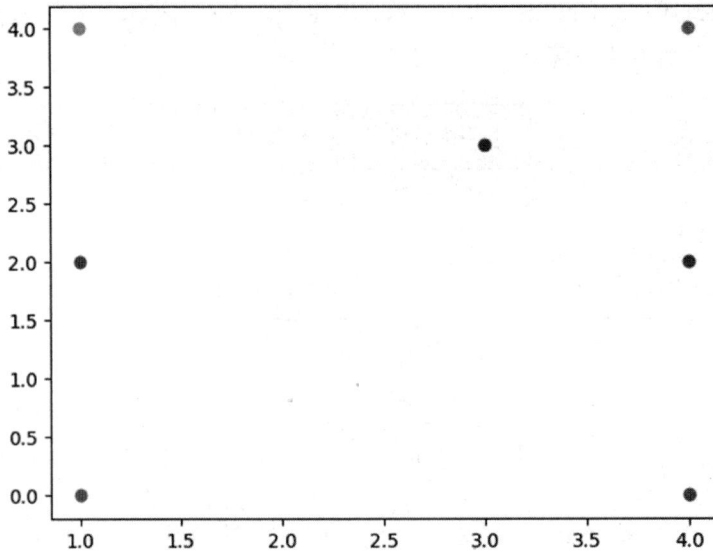

图 6-14　KNN 算法生成的图形

　　不管是分类问题、回归问题，还是在复杂的模式识别和医疗诊断中，KNN 算法基本都能提供有效的解决方案。例如，在图像识别领域，KNN 算法可以用来识别图像中的物体。给定一张未知的图片，KNN 算法通过分析其像素点与训练集中图片的像素点差异，找出距离最近的 K 张图片，根据这些图片的标签（如猫、狗、人等）进行投票，从而确定未知图片的内容。

　　又例如，在电影推荐系统中，KNN 算法可以根据用户对电影的评分和电影本身的特征，找出与目标用户兴趣最接近的 K 个用户，然后推荐这些用户喜欢的电影给目标用户。

　　此外，在医学影像分析中，人们可以利用 KNN 算法对医学影像（如 X 光片、MRI 图像）进行分析，有助于自动检测和诊断疾病。这种方法减轻了医生的负担，提高了诊断速度和准确度。

　　以下代码为 Python 实现的 KNN 算法。

```python
import numpy as np
def euclidean_distance(x1, x2, axis=1):
    return np.linalg.norm(x1 - x2, axis=axis)
def knn_classify(X, y, testInstance, k):
    distances = euclidean_distance(testInstance, X)
    nearest_neighbors = np.argsort(distances)
    topK_y = [y[index] for index in nearest_neighbors[:k]]
    votes = np.unique(topK_y, return_counts=True)
    return votes[0][np.argmax(votes[1])]
```

```
# 示例数据
X = np.array([[1, 1], [1, 2], [2, 1], [2, 2], [3, 3]])
y = np.array([1, 1, 2, 2, 1])
# 测试
testInstance = np.array([1.5, 1.5])
k = 3
print('Predicted class: ', knn_classify(X, y, testInstance, k))
```

运行结果如下。

```
Predicted class: 1
```

6.3.4　朴素贝叶斯算法

贝叶斯算法是统计模型决策中的一种基本算法，其基本思想是已知条件概率密度函数表达式和先验概率，利用贝叶斯公式转换成后验概率，再根据后验概率的大小进行决策分类。贝叶斯模型是一种使用先验概率进行处理的模型，其最后的预测结果就是具有最大概率的那个类别。

贝叶斯算法主要用于计算概率以完成分类及预测等任务，如新闻、文本及疾病等各种情况的分类及预测等。在贝叶斯算法分类过程中，特征的选择对分类结果很重要，用不同的特征预测出来的结果会有差别。朴素贝叶斯算法的一个特点是特征独立性，也就是说，在使用朴素贝叶斯算法进行分类时，不考虑特征之间的任何联系，朴素贝叶斯算法可以将问题简单化。

朴素贝叶斯算法是最常用的一种贝叶斯算法，它是基于贝叶斯公式建立的，朴素贝叶斯公式为

$$P(B \mid A) = \frac{P(AB)}{P(A)}$$

式中，A 和 B 是两个事件：$P(A)$是指没有前提条件时 A 发生的概率，其结果是一个常数；$P(B)$是指没有前提条件时 B 发生的概率，其结果同样是一个常数；$P(A)$和 $P(B)$是先验概率；$P(B|A)$表示 A 确定已经发生时 B 发生的概率；$P(AB)$表示 A 和 B 同时发生的概率。朴素贝叶斯公式的"朴素"二字基于一种假定"所有的特征都是独立的"，只有满足了这个假定才能使用朴素贝叶斯公式。朴素贝叶斯算法的原理可以概述为：当一个样本有可能属于多个类别的时候，人们简单地选择其中概率最大的那个。

朴素贝叶斯算法适用于多种数据类型，包括离散型数据和连续型数据。当数据为连续型时，通常假设其分布为高斯分布，因此朴素贝叶斯算法也称为高斯朴素贝叶斯算法。根据数据类型和分布的不同，朴素贝叶斯算法有多项式朴素贝叶斯算法等变体。

朴素贝叶斯算法对垃圾邮件分类的过程如下。

假设有一个邮件分类系统，目标是区分一封邮件是否是垃圾邮件。现在有两个特征，分别如下。

（1）邮件中包含"免费"这个词（记为 x_1）。

（2）邮件中包含"赢取"这个词（记为 x_2）。

此外，目标变量 y 表示邮件是否为垃圾邮件（1 表示是，0 表示不是）。

有以下的训练数据，如表 6-2 所示。

表 6-2　训练数据

邮件	x_1（包含"免费"）	x_2（包含"赢取"）	y（是否为垃圾邮件）
邮件 1	1	0	1
邮件 2	1	1	1
邮件 3	0	1	0
邮件 4	0	0	0

使用朴素贝叶斯算法，需要计算以下概率。

$P(y=1)$ 和 $P(y=0)$，即邮件为垃圾邮件和非垃圾邮件的概率。

$P(x_1=1|y=1)$, $P(x_1=0|y=1)$, $P(x_1=1|y=0)$, $P(x_1=0|y=0)$，即当邮件是/不是垃圾邮件时，邮件中包含/不包含"免费"这个词的概率。

$P(x_2=1|y=1)$, $P(x_2=0|y=1)$, $P(x_2=1|y=0)$, $P(x_2=0|y=0)$，即当邮件是/不是垃圾邮件时，邮件中包含/不包含"赢取"这个词的概率。

假设经计算得到以下概率。

$P(y=1) = 2/4 = 0.5$。

$P(y=0) = 2/4 = 0.5$。

$P(x_1=1|y=1) = 2/2 = 1$。

$P(x_1=0|y=1) = 0/2 = 0$。

$P(x_1=1|y=0) = 0/2 = 0$。

$P(x_1=0|y=0) = 2/2 = 1$。

$P(x_2=1|y=1) = 1/2 = 0.5$。

$P(x_2=0|y=1) = 1/2 = 0.5$。

$P(x_2=1|y=0) = 1/2 = 0.5$。

$P(x_2=0|y=0) = 1/2 = 0.5$。

现在，有一封新邮件，它同时包含"免费"和"赢取"这两个词。我们要判断这封邮件是否为垃圾邮件。

根据朴素贝叶斯算法，我们需要计算 $P(y=1|x_1=1, x_2=1)$ 和 $P(y=0|x_1=1, x_2=1)$，然后选择概率较大的那个类别。

由于我们假设特征是独立的，所以有

$$P(y=1|x_1=1, x_2=1) = [P(y=1) \times P(x_1=1|y=1) \times P(x_2=1|y=1)] / P(x_1=1, x_2=1)$$

所以有

$$P(y=1|x_1=1,\ x_2=1) = 0.5 \times 1 \times 0.5 = 0.25 \text{；} P(y=0|x_1=1,\ x_2=1) = 0.5 \times 0 \times 0.5 = 0$$

由于 $P(y=1|x_1=1,\ x_2=1) > P(y=0|x_1=1,\ x_2=1)$，所以这封新邮件被分类为垃圾邮件。

下面介绍朴素贝叶斯算法在疾病诊断中的应用。首先需要收集大量的医疗数据，包括病人的症状、病史、生活习惯等。这些数据通常来自电子健康记录或医疗问卷。然后在原始数据中选择对疾病分类最有影响的特征，如年龄、性别、体重、症状类型等，并将这些特征转换为算法可以处理的格式，通常采用向量化的方式。例如，对于"头痛"这一症状，可以创建一个三元特征向量[1,0,0]来表示其存在与否。接着医院使用已标记的数据集（包含症状、病史等信息及对应疾病类别）来训练朴素贝叶斯模型。该模型会计算出每种疾病类别的条件概率，以及每个特征在给定类别下的概率。在临床实践中，医生可以将病人的症状、病史等输入训练好的朴素贝叶斯模型中，朴素贝叶斯模型将输出可能的疾病类别及其概率。例如，如果一个病人有"头痛""恶心""光线过敏"等症状，那么朴素贝叶斯模型可能会预测出"偏头痛"的可能性，并给出相应的概率。不过需要注意的是，医生需要考虑朴素贝叶斯模型的预测结果，并结合自己的专业知识和病人的具体情况，进行最终的诊断。

朴素贝叶斯算法在文本分类中的应用尤为广泛，包括垃圾邮件过滤、新闻分类等。在这些场景中，文本数据可以被视为是由一系列单词组成的，其中每个单词都可以看作一个特征。假设每个单词（特征）出现的概率只依赖于该文本属于某个类别（如垃圾邮件或非垃圾邮件），而与其他单词无关，这就是所谓的"朴素"假设。例如，在企业中如果已经收集了大量垃圾邮件和非垃圾邮件，则可以使用朴素贝叶斯算法来过滤垃圾邮件。朴素贝叶斯算法通过分析邮件中的关键词和短语，能够识别并过滤垃圾邮件，将它们与非垃圾邮件分开。

此外，在工厂生产中还可以使用并行高斯朴素贝叶斯算法来处理大规模连续型数据，如传感器读数、温度和压力等。这种算法适用于监测生产线的稳定性，及时发现异常情况，从而保障产品质量和生产安全。

6.3.5　主成分分析算法

在互联网大数据场景下，人们经常需要面对高维数据，在对这些数据进行分析和可视化的时候，人们通常会面对"高维"这个障碍。在数据分析和建模的过程中，高维数据带来更大的计算量，占用更多的资源，而且许多变量之间可能存在相关性，从而提高了分析与建模的复杂度。人们希望找到一种方法，在对数据完成降维压缩的同时，尽量减少信息损失。由于各个变量之间存在一定的相关关系，因此可以考虑将关系紧密的变量变成尽可能少的新变量，使这些新变量是两两不相关的，那么就可以用较少的综合指标分别代表存在于各个变量中的各类信息。降维就是这样的一类算法，降维一方面可以解决"维数灾难"，缓解"信息丰富、知识贫乏"现状，降低复杂度；另一方面可以帮助人们更好地认识和理解数据。

主成分分析（Principal Component Analysis，PCA）是利用降维的思想，在保持数据信息损失最少的原则下，对高维的变量空间进行降维，利用正交变换把一系列可能线性相关的变量转换为一组线性不相关的新变量，即在众多变量中找出少数几个互不相关的综合指标（原始变量的线性组合），并且这几个综合指标将尽可能多地保留原来指标的信息。这些综合指标就被称为主成分。

主成分的含义不同于原有数据，但包含了原有数据的大部分特征，并且具有较低的维度，便于后续进一步的分析。

图 6-15 所示为使用 PCA 对数据降维。

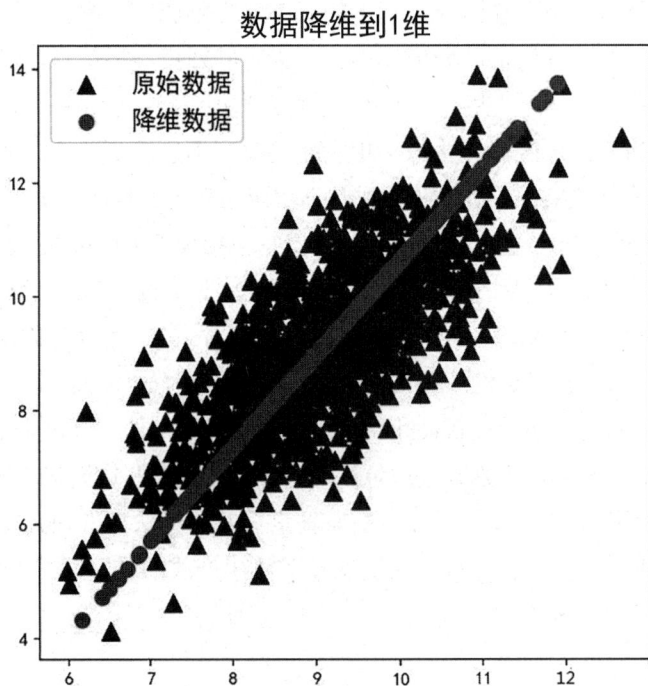

图 6-15　使用 PCA 对数据降维

6.3.6　遗传算法

遗传算法（Genetic Algorithm，GA）是一种启发式的寻优算法，该算法是以达尔文自然选择学说为基础发展出来的通过观察和模拟自然生命的迭代进化，建立起一个计算机模型，通过搜索寻优得到最优结果的算法。

遗传算法模拟生物的遗传进化机制，主要基于达尔文的"物竞天择，适者生存"和"优胜劣汰"理论。具体实现流程是首先从初代种群里选出比较适应环境且表现良好的个体；然后利用遗传算子对筛选后的个体进行组合交叉和变异，形成第二代种群；最后从第二代种群中选出环境适应度良好的个体进行组合交叉和变异，形成第三代种群，如此不断进化，直至产生末代种群，即问题的近似最优解。

遗传算法的原理如图 6-16 所示。

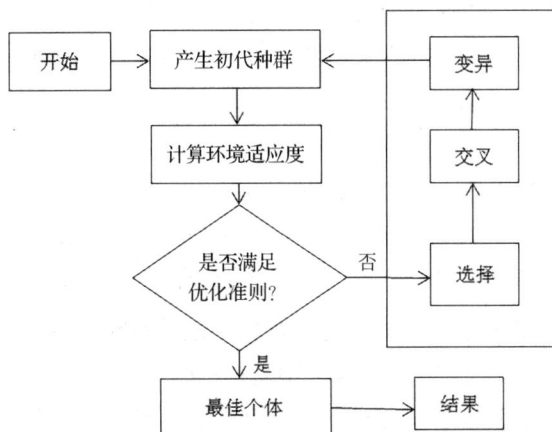

图 6-16　遗传算法的原理

在遗传算法中，交叉是指把两个父代个体的部分结构加以替换重组而生成新个体的操作。交叉的目的是能够在下一代产生新的个体。通过交叉操作，遗传算法的搜索能力得到了飞跃性的提高。交叉是遗传算法获取新优良个体的重要手段。

在遗传算法中，变异是指以很小的概率（即变异率）随机地改变种群中个体（染色体）的某些基因的值。

遗传算法提供了一种求解复杂系统问题的通用框架，它不依赖于问题的具体领域，对问题的种类有很强的健壮性，所以广泛应用于很多学科，如工程结构优化、计算数学、制造系统、航空航天、交通、计算机科学、通信、电子学、材料科学等。例如，在工业监控过程中，有些系统会产生大量的随机数据和不确定因素，因此精确建模比较困难，也容易造成系统难以准确控制的情况。可以利用遗传算法进行工业监控，首先建立系统的理论控制模型，然后利用遗传算法能在大量数据上寻优的优势，提供监控方案。此外，遗传算法也能进行自适应控制来随时调整控制模型，以此达到监控的优化并使系统趋于稳定。又例如，生产调度问题在许多情况下所建立起来的数学模型难以精确求解，即使经过一些简化后可以进行求解，也会因简化太多而使得求解结果与实际相差甚远。遗传算法已成为解决复杂调度问题的有效工具，在单件生产车间调度、流水线车间调度、生产规划、任务分配等方面都得到了有效的应用。

6.4　本章小结

（1）大数据分析是大数据价值链中的一个重要环节，其目的是提取海量数据中有价值的内容，找出内在的规律，从而帮助人们做出正确的决策。

（2）大数据分析主要有描述性统计分析、探索性数据分析及验证性数据分析等。

（3）数据挖掘是指在大量的数据中挖掘出有用信息，通过分析来揭示数据之间有意义的联系、趋势和模式。

（4）数据挖掘可以分为两类：直接数据挖掘和间接数据挖掘。

（5）分类首先从数据中选出已经分好类的训练集，在该训练集上运用数据挖掘技术，建立一个分类模型，再将该模型用于对没有分类的数据进行分类。

（6）聚类是自动寻找并建立分组规则的方法，通过判断样本之间的相似性，把相似样本划分在一个簇中。它的目的就是实现对样本的细分，使得同组内的样本特征较为相似，不同组的样本特征差异较大。

（7）关联规则就是有关联的规则，它的定义是：两个不相交的非空集合 X、Y，如果有 $X{\to}Y$，就说 $X{\to}Y$ 是一条关联规则。关联规则的强度用支持度和置信度来描述。支持度和置信度越高，说明关联规则越强。关联规则挖掘就是挖掘出满足一定强度的关联规则。

（8）在大数据时代下，数据挖掘已应用到各种各样的领域中，成为高科技发展的热点话题。在软件开发、医疗卫生、金融、教育等领域都可以看到数据挖掘的影子。

习题 6

（1）请阐述什么是大数据分析。

（2）大数据分析的类型有哪些。

（3）举例两种数据挖掘的应用场景。

（4）简述数据挖掘的聚类算法及应用。

（5）简述数据挖掘的基本流程。

（6）使用百度指数来分析数据，如输入"连衣裙"。

第7章　大数据可视化

本章学习目标

- 了解大数据可视化的概念。
- 了解大数据可视化的流程。
- 了解大数据可视化的图表类型。
- 了解大数据可视化的工具。
- 了解大数据可视化的应用。

7.1　大数据可视化概述

7.1.1　大数据可视化的概念

1. 大数据可视化介绍

步入大数据时代，各行各业对数据的重视程度与日俱增。随之而来的是对数据整合、挖掘、分析、可视化需求的日益迫切。大数据可视化是指借助图形化手段展示大数据分析结果，使数据清晰有效地表达。例如，在海量数据面前，人脑难以直接处理如此庞大的数字和文本信息。大数据可视化通过图形化手段，可以迅速传递关键信息，让决策者一眼把握数据的总体趋势、异常点和模式。

与传统的立体建模之类的特殊技术方法相比，大数据可视化所涵盖的技术方法要广泛得多，它是以计算机图形学及图像处理技术为基础，将数据转换为图形或图像形式显示到屏幕上，并进行交互处理的理论、方法和技术。它涉及计算机视觉、图像处理、计算机辅助设计、计算机图形学等多个领域，并逐渐成为一项研究数据表示、数据综合处理、决策分析等问题的综合技术。

值得注意的是，大数据可视化是一种将数据以视觉形式表现出来的技术，它结合了科学和艺术两个方面的元素。

从科学的角度来看，大数据可视化涉及数据的采集、处理、分析和展示，这个过程需要使用统计学、计算机科学和设计原理等学科的知识。例如，科学地组织信息，确保视觉元素（如颜色、形状、大小等）与数据的量化关系准确对应，这需要遵循可视化设计的科学原则，如减少认知负荷、优化信息传递效率。

从艺术的角度来看，大数据可视化关注如何通过视觉元素来吸引用户的注意力，使复杂的数据更容易理解和记忆。大数据可视化的艺术性在于创造性地表达数据，使其既美观又传达出有价值的信息。因此，大数据可视化不仅是展示数据，更是讲述一个故事，通过视觉叙事引导用户理解数据背后的含义，引发情感共鸣或启发思考。

大数据可视化是科学与艺术的完美结合，它既需要严谨的数据分析和信息处理技能，又需要创造性的设计思维和故事叙述能力，在二者共同作用下才能创造出既准确传达信息又富有美感的大数据可视化作品。

2. 大数据可视化中的相关概念

1）数据

数据是对客观事物属性的一种符号化的表示。从数据处理的角度看，数据是计算机处理及数据库中存储的基本对象。数据的表现形式很多，它们都可以经过数字化后存入计算机。例如，数字、字母、文字、图像、声音等在计算机中都以数据的形式体现。

2）图形

图形一般指在一个二维空间中的若干空间形状，可由计算机绘制的图形有直线、曲线及各种组合形状等。

大数据可视化可通过对真实数据的采集、清洗、预处理、分析等过程建立数据模型，并最终将数据转换为各种图形，以打造较好的视觉效果。图 7-1 所示为大数据可视化的图形展示。

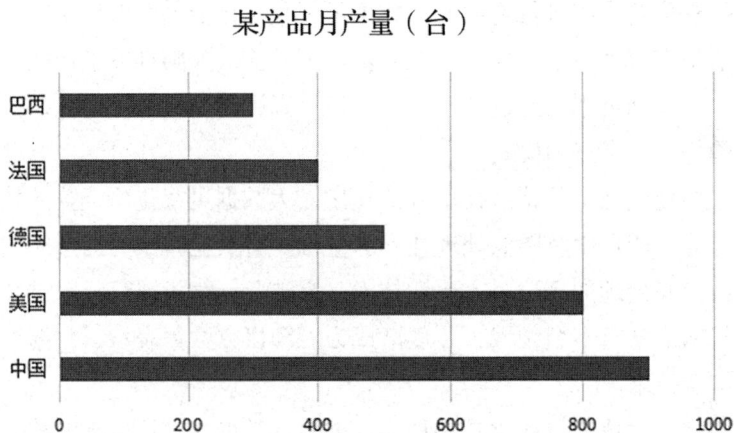

图 7-1　大数据可视化的图形展示

3. 大数据可视化的类型

随着对大数据可视化认识的不断加深，人们认为大数据可视化一般分为 3 种不同的类型：科学可视化、信息可视化和可视化分析。

大数据可视化的类型

1）科学可视化

科学可视化主要关注空间数据与三维现象的可视化，包含气象学、生物学、物理学、农学等，重点在于对客观事物的体、面及光源等的逼真渲染。科学可视化是计算机图形学的一个子集，是计算机科学的一个分支。因此，科学可视化的目的主要是以图形方式说明数据，使研究人员能够从数据中了解和分析规律。

目前，科学可视化的实施主要是从模拟或扫描设备上获取的数据中，找寻曲面、流动模型，以及它们之间的空间联系。科学可视化可以应用在以下几个方面中。

（1）三维重构与表面渲染。

在地质学中，地震波扫描数据被用来重构地下岩层结构，帮助探索矿藏和预测地质灾害。在医学中，从 CT、MRI 等医学扫描数据中重构人体组织的三维模型，可以帮助医生和研究人员观察器官结构、肿瘤位置等。

（2）流体动力学可视化。

线、流场图、涡度图等可视化技术能够展示流体的速度、方向及压力分布，使研究人员洞察流体的细微结构。因此，研究人员利用计算机模拟得到的数据，可以可视化气流、水流等流体运动的复杂模式，这对天气系统、飞机设计、血液流动等领域的研究至关重要。流体动力学可视化示意图如图 7-2 所示。

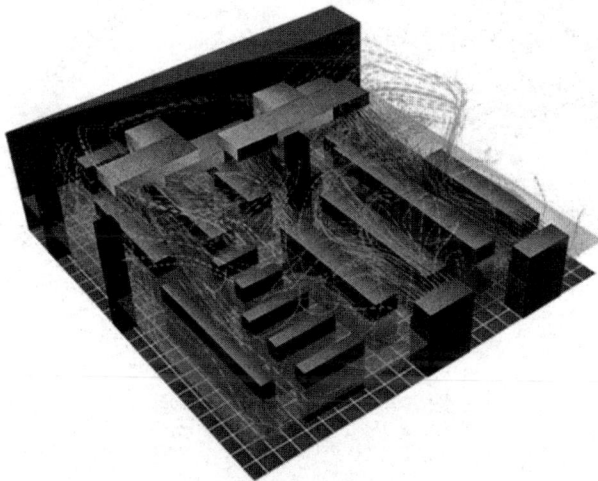

图 7-2　流体动力学可视化示意图

（3）体积渲染。

对于包含多个变量的三维数据集（如温度、密度在空间中的分布），体积渲染技术可以展示数据的内部结构，而非仅限于表面。体积渲染技术的发展受益于计算能力的提升和图形处理单元（GPU）的广泛应用，它们使得实时或近实时的高质量渲染成为可能，极大地丰富了科学数据的表达和分析手段。

体积渲染技术在许多领域都有广泛应用。例如，在气象学中，体积渲染技术用于展示大气中的温度、湿度、压力分布，以及飓风等极端天气事件的内部结构，帮助研究人员更好地理解和预测天气模式。又例如，在医学成像领域，CT 和 MRI 数据的可视化，可以揭示人体内部器官的详细结构，辅助疾病诊断和治疗规划。再例如，在地质勘探中，体积渲染技术可以用来展示地下岩层结构、油气藏分布，以及地震波传播路径，为资源开采和地质灾害预测提供依据。

（4）矢量场可视化。

矢量场显示了空间中每一点的矢量值，如磁场、电场或流体速度场。箭头图、流线、纹影图等方法能够揭示这些场的方向和强度，对于理解物理现象至关重要。在矢量场可视化的箭头图中，每个点的矢量都用一个箭头表示，箭头的长度代表矢量的大小（强度），箭头的方向代表矢量的方向，这种方法直观地展示了矢量场的方向和强度分布。

矢量场可视化示意图如图 7-3 所示。

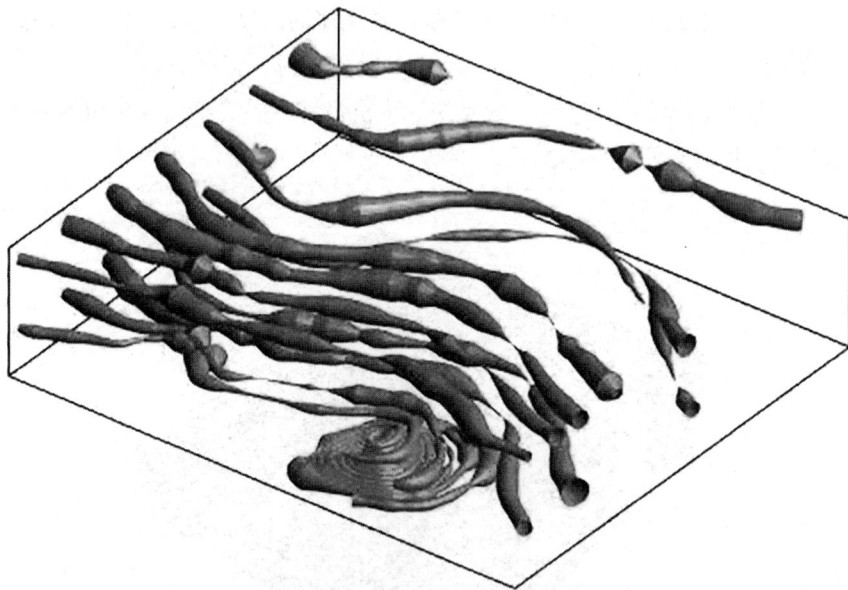

图 7-3　矢量场可视化示意图

2）信息可视化

信息可视化是一个跨学科领域，旨在研究大规模非数值型信息资源的视觉呈现（如软件系统中众多的文件或一行行的程序代码），通过利用图形、图像方面的技术与方法，帮助人们理解和分析数据。信息可视化处理的数据类型极为广泛，包括但不限于文本、网络、时间序列、多维数据等，这些数据往往缺乏自然的几何属性，需要通过创新的视觉编码手段来展现。例如，人们日常工作中使用的柱状图、趋势图、流程图、树状图等，都属于信息可视化。这些图表设计的核心理念是将复杂、抽象的数据信息转化为直观、易于理解的视觉元素，通过颜色、形状、大小等视觉编码手段，使数据关系和趋势一目了然，从而支持快速决策、沟通和知识传播。良好的信息可视化设计不仅能提高工作效率，还能激发新的洞察和发现，是数据科学、商业智能、教育、新闻报道等多个领域不可或缺的工具。此外，优秀的信息可视化作品不仅要求技术上的准确性和高效性，还追求美学上的吸引力和表达力，以更高效地吸引和保持用户的注意力。

信息可视化与科学可视化的区别：科学可视化主要处理具有自然物理意义的数据，如气象数据、医学成像数据等，其重点在于精确模拟和再现自然界的现象；信息可视化则更多地关注人为创建的数据结构和抽象信息，如数据库记录、网页链接、社交媒体互动等，强调通过设计来揭示数据的内在结构和模式。

3）可视化分析

可视化分析是科学可视化与信息可视化领域发展的产物，侧重于借助交互式的用户界面对数据进行分析与推理。

可视化分析是一个多学科领域，它将新的计算方法和基于理论的工具与创新的交互技术和视觉表示相结合，以实现更深层次的信息理解和交流。可视化分析主要包含以下方面。

（1）分析推理，以使用户获得直接支持评估、计划和决策的深入见解。

（2）数据表示和转换，以支持可视化分析的方式转换所有类型的冲突和动态数据。

（3）分析结果的生成、呈现和传播，以便在适当的环境中向用户传达各种信息。

（4）可视化表示和交互，允许用户查看、探索和理解大量信息。

用户界面设计与交互技术的发展是提升可视化分析效能的关键。通过增强现实（AR）、虚拟现实（VR）及自然语言处理（NLP）等技术，可以创建更加沉浸式和自然的交互环境，使得用户能够更加直观和高效地探索数据，即便是非技术背景的用户也能轻松上手。

目前，可视化分析的基础理论仍然在发展中，还需要人们的深入探索和不断挖掘。随着大数据和人工智能技术的不断发展，可视化分析将面临更多的挑战和机遇。未来的可视化分析将更加注重智能化和个性化，能够根据用户的需求和行为，智能地推荐和呈现相关的数据和信息。同时，随着增强现实、虚拟现实等技术的发展，可视化分析将进一步拓展其应用领域和表现形式。

7.1.2　大数据可视化的流程

大数据可视化是一个系统的流程，该流程以数据为基础，以数据流为导向，包括数据采集、数据处理、可视化映射和用户感知等环节。具体的大数据可视化流程有很多，图 7-4 给出了常用的大数据可视化流程的概念图。

大数据可视化流程强调的是数据的流动性和在各个阶段的增值转化，确保信息的准确性和相关性不断提升，直至转化为决策者能够直接理解和应用的知识。通过这一过程，大数据可视化已成为连接数据与决策的桥梁，提升了决策的效率和质量。例如，在快节奏的商业环境中，快速做出决策至关重要。大数据可视化通过即时反映数据变化，帮助决策者迅速把握现状，减少决策过程中的延迟，使企业能够灵活应对市场变化。

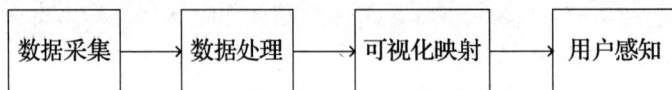

图 7-4　常用的大数据可视化流程的概念图

1. 数据采集

大数据可视化的基础是数据，数据可以通过仪器采样、调查记录等方式进行采集。数据采集又称为数据获取或数据收集，是指对现实世界中的信息进行采样，以便产生可供计算机处理的数据的过程。通常，数据采集过程中包括为了获得所需信息，而对信号和波形进行采集并对它们加以处理的一系列步骤。

目前常见的数据采集方式分为主动数据采集和被动数据采集两种。

1）主动数据采集

主动数据采集是指根据明确的数据需求，有目的地设计并执行数据采集计划。这种方式通常涉及特定的数据采集工具或传感器，直接从源头获取数据。例如，在环境监测中，部署于各地的气象站或水质监测传感器定期发送温度、湿度、污染程度等数据。

2）被动数据采集

被动数据采集是指利用已有的数据源，如公开数据库、社交媒体平台、网站等，通过技术手段自动或半自动地采集信息。例如，从服务器、应用程序的日志文件中提取用户行为数据，用于分析网站流量、用户交互模式等。

值得注意的是，无论是主动数据采集还是被动数据采集，数据采集过程都需精心设计，以确保采集到的数据既能满足分析需求，又能在法律和伦理框架内进行有效利用。

2. 数据处理

采集得来的原始数据一方面不可避免地含有噪声和误差，另一方面数据的模式和特征往往被隐藏。因此，通过数据处理能够保证数据的完整性、有效性、准确性、一致性和可用性。

数据处理可以认为是可视化前期工作，其目的是提高数据质量。数据处理通常包含数据清洗、数据集成及数据转换等步骤。

（1）数据清洗：去除数据集中的错误、重复记录、缺失值、异常值及噪声等，确保数据的准确性和可用性。错误或不完整的数据会误导分析结果，影响可视化的真实性，因此数据清洗是保证数据质量的基础。

（2）数据集成：将来自不同数据源的、格式各异的数据合并到一起，形成一个统一的视图，便于后续的分析和可视化。数据集成有助于揭示数据间的关联性，为更深层次的数据分析和探索提供支持。

（3）数据转换：将数据转换成适合分析和可视化的格式，有时也为了简化数据结构或提高计算效率。数据转换有助于揭示数据的内在模式，使得数据更易于理解，同时便于在可视化中展示关键信息。

数据处理不仅提高了数据质量，还为后续的数据分析和可视化打下了坚实的基础。它确保了最终可视化的结果能够准确反映数据的真实状态，帮助决策者做出更精准的判断。此外，随着大数据技术的发展，自动化和智能化的数据处理工具（如 ETL 工具、数据清洗软件等）日益增多，大大提高了数据处理的效率和准确度。

3. 可视化映射

可视化映射是大数据可视化流程的核心环节，它用于把不同数据之间的联系映射为可视化视觉通道中的不同元素，如位置、大小、长度、形状、方向、色调、饱和度和亮度等。

（1）位置：用于展示数据点之间的相对关系或分布情况，如散点图中每个点的横纵坐标映射了两个变量的值。

（2）大小：用于展示数据值的大小或重要性，如气泡图中气泡的直径可以反映城市人口数量，大小的不同直观展示了不同城市之间人口规模的差异。

（3）长度：在柱状图、条形图中，长度（或高度）通常用来表示分类数据的量级，如不同产品的销售额。

（4）形状：用于区分不同的类别，尤其是在不需要强调数值大小，而侧重于分类对比的场景中，如不同类型的图表符号代表不同类型的产品。

（5）方向：用来表示方向性的数据，如风向图中箭头的方向表示风向。

（6）色调：色调的不同用来编码分类信息，如在地图上用不同色调表示不同地区的人口数量。

（7）饱和度和亮度：用来表现数据的连续变化，如在热力图中，颜色的饱和度和亮度可以反映人口密度的高低。

4. 用户感知

用户感知是指从数据的可视化结果中提取有用的信息、知识和灵感，在大数据可视化的整个流程中占据着重要地位，是数据故事与用户之间的桥梁。用户可以借助大数据可视化结果感受数据的不同，从中提取信息、知识和灵感，并从中发现数据背后隐藏的现象和规律。

1）用户感知原则

（1）易于理解。确保可视化结果直观、简洁，避免复杂冗余的视觉元素，使用户能迅速抓住重点。用户无须特别努力就能理解可视化结果所呈现的核心信息,这意味着使用的图表类型、颜色编码、标签和图例都应当直观且易于解读。

(2)互动性。提升用户的参与感和控制感,允许用户通过交互操作(如缩放、筛选、排序等)深入探索数据。

(3)叙事性。通过数据讲故事,构建一个有开头、发展、高潮和结尾的信息流,使用户在跟随故事线索的同时理解数据的意义。

(4)个性化适应。根据用户的知识背景、兴趣偏好和使用场景,提供定制化的可视化体验,并确保在不同设备、屏幕尺寸上的良好显示效果,以及对视力障碍等特殊需求用户的友好性。

2)案例描述

为了更好地说明上述原则,假设相关人员正在为一个气候变化项目制作大数据可视化系统。创建一个交互式全球温度变化地图可能是一个有效的做法。

直观性:使用颜色渐变直观展示不同年份的温度变化。

信息层次:用户可以通过时间滑块选择年份,或者点击具体地区查看详细数据。

交互性:提供放大/缩小功能,让用户能细致地观察特定区域。

美学:选用和谐的色彩搭配,使地图既科学严谨又视觉舒适。

情境适应性:针对非专业用户,添加简明注释解释专业术语。

情感连接:在界面旁附上受影响地区的照片或故事,增加情感投入。

可访问性:确保颜色对比度适合色盲用户,并提供文字描述选项。

值得注意的是,在大数据可视化系统的实际应用中,会出现不同的可视化流程设计,图 7-5 所示为科学计算可视化中的常用模型。该模型描述了从原始数据到用户感知的整个可视化流程,该流程包含数据转换、视觉映射、图像转换及人机交互等多个步骤。

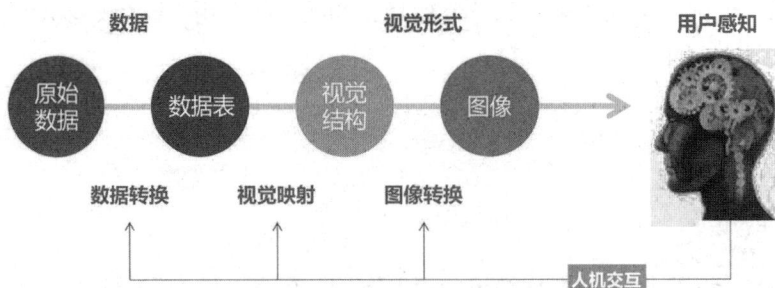

图 7-5　科学计算可视化中的常用模型

在这里,人机交互关注如何设计和实现用户与大数据可视化系统之间的有效沟通。在人机交互系统中,数据变化能即时反馈给用户,这对监控、金融市场分析等场景至关重要。通过有效的交互设计,用户能够与数据互动,如通过时间滑块改变时间范围、选择不同的数据维度进行对比,这样的交互增强了用户发现数据背后规律的能力。优秀的人机交互设计需要考虑界面的直观性、易用性和美观性，这包括图表的选择和颜色编码的合理性、布局的清晰度及导航的简便性，以确保用户能够快速地理解可视化内容，并轻松地在不同数据视图间切换。

7.1.3　大数据可视化图表介绍

统计图表介绍

图表是表达数据的最直观、最强大的方式之一，通过图表的展示能够将数据进行优雅的变换，从而让枯燥的数字能吸引人们的注意力。在实现大数据可视化时，应当首先考虑的问题是：我有什么数据，我需要用图表做什么，我该如何展示数据？

可以使用不同类型的图表来进行大数据可视化，如柱状图、饼图、气泡图、热力图、趋势图、直方图、雷达图、色块图、漏斗图、和弦图、仪表盘、面积图、折线图、密度图、玫瑰图及 K 线图等。图 7-6 所示为柱状图，图 7-7 所示为折线图，图 7-8 所示为散点图，图 7-9 所示为气泡图，图 7-10 所示为雷达图，图 7-11 所示为面积图，图 7-12 所示为玫瑰图，图 7-13 所示为桑基图，图 7-14 所示为和弦图，图 7-15 所示为平行坐标图，图 7-16 所示为甘特图。

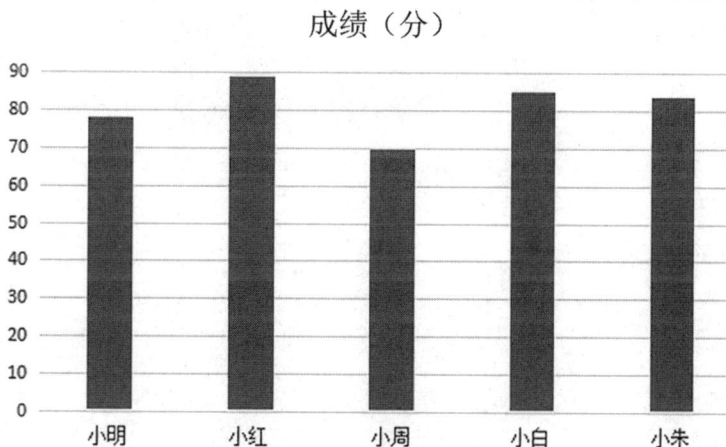

图 7-6　柱状图

柱状图（Bar Chart）是一种经典的统计图表，用于展示分类数据之间的比较情况。它通过垂直或水平的柱子长度来表示各类别数值的大小，是一种直观、易于理解的大数据可视化形式。柱状图适用于展示离散数据的分布，如不同产品销量、各月份的降雨量、各年龄段的人口分布等。

柱状图包括简单柱状图、堆叠柱状图和分组柱状图。简单柱状图中的每个柱子代表单一数据值；堆叠柱状图在一个柱子内堆叠多个数据系列，展示部分与整体的关系；分组柱状图则将多个类别并排展示，便于比较不同分类下的数据差异。

产量（台）

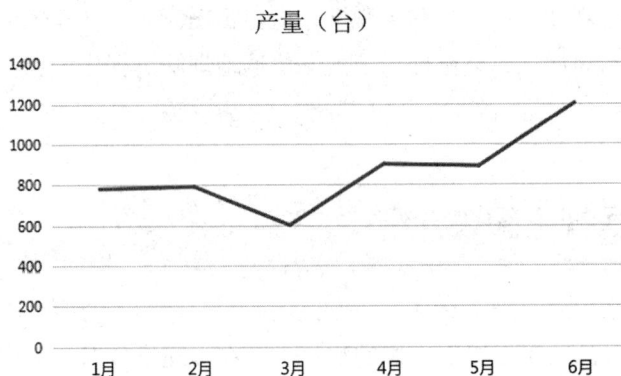

图 7-7　折线图

折线图（Line Chart）是一种常用的大数据可视化工具，用于展示数据随时间变化的趋势或两个变量之间的关系。它通过一系列点连接成折线，清晰地表明了数据随时间或其他连续变量的增长、减少或波动情况。折线图特别适用于时间序列数据的展示，如股票价格、气温、网站流量等。

折线图最突出的优点在于能直观地展示数据随时间的走势，无论是上升、下降还是波动，都能一目了然。此外，用户还可以在同一图表中绘制多条折线，便于比较不同组别或条件下的数据趋势。

产量（台）

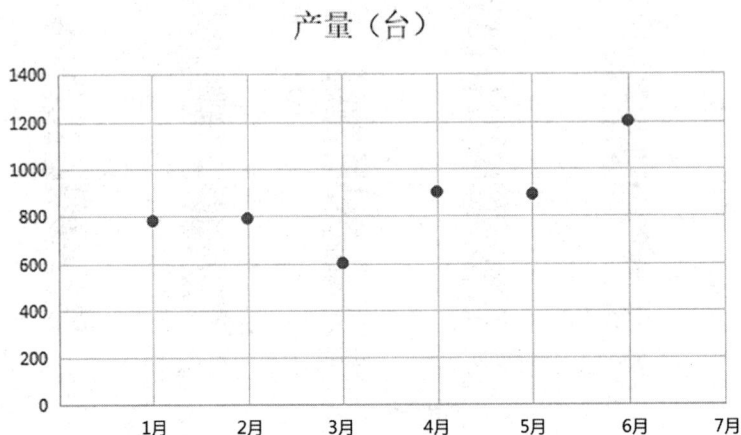

图 7-8　散点图

散点图（Scatter Plot）是一种用以展示两个变量之间关系的图形，它通过坐标轴上的点分布来表示数据集中每一对变量的值。每个点的位置由两个变量的值共同决定：一个变量决定横坐标，另一个变量决定纵坐标。散点图非常适用于探索两个连续变量之间的关系，如是否相关、如何相关（正相关、负相关）及相关强度等。相比于其他复杂的统计图表，散点图简单直接，易于制作和解读。

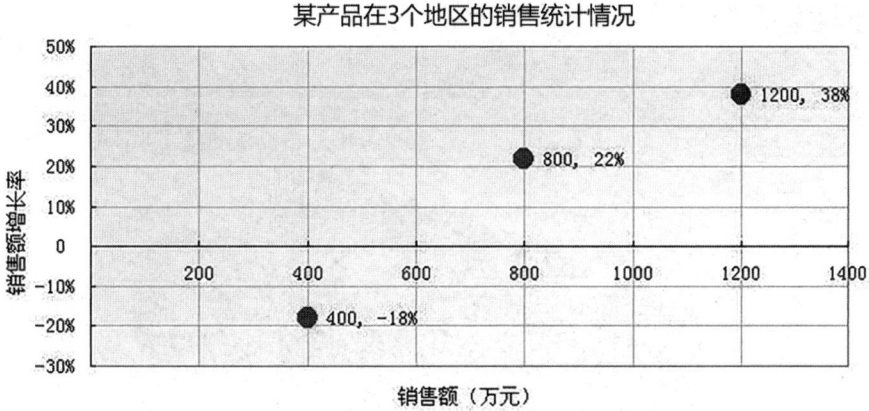

图 7-9　气泡图

气泡图（Bubble Chart）是一种大数据可视化手段，它在二维平面上以点（气泡）的位置表示两个变量，同时用气泡的大小来表示第三个变量的数值。这种图表类型特别适合展示包含 3 个维度数据集的关系和分布，为数据分析提供了一种直观且富含信息的展示方式。

在气泡图中，气泡的大小不仅传达了数值的大小，还能引起视觉上的不同"重量感"，帮助用户快速识别出哪些数据点最为显著或重要。气泡图以其独特的视觉表达能力，在众多领域中成为展示和分析多维度数据的有力工具，帮助用户更直观、高效地理解复杂数据间的关联和模式。

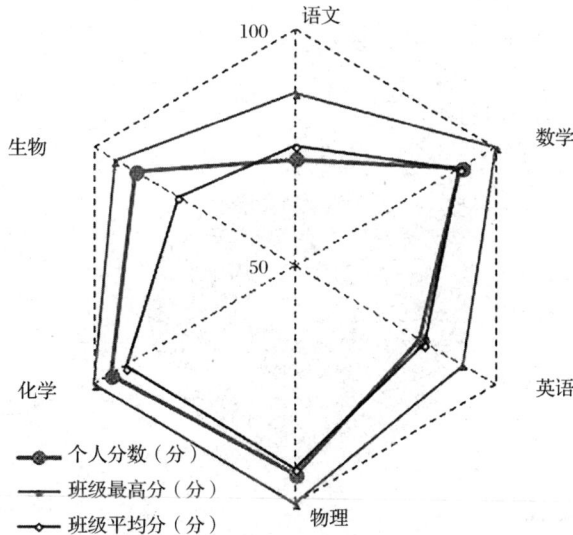

图 7-10　雷达图

雷达图（Radar Chart）又称为蜘蛛网图（Spider Chart）或星形图（Star Plot），是一种多变量大数据可视化工具，用于展示一个或多个实体在多个维度上的特征或性能。雷达图通过在二维平面上绘制多个轴（通常为 3 个以上），每个轴代表一个变量或指标，轴之间首尾相连形成一个多边形区域，数据点在各轴上的投影连成线，形成一个封闭的多边形或多边形区域，以此来表现数据在各个维度上的得分或程度。

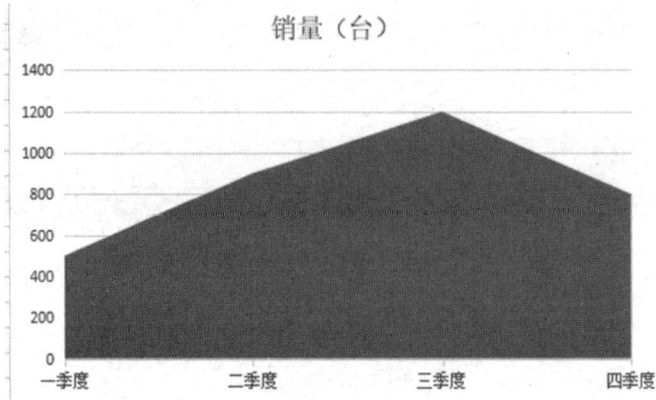

图 7-11　面积图

　　面积图（Area Chart）是一种在二维平面中表示定量数据随时间变化的统计图表，它通过填充线与横轴之间的区域来强调数据的趋势和总量。面积图适用于展示在一段时间内的累积总量或多个数据系列之间的比较，在表现随时间变化的趋势和部分与整体的关系时非常有效。

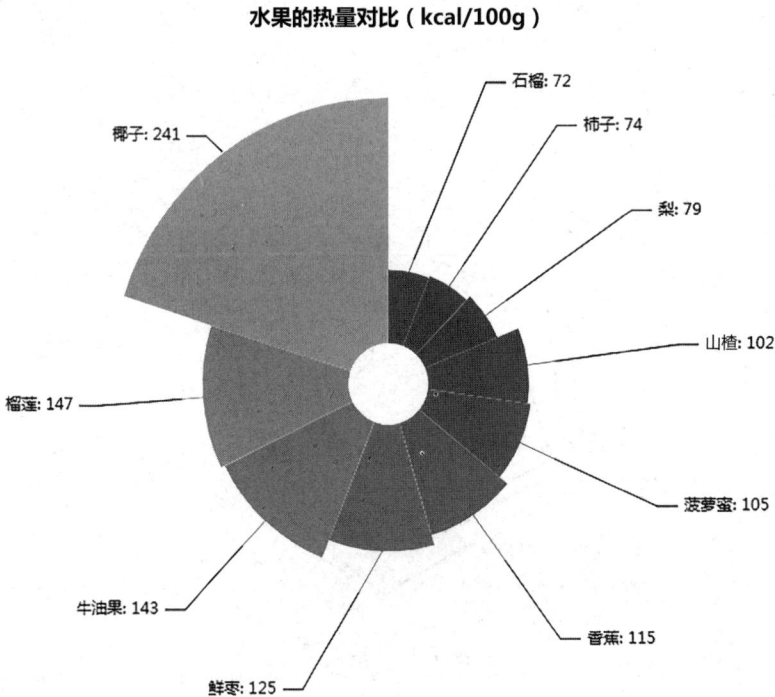

图 7-12　玫瑰图

　　玫瑰图（Rose Chart）也称为极区图（Polar Area Chart）、风向玫瑰图（Wind Rose Diagram），是饼图的一种变种，用于展示多个变量在不同类别或时间间隔上的分布情况。与传统饼图相比，玫瑰图以圆心为中心，将各个类别分布在圆形的不同扇形区域上，且各扇形都有相同的半径，使得比较各个类别之间的数值大小时更加直观，在比较周期性或具有循环性质的数据时更为有效。

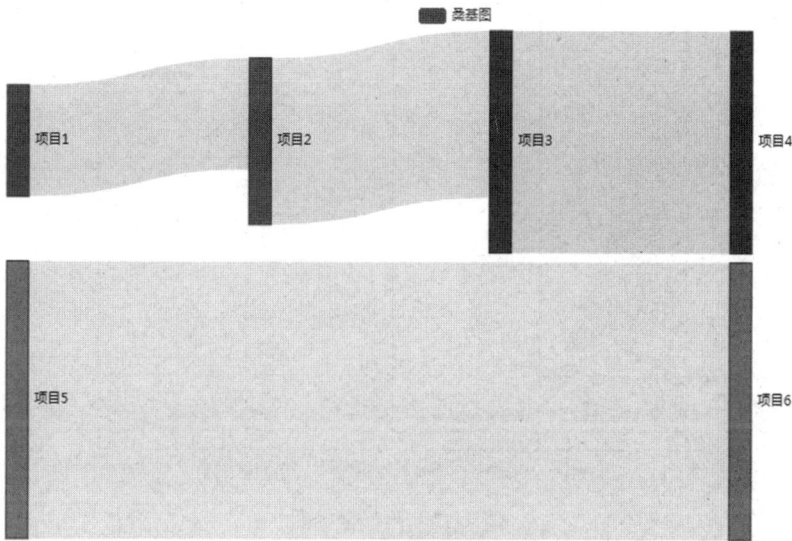

图 7-13　桑基图

桑基图（Sankey Diagram）是一种特定类型的流程图，用于展示从源到目标的能量或物质的流动情况，强调的是流的相对比例和总量。在桑基图中，流通常用箭头表示，其宽度与流的量成比例，这使得用户能够直观地看出哪些流占比大，哪些流占比小。桑基图特别适用于展示多条路径上的大量流动，以及这些流动如何汇聚或分散。

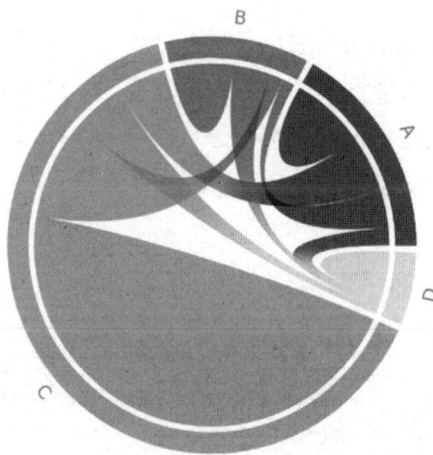

图 7-14　和弦图

和弦图（Chord Diagram）是一种特殊的图形，用于展示不同类别间的关系强度或流动量，尤其适用于表示闭合网络中的循环流动或相互作用。在和弦图中，各个类别通常被排列成圆环的形式，圆环的节点通过弧线相连，这些弧线的宽度代表了两个类别间联系的强度。和弦图的优势在于能够清晰地展示多对多关系，且占用空间相对较小，非常适合展示复杂的互联数据，如国际贸易流、资金流动、社交网络中的互动等。

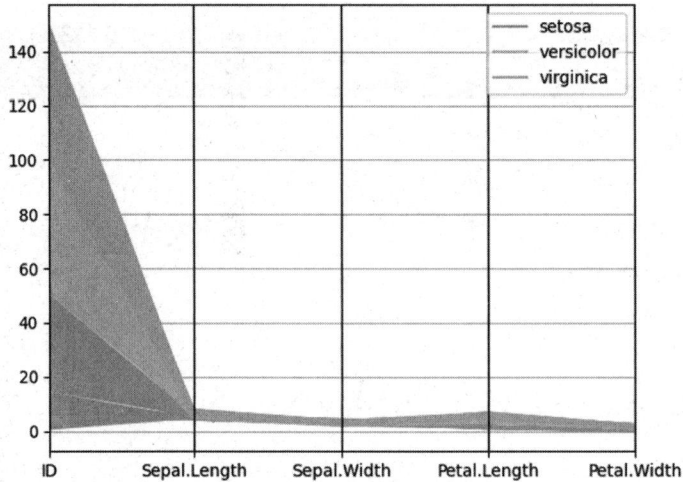

图 7-15　平行坐标图

平行坐标图（Parallel Coordinates Plot）是一种多维大数据可视化工具，特别适用于展示和分析具有多个属性的数据集。在平行坐标图中，每个维度（属性）由一条平行的坐标轴表示，这些轴按顺序排列，形成了一个由多条平行线组成的网格。数据点则通过从每一个轴上穿过的一条折线来表示，折线在各轴上的位置反映了该数据点在相应维度上的值。这种方式可以清晰地展示数据点在所有维度上的分布情况，并且有利于观察数据间的相似性、聚类和异常点。

多维大数据可视化技术是指用于展示具有多个属性或变量的数据集的技术，这些技术旨在帮助用户理解和探索复杂数据间的相互关系和模式。随着数据复杂性的增加，传统二维图表往往不足以充分地表达数据的全部信息。多维大数据可视化技术通过创新的设计和交互方式，使用户能够高效地浏览、分析和解释高维数据。

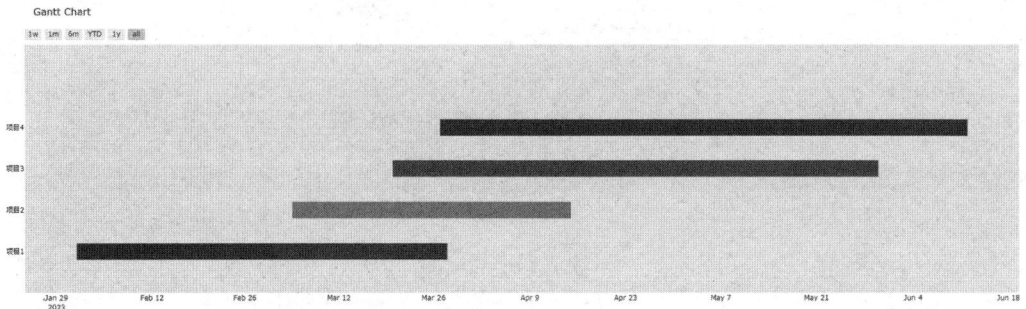

图 7-16　甘特图

甘特图（Gantt Chart）是一种广泛应用于项目管理和时间规划的经典工具，由亨利·劳伦斯·甘特（Henry Laurence Gantt）于 20 世纪初发明。它以图形化的方式展示项目任务的进度安排，包括任务的起止时间、持续时间、相互依赖关系及完成情况。甘特图简单明了，是项目团队成员、管理层和利益相关者之间沟通项目计划和进度的理想工具。

【例 7-1】用 Python 绘制折线图，代码如下。

```python
import matplotlib.pyplot as plt
import numpy as np
# 创建数据
values = np.cumsum(np.random.randn(1000, 1))
# 绘制图表
plt.plot(values)
plt.show()
```

运行结果如图 7-17 所示。

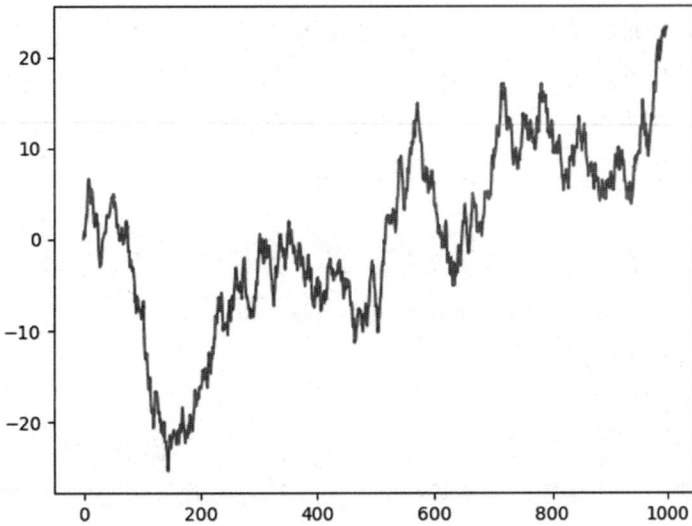

图 7-17　运行结果

7.2　大数据可视化方法

7.2.1　文本可视化

1.　文本可视化的定义

文字是传输信息最常用的载体，文本信息是互联网中最主要的信息类型。与图形、语音和视频信息相比，文本信息体积更小、传输更快，并且更容易生成。

将互联网中广泛存在的文本用可视化的方式表示能够更加生动地表达蕴含在文本中的语义特征，如逻辑结构、词频、动态演化规律等。因此，针对一篇文章，文本可视化能更快地告诉用户文章在讲什么；针对社交网络上的发言，文本可视化可以帮用户将所有信息归类；针对一个大新闻，文本可视化可以帮用户捋顺事情发展的脉络；针对一本长篇小说，文本可视化能够帮用户厘清人物间的关系；针对一系列的文档，用户可以通过文本可视化来找到它们之间的联系，等等。

值得注意的是，词云是一种非常直观且富有创意的文本可视化形式，尤其擅长展示文本数据中关键词的频率分布。心理学研究表明，视觉元素对人的记忆有显著影响。词云通过视觉强化，使得重要词汇在用户心中留下深刻印象，有助于用户长期记忆和深入理解文本内容。词云的特点如下。

1）视觉冲击力

词云利用视觉效果强化信息传递，较大的字体能立即吸引视线，使用户一眼看出哪些词汇最为重要或出现最频繁。例如，词云通过调整词汇的字体大小来直观地反映其在文本中出现的频率或重要性。大字体的词汇能瞬间抓住用户的眼球，无须额外解释即可明白哪些词汇最为关键，这为快速识别文本主题提供了便捷途径。这种视觉上的直接性非常适合快速浏览和捕捉信息焦点。

2）高频词汇突出

通过调整词汇的大小，词云直接展现了文本中关键词的权重，这对于理解文本主题、热点话题或用户兴趣点极为有用。在分析网站搜索字段、社交媒体话题、新闻报道等大数据时，词云能迅速揭示最热门的讨论点。

3）辅助情感分析

在进行情感分析或意见挖掘时，词云可以帮助用户识别正面或负面情感的关键词，尤其是在品牌声誉管理、产品反馈分析等领域，词云可以直观展示用户反馈中的关键词，为决策提供依据。

4）创意表达

除数据分析外，词云还因其独特的视觉效果被广泛应用于艺术创作、海报设计、个性化礼物制作等，为文本数据赋予了新的艺术生命。

图 7-18 和图 7-19 所示为文本可视化实例。

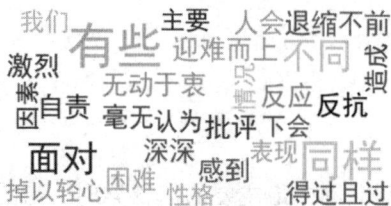

图 7-18　文本可视化实例 1

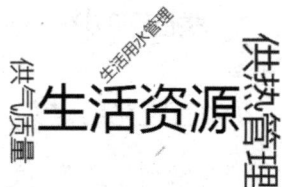

图 7-19　文本可视化实例 2

2. 文本可视化的类型

文本可视化类型除包含常规的图表，如柱状图、饼图、折线图等表现形式外，在文本领域应用比较多的可视化类型主要有以下 3 种。

（1）基于文本内容的可视化。基于文本内容的可视化包括基于词频的可视化和基于词汇分布的可视化，常用的有词云、分布图和文档卡片（Document Card）等。

分布图用于展示词汇或短语在文本中出现的频率分布，常见形式有直方图、箱线图或密度图。这些图表能展示词汇频率的统计分布特征，如中心趋势、离散程度等。文档卡片则将文档的主要内容或元数据（如标题、摘要、关键词、作者、发表日期等）以卡片的形式组织起来，便于用户快速浏览和筛选大量文档。

（2）基于文本关系的可视化。基于文本关系的可视化主要研究文本内外关系，帮助用户理解文本内容和发现文本规律。常用的可视化形式有树状图、力导向图、叠式图和词汇树（Word Tree）等。

树状图通过嵌套的矩形来展示层次结构，适用于展现文本分类、文档结构或关键词层次关系。其中，每个矩形的面积代表相应类别的数据量大小，可以帮助用户直观地感受不同部分的比例关系。力导向图是网络图的一种特殊形式，通过模拟物理力（如引力和斥力）来布局节点，使密集相连的节点聚拢，稀疏相连的节点远离。这种布局方式能较好地展现关系的紧密度和群体结构。叠式图通过在同一个轴上堆叠多个数据序列，展示不同维度的数据随时间或其他变量的变化趋势，在文本分析中，可用于比较不同时间段或不同来源的关键词频率变化。词汇树以树状结构展示文本中某个词汇及其上下文的关系，从一个指定的起始词开始，按照文本的顺序展开，有助于探索特定词汇的使用情境和上下文变化。

（3）基于多层面信息的可视化。基于多层面信息的可视化主要研究如何结合信息的多个方面帮助用户从更深层次理解文本数据，发现其内在规律。其中，包含时间信息和地理坐标的文本可视化近年来受到越来越多的关注。常用的可视化形式有地理热力图、主题河流图（ThemeRiver）、火花云图（SparkCloud）、TextFlow 和基于矩阵视图的情感分析可视化等。

地理热力图通过在地图上使用颜色深浅来表示特定地点或区域的文本数据密度或强度，如新闻报道的地理分布、Twitter 活动的地理热点等，它直观地展示了空间维度上的数据分布和聚集情况。主题河流图将时间序列数据与主题或关键词的流行度结合，形成一条流动的"河流"，其中"河床"的宽度代表了特定主题的讨论热度随时间的变化，这种可视化方式非常适合展示主题随时间的演变趋势。火花云图是一种结合了词云和主题河流图的混合型可视化工具，它在时间轴上排列关键词，并根据关键词的出现频率调整其大小和颜色，同时保留了关键词间的空间关系，以展示关键词的演变和关联。TextFlow 是一种动态文档比较工具，它通过颜色编码和动画效果展示了文档（或文本段落）之间的差异和相似之处，帮助用户在多版本或多文档间快速识别变动和趋势。基于矩阵视图的情感分析可视化则通过矩阵或网格布局，展示了文本中不同词汇或主题的情感极性（正面、负面或中性），并可以结合时间或其他维度，为用户提供情感变化的宏观视图。

7.2.2 网络可视化

1. 网络可视化的定义

网络可视化通常用于展示数据在网络中的关联关系。网络可视化是一种有力的工具，它通过图形化手段展现网络中实体间的复杂关系和交互模式，这些实体可以是人、设备、信息流或其他任何类型的网络节点。在社交网络的背景下，网络可视化尤其有用，因为它可以帮助人们理解和分析人与人之间的连接模式、信息传播路径、社群结构及影响力的流动。

2. 社交网络可视化

社交网络是一种复杂网络，其中，节点代表个体、组织或其他实体，边则代表这些实体之间的关系或互动。为了深入理解社交网络的内在结构、动态特性和影响力传播机制，社交网络可视化已成为相关研究中的一个重要环节。

以腾讯微博和新浪微博为例，这些平台上的用户通过关注、转发、评论、点赞等互动行为形成了错综复杂的社交网络。社交网络可视化技术可以将这些互动转化为可视化图形，如使用节点（代表用户）和边（代表用户间的联系）来描绘社交图谱。通过这样的图谱，人们可以直观地找出网络中的关键节点。

图 7-20 所示为社交网络图。

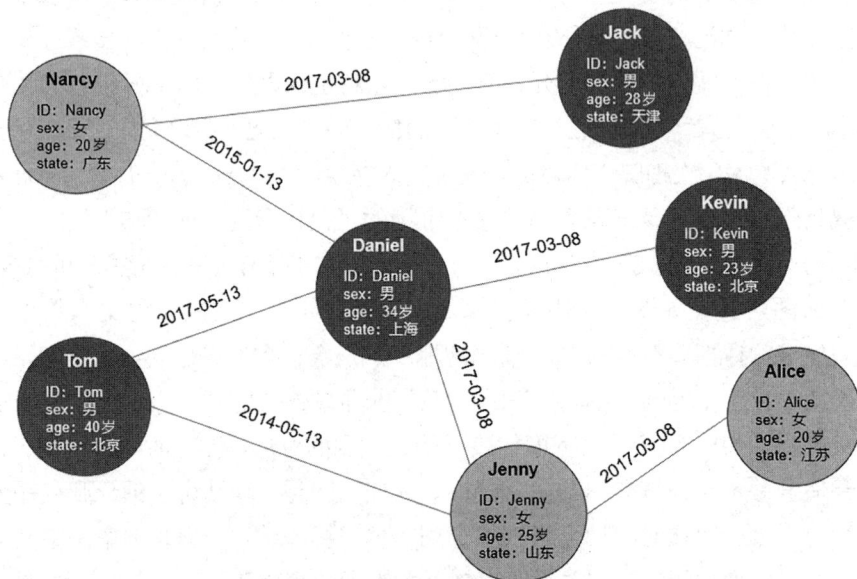

图 7-20　社交网络图

社交网络可视化的特点如下。

1）节点布局

通过合理的节点布局算法，如力导向布局、环形布局、层次布局等，可以直观地展示节点间的关系紧密度。力导向布局特别擅长展示社群结构，节点之间的引力和斥力模拟了社交关系的亲疏，有助于发现社团划分。

2）边的表示

边的颜色、粗细或透明度可以反映关系的强度、类型或频率。动态边的动画效果则能展示随时间变化的交互模式，如关系的建立和断裂。

3）节点属性可视化

节点的大小、颜色或形状可以编码节点的属性信息，如用户的影响力、活跃度或所属类别，这样可以直观地看到属性特征如何影响网络结构和交互模式。

社交网络可视化中节点与边的关联如图 7-21 所示。

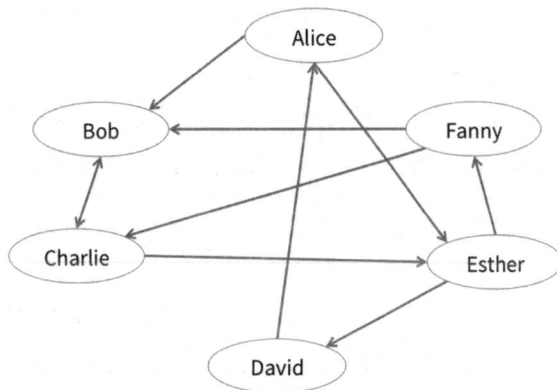

图 7-21　社交网络可视化中节点与边的关联

在实际应用中，社交网络可视化不仅能够展示网络的宏观结构特征，还能够深入揭示节点间复杂的互动模式和社群结构，为社会学、信息科学、市场营销等多个领域的研究提供强有力的工具。

7.2.3　空间信息可视化

1. 空间信息可视化的定义

空间信息可视化是指运用计算机图形图像处理技术，将复杂的科学现象和自然景观及一些抽象概念图形化的过程。空间信息可视化是用地图学，将地学信息进行输入、查询、分析、处理，并采用计算机图形图像处理技术，结合图表、文字，以可视化形式，实现交互处理和显示的理论、技术和方法。

空间信息可视化以可视化的方式显示输出空间信息，通过视觉传输和空间认知活动，去探索空间事物的分布及其相互关系，以获取有用的知识，进而发现规律。此外，空间信息可视化还是连接数据与人类认知的桥梁，它通过视觉手段促进了人类对地理空间信息的深入理解，是地理信息系统（GIS）、城市规划、环境科学、交通、灾害应急响应等众多领域不可或缺的工具。

1）GIS领域

GIS是空间信息可视化的核心应用之一，它集成了数据库、计算机图形学、遥感技术等，用于采集、存储、处理、分析和展示所有类型的地理信息。通过地图、三维场景、时间序列动画等形式，GIS可以帮助决策者理解空间格局，优化资源配置。

2）城市规划领域

在城市规划领域中，空间信息可视化技术被用来模拟未来城市发展情景，评估建设项目对环境、交通、社区的影响。通过空间信息可视化技术，规划师可以更直观地展示设计方案，促进公众参与，确保规划决策更加科学合理。

3）环境科学领域

空间信息可视化技术有助于环境科学家分析气候变化、污染扩散、生态系统健康等现象。例如，通过卫星遥感数据的可视化，可以监测森林覆盖率变化、海洋温度异常，从而为环境保护和灾害预警提供依据。

4）交通领域

在交通领域，空间信息可视化技术应用于交通流量分析、路线规划、事故热点识别等。实时交通数据的可视化可以帮助管理部门优化信号控制，调整公交线路，提高整体交通效率，减少拥堵。

5）灾害应急响应领域

面对自然灾害（如地震、洪水、火灾），快速准确的空间信息可视化对于救援行动至关重要。它可以即时展示受灾区域、疏散路线、救援资源分布，支持救援队伍做出迅速有效的决策，同时帮助公众了解避难信息。

值得注意的是，空间信息可视化不仅要展示二维或三维的空间数据，还要展示数据随时间的变化（即时空数据），以及在不同分辨率或粒度下的表现，这有助于理解空间现象的动态性和复杂性。注：时空数据是指既包含位置（空间）信息又包含时间信息的数据，它记录了某个现象或对象在特定地理位置上随时间的变化情况。由于加入了时间维度，时空数据能够展现数据的动态变化过程，这对于理解和预测具有时间序列特性的现象尤为重要。例如，通过GPS追踪项圈或其他定位设备来记录野生动物的移动轨迹，可以获得野生动物在不同时间点的位置信息。这样的数据不仅展示了野生动物的空间活动范围，还能揭示其季节性迁徙模式、栖息地选择行为等随时间变化的生态习性，对生物多样性保护和生态学研究至关重要。

图7-22所示为时空数据，主要包含自然地理数据和人类生产生活数据。

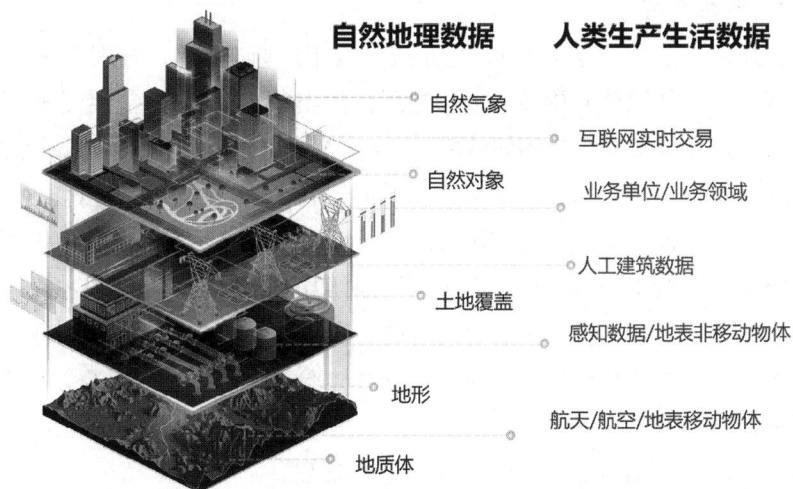

自然地理数据　　人类生产生活数据

自然气象　　互联网实时交易

自然对象　　业务单位/业务领域

　　　　　人工建筑数据

土地覆盖　　感知数据/地表非移动物体

地形

　　　　　航天/航空/地表移动物体

地质体

图 7-22　时空数据

2. 空间信息可视化的实现

在空间信息可视化的实现中经常要使用到三维图形，三维图形的特点如下。

1）增强真实感

三维图形能够模拟现实世界的空间维度，包括高度、宽度和深度，使得地理特征、建筑物、地形地貌等看起来更加逼真。这有助于用户更好地理解和感知空间关系和环境特征。例如，在建筑设计和房地产开发中，三维图形允许设计师在建造前"步入"虚拟建筑内部和周围环境，从不同角度审视建筑设计的每一个细节，评估光线、视野及空间流通性等，从而做出更满意的决策。

2）视角更灵活

与二维图形相比，三维图形允许用户从多个角度和视角观察数据，如鸟瞰、侧视或第一人称视角，从而更全面地分析空间信息。例如，在三维空间中，除了传统的 x 轴、y 轴外，还引入了 z 轴，使得同时展示 3 个变量成为可能，这种能力特别适用于那些本身就具有三维结构的数据，如地理空间数据、气象数据、医学成像数据或建筑设计数据。

3）模拟更生动

三维图形可以用于模拟自然灾害、城市人口增长、交通流等复杂空间过程，使决策者能够基于这些模拟结果做出更加合理的规划决策。例如，三维图形可以模拟洪水泛滥的动态过程，包括水位上升、淹没区域的扩散等，帮助决策者预测灾害影响范围，提前规划疏散路线和救援资源分配。对于地震模拟，三维图形能够展现地震波传播和地面震动强度分布，辅助城市规划者识别建筑脆弱区域，加强抗震设计。此外，在评估大型工程（如水电站、机场建设）对周边环境的影响时，三维图形可以模拟生态系统的变化、地形地貌的改造、视野遮挡等，帮助决策者平衡经济发展与环境保护，制定最小化负面影响的实施方案。

4）用户体验性更好

结合交互技术，三维空间信息可视化系统允许用户通过鼠标、触摸屏或 VR/AR 设备直接与虚拟环境互动，如缩放、旋转、平移视图，甚至在虚拟空间中行走，这种沉浸式体验极大地提高了用户参与度和信息理解效率。例如，VR 和 AR 技术的应用，让用户仿佛置身于数据构建的虚拟世界中，通过头部追踪和手柄控制，用户可以在虚拟空间中自由行走、触摸和交互。这对于模拟训练、建筑设计审查、考古遗址复原等领域具有变革性影响。又例如，在医疗影像分析中，医生可以自由旋转和切片三维扫描图像，从多个角度细致检查病灶。再例如，交互式三维技术使教育内容变得更加生动，学生能够在虚拟实验室中进行实验，拆解机械结构，甚至穿越历史事件，这种体验式学习极大地提高了学生对知识的吸收率和留存率。

图 7-23 所示为三维建筑模型图，该图可自由旋转。

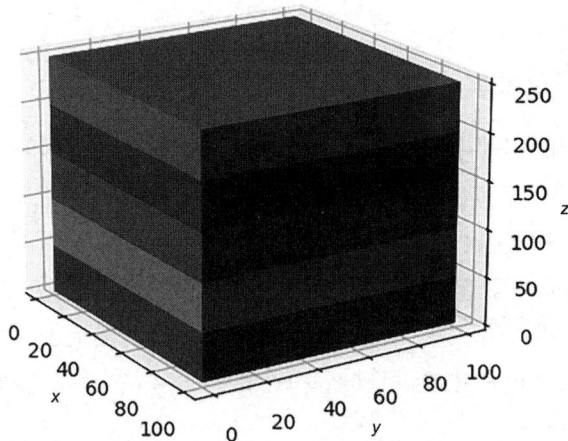

图 7-23　三维建筑模型图

以下代码使用 Python 绘制了三维图形。

```python
import numpy as np
import matplotlib.pyplot as plt
from mpl_toolkits.mplot3d import Axes3D
fig = plt.figure()
ax = fig.add_subplot(111, projection='3d')
# Make data
u = np.linspace(0, 2 * np.pi, 100)
v = np.linspace(0, np.pi, 100)
x = 10 * np.outer(np.cos(u), np.sin(v))
y = 10 * np.outer(np.sin(u), np.sin(v))
z = 10 * np.outer(np.ones(np.size(u)), np.cos(v))
# Plot the surface
ax.plot_surface(x, y, z, color='pink')
```

```
plt.show()
```

运行结果如图 7-24 所示。

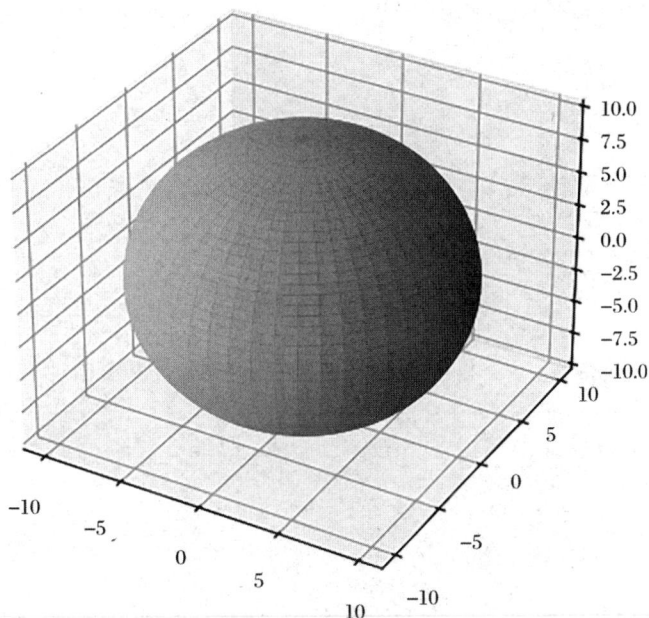

图 7-24　运行结果

7.3　大数据可视化工具

7.3.1　ECharts

1. ECharts 下载

ECharts 是一个使用 JavaScript 实现的开源可视化库，可以流畅地运行在计算机和移动设备上，并能够兼容当前绝大部分浏览器。在功能上，ECharts 可以提供直观、交互丰富、可高度个性化定制的大数据可视化图表。普通用户想要使用 ECharts，必须进入官网中下载其开源的版本，然后才能绘制各种图形。

下载到本地的 ECharts 文件是 echarts.min.js 文件，在编写网页文档时将该文件放入 HTML 网页中即可制作各种 ECharts 开源图表。

2. ECharts 实例

使用 ECharts 制作图表的步骤如下。

（1）新建 HTML 网页。

（2）在 HTML 网页头部中导入 echarts.min.js 文件。

（3）在 HTML 网页正文中用 JavaScript 代码实现图表显示。

【例 7-2】制作 ECharts 图表，代码如下。

```
<!DOCTYPE html>
<html>
<head>
  <meta charset="utf-8">
  <title>ECharts</title>
    <script src="echarts.min.js"></script>
</head>
<body>
    <div id="main" style="width: 800px;height:800px;"></div>
  <script type="text/javascript">
    var myChart = echarts.init(document.getElementById('main'));
        var option = {
        title: {
            text: 'ECharts 实例'
        },
        xAxis: {
            data: ["语文","数学","英语","地理","生物","化学"]
        },
        yAxis: {},
        series: [{
            name: '分数',
            type: 'bar',
            data: [75, 80, 76, 90, 80, 60]
        }]
    };
    myChart.setOption(option);
  </script>
</body>
</html>
```

代码含义如下。

<script src="echarts.min.js"></script>：引入 echarts.min.js 文件。

<div id="main" style="width: 800px;height:800px;"></div>：定义图表大小样式。

var myChart = echarts.init(document.getElementById('main'))：初始化 ECharts 实例。

title：定义图表标题。

xAxis：定义图表横坐标。

yAxis：定义图表纵坐标。

series：定义图表显示效果，其中，type: 'bar'将图表显示为柱状图。

myChart.setOption(option)：使用指定的配置项和数据显示图表。

上述代码使用 ECharts 绘制了柱状图，如图 7-25 所示。

ECharts 实例

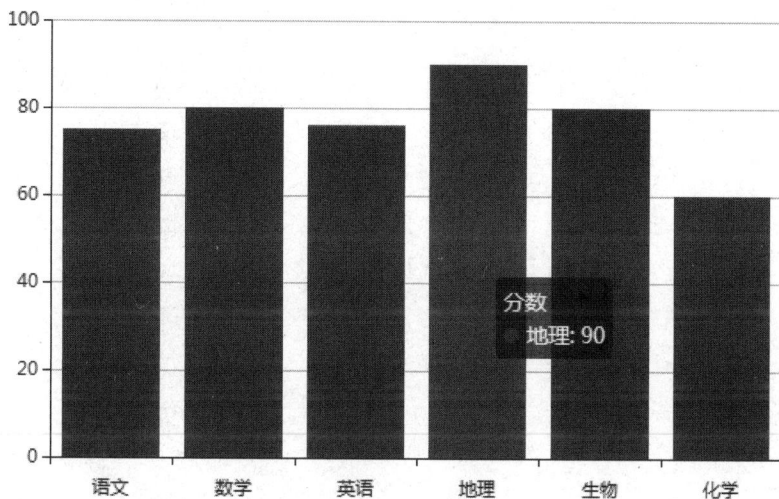

图 7-25　ECharts 柱状图

值得注意的是，在 series 语句中，name: '分数'表示所显示的柱状图的属性是分数，data: [75, 80, 76, 90, 80, 60]表示所显示的每个柱子的值，也就是图中的高度值。

7.3.2　Tableau

Tableau 是一款十分流行的商业智能工具，它诞生于美国斯坦福大学，主要用于数据分析。Tableau 操作十分简单，用户不需要精通复杂的编程和统计原理，只需要把数据直接拖曳到工作簿中，通过一些简单的设置就可以得到自己想要的大数据可视化图表。

Tableau 可以与 Amazon AWS、MySQL、Hadoop、Teradata 和 SAP 等平台或系统协作，从而成为一个能够创建详细图表和展示直观数据的多功能工具，这样企业中的高级管理人员和中间管理人员都能够通过阅读包含大量信息且容易读懂的 Tableau 图表做出决策。

使用 Tableau 可以绘制各种精美的图表，图 7-26 所示为使用 Tableau 绘制的散点图，图 7-27 所示为使用 Tableau 绘制的折线图。

各客户段的评分相关度

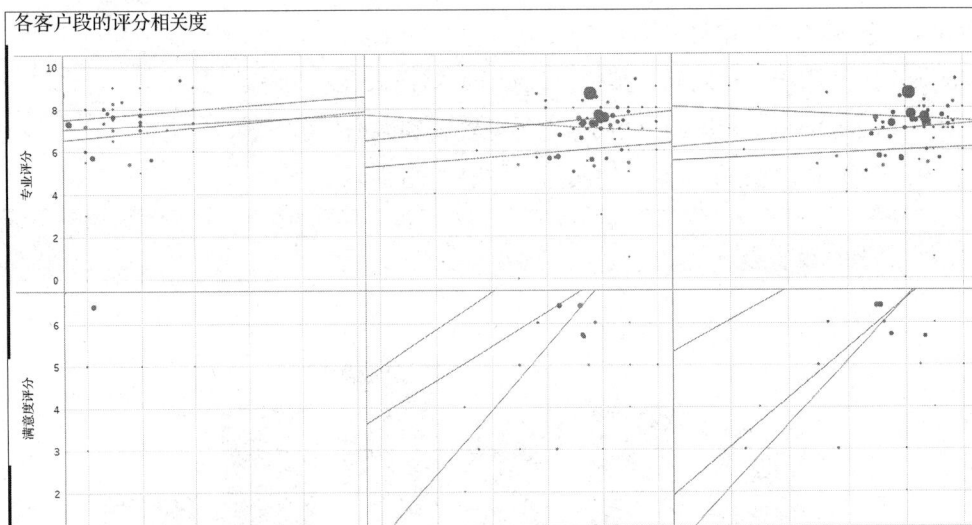

图 7-26　使用 Tableau 绘制的散点图

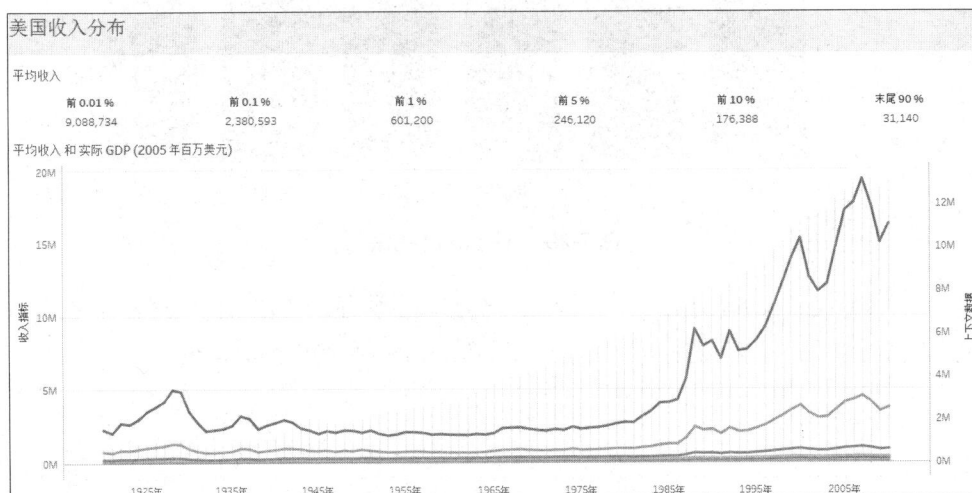

图 7-27　使用 Tableau 绘制的折线图

7.3.3　D3.js

D3.js 是一个数据驱动的文档，其实也就是一个 JavaScript 的函数库，用户可使用该函数库来实现大数据可视化。D3.js 提供了各种简单易用的函数，大大简化了 JavaScript 操作数据的难度。由于它本质上是 JavaScript 的函数库，所以用 JavaScript 也是可以实现所有功能的。

D3.js 的核心是其灵活的数据绑定机制，能够轻松地将数据与 DOM 元素关联起来，无论是创建新元素还是更新现有元素，都能精确地控制每一个像素。此外，D3.js 可以充分利用 SVG（可缩放矢量图形）的强大能力，创造高质量、可缩放的图形，并且支持使用 HTML5

Canvas 进行快速渲染。

但是值得注意的是,用户在使用 D3.js 来处理数据之前,需要对 HTML、CSS 及 JavaScript 有很好的理解。除此以外,D3.js 将数据以 SVG 和 HTML5 格式呈现,所以一些旧式浏览器可能不能使用 D3.js 功能。

D3.js 可绘制各种图形,图 7-28 所示为 D3.js 绘制的柱状图,图 7-29 所示为 D3.js 绘制的树状图。

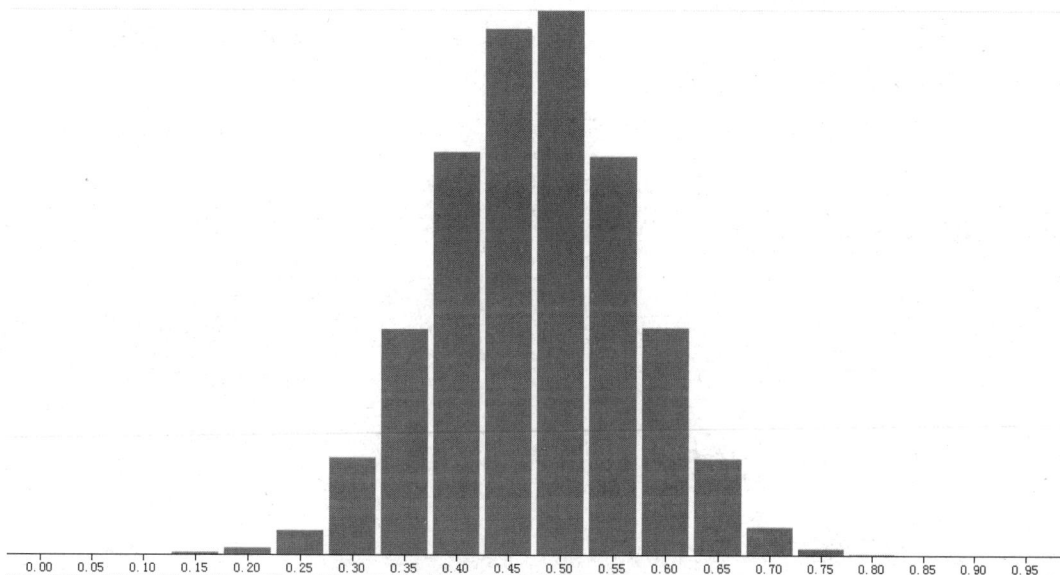

图 7-28　D3.js 绘制的柱状图

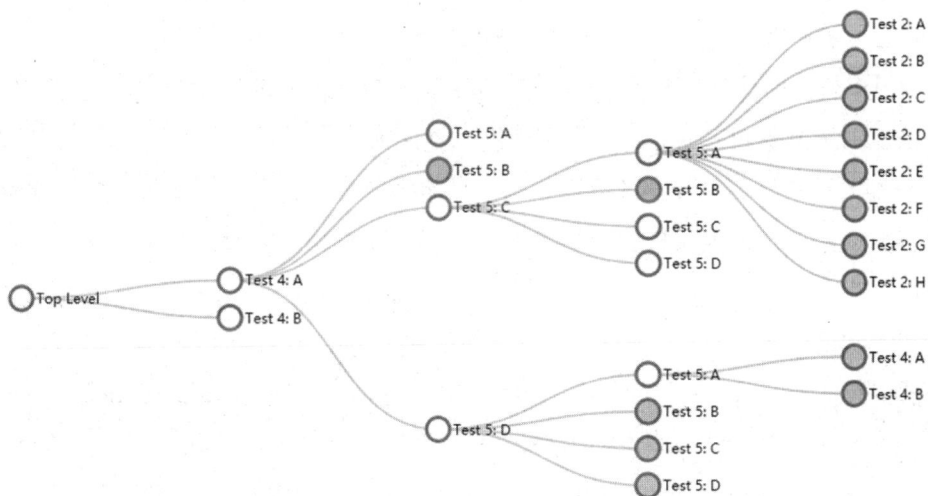

图 7-29　D3.js 绘制的树状图

7.4 大数据可视化应用

7.4.1 大数据可视化的应用场景

大数据可视化的应用领域十分广泛。从应用场景特征上看，大数据可视化系统一般可以分为 3 类，第 1 类是监测指挥系统，执行监测指挥任务；第 2 类是分析研判系统，与分析人员有关系，常用在特定的交互分析环境中，更偏业务应用的场景；第 3 类是汇报展示系统，主要向领导汇报工作使用。

大数据可视化的特征描述如表 7-1 所示。

表 7-1　大数据可视化的特征描述

功能特征	使用人群特征	应用场景特征
艺术呈现	运维监测人员	监测指挥
高效传达	分析调查人员	分析研判
自由探索	指挥决策人员	汇报展示

7.4.2 大数据可视化的行业应用

1. 大数据可视化在金融业中的应用

在当今互联网金融激烈的竞争下，市场形势瞬息万变，金融业面临诸多挑战。通过引入大数据可视化，企业可以对各地日常业务动态进行实时掌控，以对客户数量和借贷金额等数据进行有效监管，加强对市场的监督和管理；通过对核心数据进行多维度的分析和对比，企业可以科学调整运营策略，制定发展方向，不断提高企业风控管理能力和竞争力。

通过实时大数据可视化，金融机构能够迅速掌握交易量、资本配置、信贷额度使用、市场波动等关键指标，及时发现潜在风险，迅速响应市场变化。例如，实时监控系统可以预警异常交易，帮助金融机构预防欺诈和市场操纵行为，同时优化资本配置，确保合规经营。

利用大数据可视化工具，银行能够分析客户的交易习惯、消费偏好、信用评分等，进而细分客户群体，定制个性化的金融产品和服务。这种个性化的金融产品和服务有助于提升客户的满意度和忠诚度，同时通过精准营销提高转化率和盈利能力。

此外，大数据可视化在 CRM（客户关系管理）系统中的应用能够帮助金融机构更好地理解客户生命周期价值、客户流失率等，通过客户互动和反馈数据的可视化分析，制定更有效的客户保留策略和提升客户体验。

2. 大数据可视化在工业生产中的应用

大数据可视化在工业生产中有着重要的应用，如可视化智能硬件的生产与使用。由于可视化智能硬件通过软硬件结合的方式，让设备拥有智能化的功能，并对硬件采集的数据进行可视化的呈现。因此在智能化之后，硬件就具备了大数据分析等附加价值。随着大数据可视化技术的不断发展，智能硬件已从可穿戴设备延伸到智能家居、智能汽车、智能玩具、智能机器人、智能交通等各个不同的领域。

在工业大数据可视化中，大屏大数据可视化是常见的实施方案。大屏大数据可视化是以大屏为主要展示载体的大数据可视化设计。

用大屏作为可视化数据的主要载体，其原因在于面积大、可展示信息多，便于关键信息的共享讨论及决策，容易给人留下深刻印象，便于营造氛围、打造仪式感等。相比于普通的标准屏使用简单图表展示数据的方式，大屏大数据可视化可以将数据以更加生动有趣的方式展示出来，从而使得数据更加直观，更加具有说服力、渲染力。因此，近年来，大屏大数据可视化广泛应用在交易大厅、展览中心、管控中心、数字展厅等场合，通过把一些关键数据集中展示在一块巨型屏幕上，使数据绚丽、震撼地呈现出来，给业务人员带来更好的视觉体验。

图 7-30 所示为云计算服务监控大屏，图 7-31 所示为工业监控大屏。

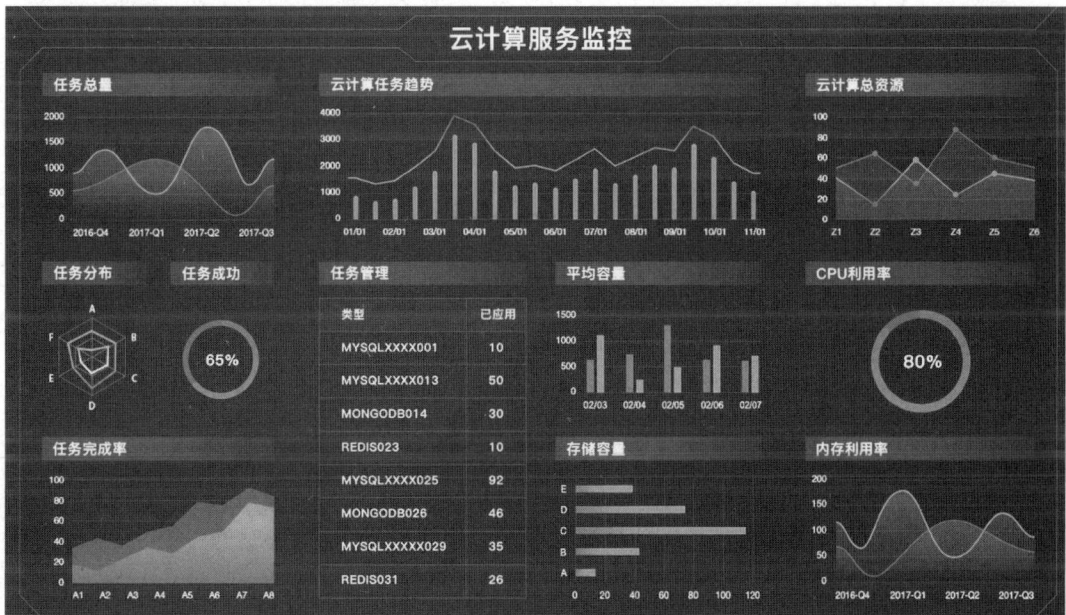

图 7-30　云计算服务监控大屏

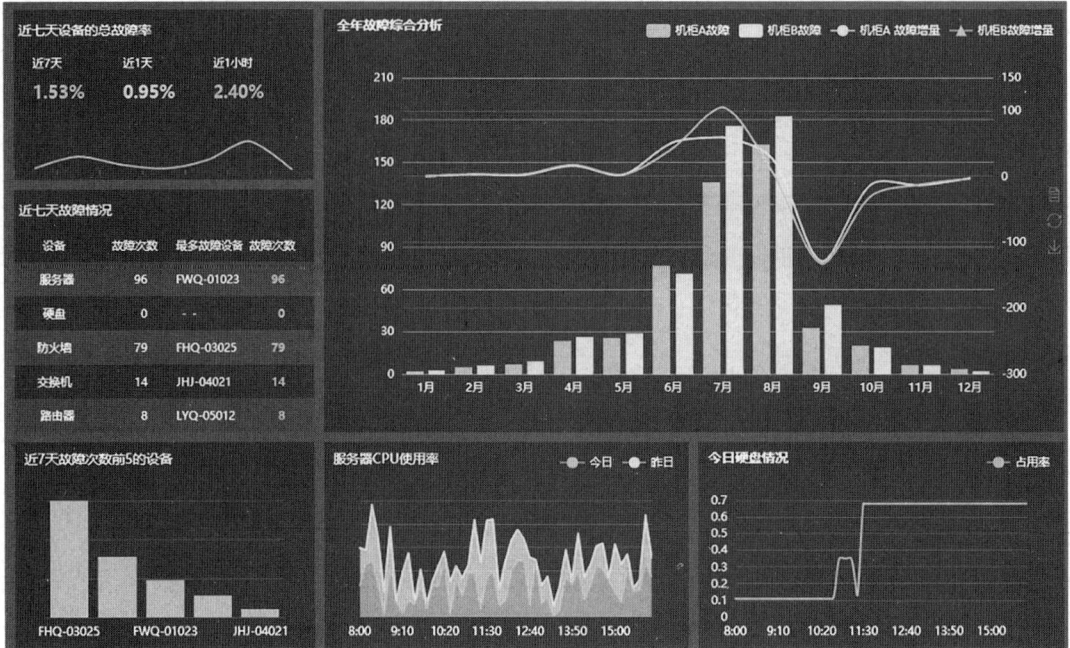

图7-31　工业监控大屏

值得注意的是，工业大屏大数据可视化系统不仅是单纯的信息发布系统，更应是集成了各种应用系统的可视化信息共享平台，要求所显示的信息清晰、分辨率高，能针对不同需求采集不同信号同时在屏幕上显示，如视频会议、软件界面或欢迎画面等。此外，为保证能在用户实际调度、监控或会议中发挥最大作用，工业大屏大数据可视化系统必须具有良好的可靠性和稳定性，并能很好地适应现场工作环境，同时需要满足 7day×24h 的运行需求，并且最大限度地降低故障发生率。

3. 大数据可视化在农业中的应用

随着科学技术的不断发展，农业也在不断地向智能化方向发展。大数据可视化可以利用物联网设备来记录农产品的生长过程，将数据信息公开透明地展示给消费者，让消费者买得放心、吃得安心。此外，将大数据可视化应用在农业中，还可以帮助农产品更好地在网上销售。因此，智慧农业大数据可视化已经成为一种新的发展趋势。

值得注意的是，大数据可视化不仅可以应用在现代农业的生产流程中，还可以应用在当下非常火爆的视频直播、短视频，以及休闲农业、旅游农业等互联网农业发展项目中，这些更加灵活、更加亲民的应用方式，不但可以给原有的业务增添新的亮点，而且能够让可视化农业的概念得到快速普及。

4. 大数据可视化在医学中的应用

大数据可视化可以帮助医院把之前分散、凌乱的数据加以整合，如一些门诊数据、用药数据、疾病数据等，构建全新的医疗管理体系模型，帮助医院领导快速解决所关注的问题。此外，大数据可视化还可以应用于诊断医学及一些外科手术中的精确建模，通过三维图像的建立来帮助医生确定是否进行外科手术或进行何种手术。不仅如此，大数据可视化还可以增强临床上对流行疾病的预测和分析能力。图 7-32 所示为大数据可视化在医学中的应用。

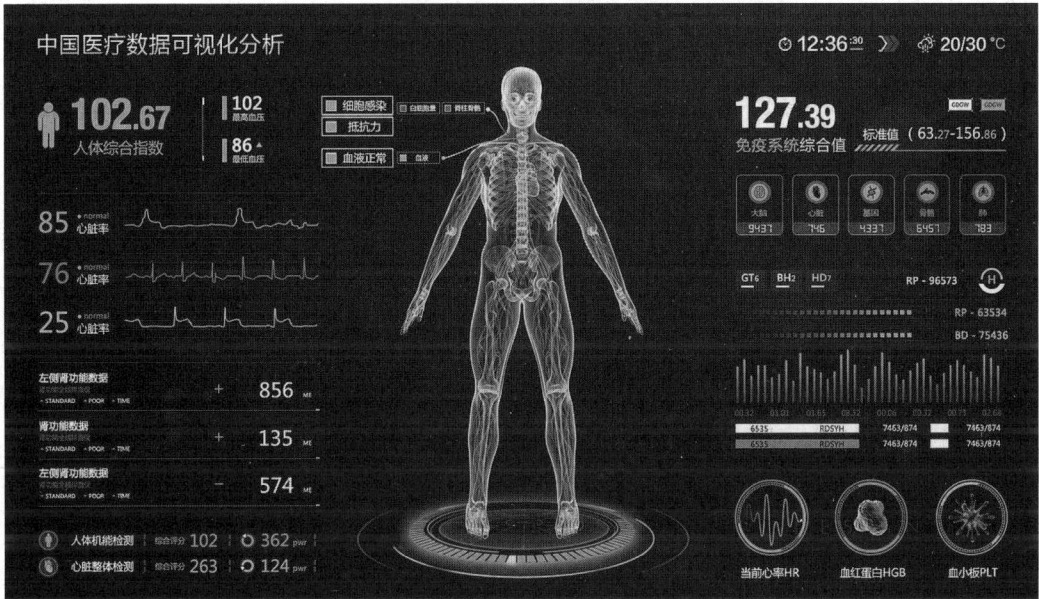

图 7-32　大数据可视化在医学中的应用

5. 大数据可视化在电子商务中的应用

大数据可视化在电子商务中有着极其重要的作用。对电子商务企业而言，针对商品展开数字化的分析运营，是企业的日常必要工作，可视化的展示可以为企业销售策略的制定提供可靠的保证。现如今采用大数据可视化方法进行营销，可以帮助电子商务企业跨数据源整合数据，极大地提高数据分析能力。通过快速进行数据整合，可以成功定位忠诚度高的顾客，从而制定精准化营销策略；通过挖掘数据，可以预测分析顾客的购物习惯，获悉市场变化，提高竞争力。例如，在商业模式中可建立顾客个性偏好与调查邮件之间的可视化数据表示。

7.5　本章小结

（1）大数据可视化是关于数据视觉表现形式的科学技术研究，它为大数据分析提供了一种更加直观的挖掘、分析与展示数据的手段，从而让大数据更有意义。

（2）大数据可视化是一个系统的流程，该流程以数据为基础，以数据流为导向，包括数据采集、数据处理、可视化映射和用户感知等环节。

（3）每种类型的图表中都可以包含不同的大数据可视化图形。

（4）大数据可视化的方法包含文本可视化、网络可视化和空间信息可视化。

（5）大数据可视化的工具较多，有开源的，有免费的，还有收费的。

（6）大数据可视化在各个行业中都有着十分广泛的应用。

习题 7

（1）请阐述什么是大数据可视化。

（2）请阐述什么是科学可视化。

（3）大数据可视化有哪些实现图表？

（4）请阐述什么是网络可视化。

（5）大数据可视化有哪些应用？

第8章　大数据安全

🦋 **本章学习目标**

- 了解大数据安全的概念。
- 了解大数据安全中的关键技术。
- 了解大数据安全体系。

8.1　大数据安全概述

8.1.1　认识大数据安全

数据安全

1. 大数据安全概念

大数据时代已经到来，大数据技术及应用蓬勃发展，大数据数量和价值快速攀升。除数据资源自身蕴含的丰富价值外，元数据资源经挖掘分析可以创造出更为巨大的经济和社会价值。随着"互联网+"行动计划进一步推进实施，大数据将加速从互联网向更广泛的领域渗透，与此同时，大数据安全威胁将全面辐射到各行各业中。大数据安全威胁存在于数据生产、采集、处理和共享等大数据产业链的各个环节，风险成因复杂交织：既有外部攻击，也有内部泄露；既有技术漏洞，也有管理缺陷；既有新技术、新模式触发的新风险，也有传统安全问题的持续触发。

传统的信息安全侧重于信息内容（信息资产）的管理，更多地将信息作为企业/机构的自有资产进行相对静态的管理，无法适应业务上实时动态的大规模数据流转和大量用户处理的特点。大数据新的特性和新的技术架构颠覆了传统的数据管理方式，在数据来源、数据处理使用和数据思维等方面带来革命性的变化，这给大数据安全防护带来了严峻的挑战。对于大数据产业的发展来说，安全是产业发展的前提。因此，大数据时代下的数据安全是一个全新的问题，无法简单地用原来的安全方法来解决。例如，大数据除面临传统的网络安全威胁外，在个人信息、数据采集汇聚、数据共享使用、数据销毁等方面都面临新的安全挑战。

大数据安全面临的挑战主要有以下几点。

1）网络安全

大数据的应用和计算机网络密不可分，要充分保障大数据应用的安全和可靠就离不开安全的网络环境，网络安全问题可能对大数据的应用造成十分严重的安全威胁。例如，黑客可以使用技术手段盗取数据、篡改数据、损坏数据，甚至入侵系统造成严重的破坏。

网络安全在当今社会已经成为一个关系社会稳定发展的重要问题。随着移动互联网的快速发展，人们使用互联网的方式发生巨大的变化，从传统的 PC 到现在的手机、平板电脑等移动终端，接入网络的设备、时间和方式等都越来越多样化。这些变化对网络安全的防护也产生着影响。

现阶段的防护手段对于大数据环境下的网络安全防护还存在诸多不足。其一，大数据的应用和发展导致数据量和信息的爆炸式增长，由此导致的网络非法入侵数量急剧增长，网络安全形势日趋严峻，数据安全面临的风险与日俱增。其二，网络攻击技术不断发展和成熟，网络攻击的手段变幻莫测，给传统的数据防护技术和机制带来前所未有的压力。

2）个人信息安全

大数据时代下，数据成为社会各项活动的重要元素，成为驱动社会发展的新型生产资料。谁掌握了数据，谁就拥有发展的关键条件。个人信息是非常重要的数据资源。然而，由于技术、法律等方面的不完善，个人信息面临着许多安全风险。

大数据时代下个人信息保护面临的挑战表现为现代网络信息技术已将现代社会生活高度数字化（或数据化），Cookie 技术和各种传感器可以自动地收集和存储个人信息。目前，个人信息被大规模、自动地收集和存储的情形变得越来越普遍，几乎无处不在、无时不在。由于收集、存储和利用个人信息的主体数量众多且数据规模巨大，因此一旦个人信息被泄露，则涉及的受害人数量极为庞大，可能造成的危害也是非常巨大的。海量的个人信息因保管不善被泄露甚至被非法出售或利用，就会出现犯罪分子利用非法取得的个人信息对受害人进行精准诈骗，或者实施其他侵害受害人人身财产权益的违法犯罪行为。

值得注意的是，在大数据环境下，企业对多来源、多类型数据集进行关联分析和深度挖掘时，可以复原匿名化数据，从而获得个人身份信息和有价值的敏感信息。因此，为个人信息圈定一个"固定范围"的传统思路在大数据时代不再适用。在传统的隐私保护技术中，数据收集者针对单个数据集孤立地选择隐私参数来保护隐私信息；而在大数据环境下，由于个体及其他相互关联的个体和团体的数据分布广泛，因此数据集之间的关联性也大大增加，从而增大了数据集融合之后的隐私泄露风险。

3）数据安全

数据安全主要包括数据采集汇聚安全、数据共享使用安全，以及数据销毁安全。

（1）数据采集汇聚安全。大数据环境下，随着物联网技术特别是 5G 技术的发展，出现了各种不同的终端接入方式和各种各样的数据应用。来自大量终端设备和应用的超大规模数据输入，对鉴别大数据源头的真实性提出了挑战：数据源是否可信，源数据是否被篡改。

数据传输需要各种协议相互配合，有些协议缺乏专业的数据安全保护机制，数据源到大数据平台的数据传输可能给大数据带来安全风险。数据采集过程中存在的误差造成数据本身的失真和偏差，数据传输过程中的泄露、破坏或拦截会带来隐私泄露、谣言传播等安全管理失控的问题。因此，大数据传输中信道安全、数据防破坏、数据防篡改和设备物理安全等方面都需要着重考虑。

针对大数据采集汇聚中的安全问题，可以实施数据源身份验证机制，如使用数字证书、TLS/SSL 协议进行加密通信，确保数据来源于可信的设备或系统。此外，对传输中的数据实施端到端加密，无论是使用传统的 AES、RSA 等加密算法，还是使用更先进的量子密钥分发技术，都能有效防止数据在传输过程中被拦截和解读。不仅如此，在 5G 网络环境中利用网络切片技术为不同业务和数据类型创建独立且隔离的网络环境，也能降低数据泄露风险，提高安全性。

（2）数据共享使用安全。大数据环境下，汇聚不同渠道、不同用途和不同重要级别的数据，通过大数据融合技术形成不同的数据产品，使大数据成为有价值的知识，发挥巨大作用。如何对这些数据进行保护，以支持数据充分共享和安全合规使用，确保大数据环境下高并发多用户使用场景中数据不被泄露、不被非法使用，是大数据安全的一个关键性问题。在大数据环境下，数据的拥有者、管理者和使用者与传统数据不同，传统数据是属于组织和个人的，而大数据具有不同程度的社会性。一些敏感数据的所有权和使用权并没有被明确界定，很多基于大数据的分析都未考虑到其中涉及的隐私问题。在防止数据丢失、被盗取、被滥用和被破坏的情况上，存在一定的技术难度，传统的安全工具不再像以前那么有用。如何管控大数据环境下数据流转、权属关系、使用行为等问题是当前面临的一个巨大挑战。

面对大数据共享和使用中的安全挑战，可以采取以下策略来加强保护：对敏感信息进行脱敏处理，如采用替换、泛化、混淆等方法，确保在不影响数据分析价值的前提下保护个人隐私；对共享数据添加数字水印，这样即使数据被非法复制或泄露，也能追踪到数据的流向和违规使用者；利用人工智能和机器学习技术建立高级威胁检测系统，以自动识别异常数据访问模式和潜在的安全威胁。

（3）数据销毁安全。数据销毁是数据生命周期管理的一个关键环节，涉及彻底且安全地销毁不再需要的数据，以防止信息泄露和确保合规性。该环节不仅涉及技术手段的应用，还包括策略制定、流程控制、人员培训和合规审计等多个方面，旨在确保数据在生命周期结束时得到妥善和安全的处理。例如，在数据销毁环节中制定了数据销毁策略，基于数据的敏感性和重要性进行分类分级，明确哪些数据需要销毁，何时销毁。此外，该环节还需要选择合适的数据销毁方式，包括磁盘覆写、低级格式化、采用数据擦除软件等，确保数据无法通过常规手段恢复。最后，该环节还需要记录销毁的全过程，包括被销毁数据的类型、数量、日期、执行人、方式等，便于审计和追溯。

图 8-1 所示为数据安全能力成熟度模型，该模型包含以下 3 个维度。

① 能力。该维度明确了企业在数据安全领域应具备的能力，包括组织建设、人员能力、

制度流程、技术工具。

② 成熟等级。该维度划分为 5 级，其中，1 级是非正式执行级，2 级是计划跟踪级，3 级是安全可控级，4 级是量化控制级，5 级是持续改进级。

③ 数据生命周期安全过程。该维度具体包括数据产生、数据存储、数据使用、数据传输、数据共享、数据销毁 6 个阶段。

通过综合上述 3 个维度，数据安全能力成熟度模型为企业提供了一套完整的自我评估和改进框架，帮助企业识别在数据安全方面的薄弱环节，逐步提升其安全管理水平，最终达到数据保护的最佳实践。

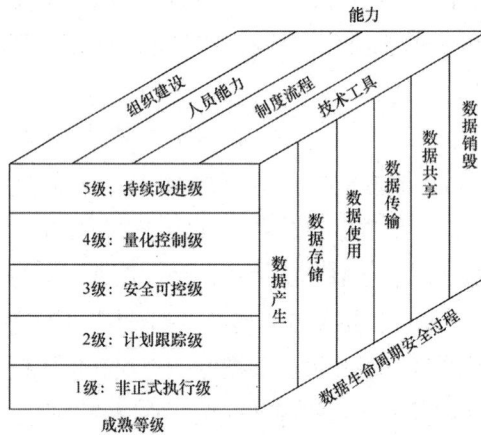

图 8-1　数据安全能力成熟度模型

此外，企业还可以使用数据安全能力成熟度模型进行安全评估，图 8-2 所示为数据安全能力成熟度模型的安全域。

图 8-2　数据安全能力成熟度模型的安全域

4）大数据平台下的安全

大数据采集、存储和计算的平台与传统数据管理和加工的平台有很大的不同，因此，原有的数据安全技术在大数据环境下面临着以下挑战。

（1）分布式编程框架中的安全计算（分布式计算）。分布式计算由于涉及多台计算机和多条通信链路，一旦涉及多点故障情形容易导致分布式系统出现问题。此外，分布式计算涉及的组织较多，在安全攻击和非授权访问防护方面比较脆弱。

（2）非关系型数据库存储安全的最佳方案。传统的关系型数据库不能有效地处理半结构化和非结构化的海量数据。而在大数据中非结构化数据占主流，非关系型数据库的结构化查询统计能力弱，在数据一致性方面需要应用层的保障，在访问控制机制方面存在漏洞。因此，对非关系型数据库的数据存储安全需要找到最佳方案。

（3）安全数据存储和交易日志。在大数据环境下，数据的拥有者和使用者分离，使用者丧失了对数据的绝对控制权，并不知道数据存储的具体位置，数据的安全隐患也由此产生。海量的交易数据和日志是黑客攻击关注的焦点，需要有效保证安全的数据存储。

（4）终点输入验证/过滤。在大数据应用场景下，存在大量异构数据源，包括传感器、移动终端等，输入数据中可能含有恶意代码。为保证数据提供者提供数据的完整性和真实性，需要研究终点输入验证/过滤技术，以确保数据的安全性和可信性。

（5）实时安全监控。针对利用系统漏洞的攻击、拒绝服务（DoS）攻击，以及危害较大的高级持续性威胁（APT）攻击，需要利用大数据技术长时间、全流量地对各种设备的性能和健康状况、网络和用户行为进行监控。

（6）可扩展、可组合的隐私保护数据挖掘和分析。数据挖掘、机器学习、人工智能等技术的研究和应用使得大数据分析的力量越来越强大，同时给个人隐私的保护带来了更加严峻的挑战，如何在数据挖掘过程中解决好隐私保护问题，目前是大数据安全领域的一个热点。

（7）增强核心数据的安全性。绕过访问控制，直接访问数据的底层，可以获得非法授权数据。在大数据应用中，数据来自不同的终端，包含了大量的核心数据，因此从源头控制核心数据的安全性越来越重要。

（8）精细化访问控制。精细化访问控制是确保数据在合规框架内安全使用的基石，特别是在处理高度敏感信息（如企业金融数据和个人健康记录）时。为实现这一目标，企业应采取一系列策略和技术措施，确保数据访问既满足政策法规要求，又遵循企业自身的安全与隐私策略。例如，深入研究《萨班斯-奥克斯利法案》《健康保险流通与责任法案》等法规，明确其对数据访问控制的具体要求。此外，还需要制定细粒度访问控制策略，如实施 RBAC（基于角色的访问控制）和 ABAC（基于属性的访问控制），确保权限分配与用户职责、数据敏感性等属性紧密匹配。

（9）细粒度审计。无论是基于日志的安全审计，还是基于网络监听的安全审计、基于网关的安全审计，或是基于代理的安全审计，都各有其特点，但这些审计技术不能完全覆盖大数据审计。大数据是一个多组件构成的生态系统，需要收集现有的组件审计信息，包括大数据基础设施、应用组件、应用等，可以利用大数据平台的深度挖掘与分析能力，构造一个更有价值的攻击事件的审计视图。

（10）大数据的世系安全性。数据世系是数据产生、演化过程的信息描述，包含不同数据源间的数据演化过程和相同数据源内部的数据演化过程。在大数据环境下，数据世系元数据复杂、图表巨大。在安全或机密应用中，基于世系图表测试的元数据依赖关系分析计算复杂。解决数据标记与数据内容绑定的安全问题，是进行大数据保护的一类关键措施。

目前，Hadoop 已经成为应用广泛的大数据计算软件平台，其技术发展与开源模式结合。Hadoop 在设计之初是为了管理大量的公共 Web 数据，假设集群总是处于可信的环境中，由可信用户使用的相互协作的可信计算机组成，因此最初的 Hadoop 没有设计安全机制，也没有安全模型和整体的安全规划。随着 Hadoop 的广泛应用，越权提交作业、修改 JobTracker 状态、篡改数据等恶意行为随之出现，Hadoop 开源社区开始考虑安全需求，并相继加入了 Kerberos 认证、文件 ACL（访问控制列表）、网络层加密等安全机制，这些安全机制可以解决部分安全问题，但仍然存在局限性。

此外，开源 Hadoop 生态系统的认证、权限管理、加密、审计等功能均通过对相关组件的配置来完成，但是目前还没有配置检查和效果评价机制。同时，大规模的分布式存储和计算架构增加了安全配置工作的难度，对安全运维人员的技术要求较高，一旦出错，将会影响整个系统的正常运行。

正是由于大数据平台还存在种种安全隐患，因此，迫切需要以新的思路、新的方法、新的技术来解决存在的问题，应对数据资源海量化、异构化及满足上层应用需求的多样化、复杂化等带来的挑战。

2. 大数据安全发展现状

自 2012 年提出《消费者隐私权利法案》以来，美国持续加强其数据保护框架。尽管该法案尚未成为法律，但美国多个州已采取行动。例如，加利福尼亚州于 2020 年 1 月 1 日正式实施了《加州消费者隐私法》，为消费者提供了对自身个人信息的更强控制权，并要求企业遵守严格的数据处理规则。随后，《加州隐私权利法案》进一步强化了这些规定，自 2023 年生效。

欧盟在 1995 年发布了《保护个人享有的与个人数据处理有关的权利以及个人数据自由流动的指令》（简称《数据保护指令》），为欧盟成员国保护个人数据设立了最低标准。2015 年，欧盟通过《通用数据保护条例》，该条例对欧盟成员国居民的个人信息提出更严的保护标准和更高的保护水平。2020 年，欧盟委员会发布了《欧洲数据战略》，强调了数据主权的重要性，并计划建立一个更加开放、独立且安全的数据生态系统。

鉴于大数据的战略意义，我国高度重视大数据安全问题，近几年发布了一系列大数据安全相关的法律法规和政策。2016 年，全国信息安全标准化技术委员会正式成立大数据安全标准特别工作组，负责大数据和云计算相关的安全标准化研制工作。2021 年 6 月 10 日，全国人大常委会通过了《中华人民共和国数据安全法》，这是中国首部专门针对数据安全制定的法律，明确了数据分类分级保护制度，强调国家核心数据的安全管理。此外，我国政府还发布了多项指导意见和技术标准，如《网络安全等级保护制度 2.0 标准》，以适应新技术环境下的信息安全需求。

8.1.2　大数据安全中的关键技术

大数据安全面临的诸多威胁使得人们为了应对这些问题，需要开发相应的防范技术。主要的几种技术介绍如下。

1. 防火墙技术

防火墙（Firewall）是随着电子计算机的发展和 Internet 的兴起，为了保障用户使用 Internet 时本地文件系统的安全而出现的一种安全网关，它是由计算机的硬件和相关安全软件组合而成的。防火墙是这种组合体的一种形象说法，因为它起着防止本地文件系统受威胁的作用。

防火墙的作用是将内网（局域网）与外网（Internet）隔开，形成一道屏障，过滤危险数据，保护本地网络设备的数据安全。从具体的实现形式上，防火墙可以分为硬件防火墙和软件防火墙。硬件防火墙通过硬件和软件相结合的方式，使内网和外网隔离，效果很好，但是价格相对较高，个人用户和中小企业一般不会采用硬件防火墙。软件防火墙在仅使用软件的情况下通过过滤危险数据，放行安全数据，达到保护本地数据不被侵害的目的。软件防火墙相对于硬件防火墙在价格上更便宜一些，但是仅能在一定的规则基础上过滤危险数据，这些过滤规则就是日常所说的病毒库。图 8-3 所示为防火墙。

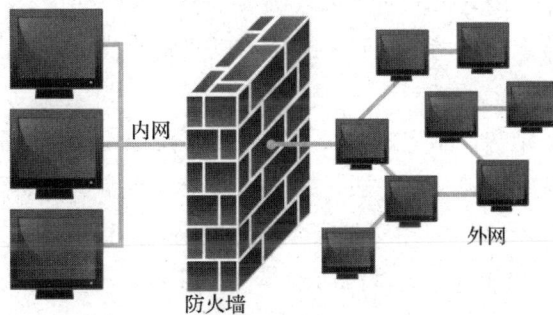

图 8-3　防火墙

1）防火墙的功能

在大数据的商业领域中，防火墙的过滤功能可以使得到授权的安全信息顺利通过，没有得到授权的危险信息被截留，因此防火墙能更好地屏蔽有害信息，有效地保护用户信息不被窃取和篡改，保证交易信息的保密性，保障大数据下的电子商务安全。

防火墙的功能很多，其基本功能如下。

（1）隔离。防火墙在内网和外网之间建立起一道屏障。外部的访问要进入内部必须先经过防火墙的同意。防火墙通过选择安全的应用协议，能够阻止未被认定为安全的协议访问本地数据，这就能屏蔽一大部分的外部信息。很多网络攻击采用了一些不安全的协议，在这方面防火墙能预先将其隔离，有效地保护本地系统。有了防火墙的隔离功能，就可以通过选择隔离的程度在实用和安全之间找到一个合适的平衡点，在不影响实用的前提下有效地保护电子商务的安全。

（2）强化。防火墙能加入一些保密措施，采取一些加密算法进而强化信息安全。将身份认证、账户等信息加载在防火墙上，在外部网络计算机访问本地网络计算机之前，防火墙先对外部请求做一些认证，确认是安全的外部请求后才予以通过，认为不安全的外部请求则通知管理员进行处理，这能够有效地加强本地网络对外部危险信息的预警和防备。

（3）限制。防火墙可以限制外部访问。通过预先在防火墙上设置一些访问限制，对已知的危险信息在防火墙层面做上标记，就可以直接限制一些危险的外部访问。防火墙的限制是对所有外部请求划分出几个区域，分别标记为不同的安全程度，由用户对每个区域的限制程度做预先规定，这样就能省去很多处理过程，提高防火墙设置限制功能的效率。

（4）监控。养成使用网络计算机的时候开启防火墙功能的好习惯，那么在所有外部访问到达本地网络之前，都会先经过防火墙。开启防火墙的监控功能，就能对所有的访问做记录，并且通过外部访问的行为识别其安全程度。搜集外部访问的情况并进行记录是很有用的，能有效地优化防火墙处理同类事件的速度，增强系统的安全性。

2）防火墙的设计

下面举例说明如何设计一个可靠、安全的防火墙。假设从一个虚拟机构的安全策略开始，基于此策略，来设计一个防火墙。

（1）制定安全策略。防火墙和防火墙规则集是安全策略的技术实现。管理层负责规定实施什么样的安全策略，防火墙则是安全策略得以实施的技术工具，因此在建立防火墙规则集之前必须首先制定安全策略。

（2）搭建安全体系结构。制定好的安全策略需要转化为安全体系结构。那么，如何把每一项安全策略进行技术实现呢？一般，第一项安全策略的制定很容易，即本地网络的任何内容都允许输出到 Internet 上。第二项安全策略的制定则很微妙，要求管理员为公司建立 Web 和 E-mail 服务器，由于任何人都能访问 Web 和 E-mail 服务器，因此不能信任 Web 和 E-mail 服务器，而是通过把 Web 和 E-mail 服务器放入 DMZ（Demilitarized Zone，中立区）来实现该项策略。DMZ 是一个孤立的区域，通常把不信任的系统放在那里，因此 DMZ 中的系统不能启动连接本地网络。DMZ 有两种类型，即有保护的 DMZ 和无保护的 DMZ，有保护的 DMZ 是与防火墙脱离的孤立的部分，无保护的 DMZ 是介于路由器和防火墙之间的部分，建议使用有保护的 DMZ，把 Web 和 E-mail 服务器放在有保护的 DMZ 中。

（3）制定规则次序。在建立防火墙规则集之前，有一件事必须提及，即规则次序。哪条规则放在哪条规则之前是非常关键的。同样的规则，以不同的次序放置，可能会完全改变防火墙的运转情况。很多防火墙都以顺序方式检查信息包，当防火墙接收到一个信息包时，其先与第一条规则相比较，然后是第二条规则、第三条规则……，依顺序进行比较，当防火墙发现一条规则匹配时，就停止检查并应用那条规则。如果信息包经过全部规则而没有发现匹配，则这个信息包便会被拒绝。通常情况下，防火墙的规则匹配顺序是较特殊的规则在前，较普通的规则在后，防止在找到一个特殊规则之前一个普通规则便被匹配，这样可以避免防火墙配置的错误。

（4）落实防火墙规则集。选好素材就可以建立防火墙规则集，一些简要概述的规则如下：切断默认、添加锁定、丢弃不匹配的信息包、丢弃并不记录、允许 DNS 访问、允许 E-mail 访问、允许 Web 访问、阻塞 DMZ、强化 DMZ、允许管理员访问、提高性能、设置入侵检测系统（IDS）。

（5）注意更新控制。在恰当地组织好规则之后，建议写上注释并经常更新规则。注释可以帮助使用者明白哪条规则做什么，对规则理解得越好，错误配置的可能性就越小。对那些有多重防火墙的大型机构来说，建议当规则被更改时，把规则更改者的名字、规则更改的日期/时间、规则更改的原因等信息加入注释中，这样可以帮助防火墙管理员跟踪谁更改规则及更改规则的原因。

（6）做好审计工作。建立好防火墙规则集后，检测规则非常关键。在 Internet 访问的动态世界里，防火墙的实现规则很容易犯错误。通过建立一个可靠的、简单的防火墙规则集，可以创建一个更安全的、被防火墙隔离的网络环境。规则越简单越好，请尽量保持防火墙规则集的简洁和简短，防火墙规则集越简洁、简短，错误配置的可能性就越小，理解和维护就越容易，系统就越安全。此外，规则少意味着只需要分析少数的规则，防火墙的 CPU 周期就短，所以可以提高防火墙的工作效率。

3）防火墙的分类

根据防火墙所采用的技术不同，将防火墙分为 3 种基本类型：包过滤型防火墙、应用代理型防火墙和状态检测型防火墙。

（1）包过滤型防火墙。包过滤型防火墙能够实时地检查接收到的 TCP/IP 协议包头，通过检查包头的报文类型、源 IP 地址、目标 IP 地址、源端口号等确定安全性。根据防火墙内部定义好的过滤规则，选择允许通过的报文和禁止通过的报文。这样，安全的数据就可以进入本地网络，不安全的数据则被隔离在防火墙外。包过滤型防火墙的优点在于速度快、易用、对用户访问网络的影响较小。包过滤型防火墙还有一个值得一提的优点就是容易维护，但是由于只处理包头信息，包过滤型防火墙不会对访问信息进行记录，也不能从访问信息中发现黑客攻击的信息和记录，因此对于黑客的攻击没有很好的防范作用。在实际应用中，包过滤型防火墙往往用作网络安全的第一道防线，在进一步的安全处理之前先过滤不安全的协议信息。

（2）应用代理型防火墙。应用代理型防火墙通过在内网和外网之间建立一道物理屏障，使用代理技术将内网和外网联系起来。应用代理型防火墙首先对访问身份和请求信息进行合法性检查，鉴别是否应该放行。对于安全的访问，允许其与内网交换数据，但外网与内网之间的联系是通过采用应用级网关技术的防火墙代理设置建立的，因此数据交换要通过代理设置，速度比较慢。此外，由于代理设置通过程序实现，程序是事先编写好的，对于新增加的应用服务，需要重新编写新的代理程序，因此使用周期比较长；而数据访问要经过代理设置，两次处理会使系统的网络性能降低。

（3）状态检测型防火墙。状态检测型防火墙通过在网络上建立一个检测模块，对系统的工作数据进行检测。状态检测型防火墙使用时不会影响网络的正常工作，只是适当地抽取一些网络使用状态的信息，对这些信息进行分析处理，然后保存下来作为制定相关应对措施的参考依据。状态检测型防火墙能够检测系统中的各种协议工作情况和应用程序访问情况，全面地记录系统的网络使用信息，这种防火墙不对访问信息进行屏蔽、过滤等处理，因而不会引起攻击，是十分牢固的，但是这种防火墙的配置非常复杂，占用网络资源较多。

2. 数据加密技术

数据加密技术是保证数据安全的有效手段。数据加密技术是指将原始数据（一般称为明文）利用加密密钥和加密算法转化为密文的技术手段。人们利用数据加密技术对信息进行加密，从而实现信息的隐蔽，保护信息的安全。这里涉及两个名词，一个是明文，其是指没有经过加密的原始数据，常人可以直接获取其含义；另一个是密文，其是指经过了加密的数据，如果没有解密方法，常人是无法直接获取其含义的。

数据加密技术可分为对称加密技术、非对称加密技术和混合加密技术。数据加密流程如图 8-4 所示。

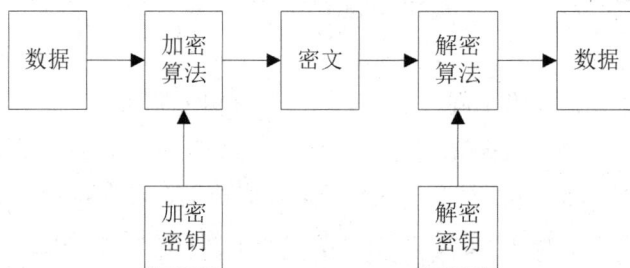

图 8-4　数据加密流程

1）对称加密技术

对称加密技术也称为传统加密技术，其核心是对称算法，即 Symmetric Algorithm，也称为单密钥算法。由于信息的发送方和接收方通过同一密钥完成对信息的加密和解密过程，因此密钥本身的时间复杂度和空间复杂度决定了对称算法的安全性。与此同时，一旦密钥泄露，任何人都可以通过密钥对密文进行解密，密文将毫无秘密可言，因此密钥的机密性是对称加密技术的首要任务和关键问题。

对称算法包括序列算法和分组算法两类。其中，序列算法的加密和解密运算是以信息中的位或字节为单位的；分组算法的加密和解密运算是以信息中固定长度的组为单位的。在实际应用中，一般使用 64 位的分组算法，既增加了密文破译的难度，又方便计算，其中最常用的是 DES 算法和 IDEA 算法。

对称算法的时间复杂度和空间复杂度较小，运行效率较高，执行速度较快，主要应用于数据较大的加密/解密情况。但是信息的发送方和接收方使用同一密钥，若系统中有 N 个用户，则每个用户需要保存和记录 $N(N-1)/2$ 个密钥，当系统中用户数量较多时，密钥的管理将是一个不可解决的难题。

对称加密、解密示意图如图 8-5 所示。

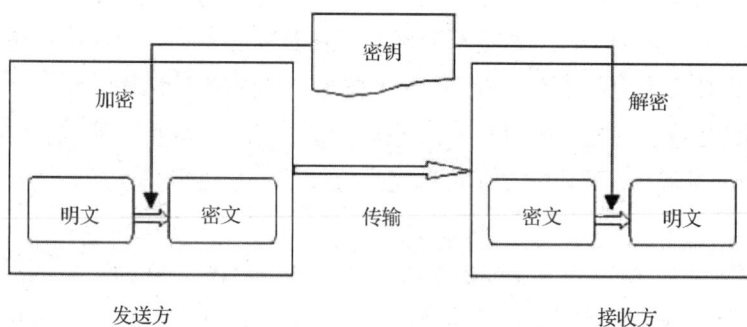

图 8-5　对称加密、解密示意图

2）非对称加密技术

为了解决对称加密技术中密钥预先分配和管理的难题，人们在 1976 年提出了非对称加密技术。非对称加密技术也称为公开密钥加密技术，其核心是公开密钥算法，即 Public-Key Algorithm。在这种机制下，使用一对密钥来完成信息的加密和解密，其中发送方使用公开密钥（公钥）进行加密，然后发送，接收方使用私有密钥（私钥）进行解密，从而恢复出信息原文。公钥与私钥之间存在这样的关系：公钥完全公开，但只能用于信息的加密，私钥由用户秘密保存，但只能用于解密，二者不可互换；必须使用私钥进行数字签名交由公钥验证后，才能用私钥进行解密。

公开密钥算法的安全性取决于单向陷门函数，即从已知到未知很容易，然而从未知到已知很难，其中最典型的是 RSA 算法。在公开密钥加密机制中，加密过程与解密过程是完全分开的，发送方与接收方无须事先建立联系。对于 N 个用户的系统，要实现 N 个用户之间通信，只需要保存和记录 $2N$ 个密钥即可。公开密钥算法的最大优点是便于密钥的分配与管理，可以广泛应用于系统开放的环境之中。但是，这种算法存在时间复杂度和空间复杂度较高的不足，程序执行速度比对称算法要慢得多。

非对称加密、解密示意图如图 8-6 所示。

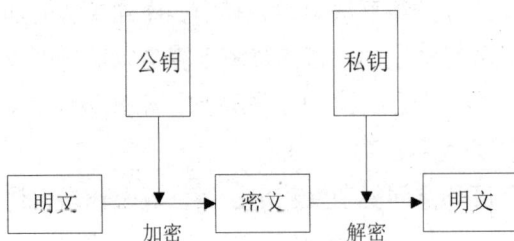

图 8-6　非对称加密、解密示意图

3）混合加密技术

在商务数据交易过程中，对称加密技术虽然执行速度快，但是密钥难于分配与管理，非对称加密技术的出现，也没有完全解决开放网络环境中的所有数据安全问题，反而还带来了另外的问题：算法复杂度高、运行时间长。在实际应用中，通常使用混合加密技术。混合加密技术的核心是电子信封（Envelope）技术，具体实现步骤如下。

（1）密钥的生成。首先，随机生成两个大素数 p 和 q；其次，通过非对称加密技术的 RSA 算法生成一对密钥，其中一个是可以完全公开的公钥，另一个是系统中用户秘密保存的私钥。

（2）会话密钥的加密。首先，随机生成一个 64 位的大数，作为对称密钥分组算法的会话密钥，通过会话密钥完成等待传送信息明文的加密，形成密文；其次，使用公钥对会话密钥进行加密后与密文合并；最后，通过私钥对接收信息进行解密，随即通过会话密钥恢复信息明文。

混合加密技术可以较好地解决密钥更换及公开密钥算法中的程序运行时间长和抗攻击性弱的问题。混合密码机制不仅能够充分保障密钥的机密性，而且密钥的分配与管理相对比较容易。

3. 身份认证技术

身份认证技术是保证大数据安全的一个重要技术。通过身份的认证，可以确定访问者的权限，明确其能够获取的数据信息类别和数量，确保数据信息不被非法用户获取、篡改或破坏。身份认证技术还会对用户身份的真实性进行验证，避免恶意人士通过身份伪装绕过防范措施。

在计算机世界中，人员的身份信息是由一些特定的数字数据来表示的，这就是用户的数字身份，所有的权利都是赋予这个数字身份的。而真实世界里，用户是一个个真实存在的物理实体，如何将这两者的关系正确地对应，确保用户的使用权限，保证大数据信息的安全，就是身份认证技术需要解决的问题。

目前主要的身份认证技术有下面几种。

1）静态口令认证

静态口令也就是日常最常用的静态密码，其是用户自行设定的，通常长时间保持不变。这种"用户名+密码"的身份认证方式在计算机系统中广泛应用，也是最简单的一种身份认证方式。但是其缺点也非常突出，首先，一般用户不会将密码设置得过于复杂，因为这样时间一久，可能自己都会忘记，因此常常使用自己的生日、电话号码，或者是连续的 8 位很容易被人猜到的有特殊含义的字符串等，安全性极低；其次，一般使用静态密码的用户在较长的时间内都不会更换密码，即使密码设置得复杂一些，也会给黑客很多的时间和机会去破解出来；最后，更重要的是，由于密码是静态数据，在用户输入和网络传输过程中可能被黑客利用植入计算机的木马程序和网络窃听工具获取，造成密码的丢失。

虽然人们可以利用一些方法增强静态口令认证的安全性，但总的来说，静态口令认证的安全性还是较低，在一些保存重要数据或关系重大的计算机系统中，尽量减少使用这种身份认证方式。

2）动态口令认证

动态口令认证的安全性较静态口令认证更高，动态口令是一种动态密码。动态口令认证依据专门的算法每间隔 60s 生成一个动态口令，且这个口令是一次有效的。用来生成动态口令的设备终端称为动态口令牌，它包含了口令生成芯片和显示屏，其中的口令生成芯片就负责运行口令算法生成动态口令，然后由显示屏显示提供给用户。在动态口令生成的过程中，不需要网络通信，所以就不会有口令被窃取的可能。这种方式中口令产生和使用的有效次数都很好地保证了其安全性。因此，动态口令认证在网上银行、电子商务、电子政务等领域得到了广泛应用。

3）数字证书认证

数字证书是指证书授权中心发行的一种电子文档，是一串能够表明网络用户身份信息的数字，就像每个人的身份证，是计算机世界认证用户身份的有效手段。

证书授权中心采用数字加密技术对网络上的数据信息进行加密和解密、数字签名和签名认证，保证信息数据的机密性。数字证书认证广泛应用于电子商务、电子邮件、可信网站服务等领域。例如，支付宝就提供了数字证书认证服务来确保用户的资金安全。

4）生物识别认证

生物识别认证是利用人类在生物特征上的唯一性来进行身份认证的技术。例如，人类可以用于生物识别的特征有指纹、虹膜、面部、声音等。现在使用广泛的生物识别认证技术就是指纹识别，从智能手机，到智能门锁，再到企业的考勤系统都在大量地使用指纹识别来进行人员的身份认证。人脸（面部）识别的应用也较为广泛，苹果公司从 iPhone X 开始提供了基于 3D 光结构的人脸识别技术，其使用了原深感摄像头，通过点阵投影器将 30000 个肉眼不可见的光点投影在用户的面部，绘制出独一无二的面谱，从而实现对用户的身份认证。三星公司则将虹膜识别技术引入其手机产品中。各种各样的智能设备都在积极引入不同的生物识别认证技术来提高身份认证的效率，改善用户体验。

由于生物识别认证技术的特性，人们不必设置传统的密码，生物特征信息是随身携带的，不会忘记，使用便捷，因此得到了广泛应用。但是生物特征信息也存在被人窃取的风险，如指纹信息，由于在较多场合使用指纹，部分存储指纹信息的系统一旦被黑客侵入，那么这些数据就会被盗取，给人们的生活带来风险。

4. 访问控制技术

访问控制技术是指通过某种途径和方法准许或限制用户的访问能力，从而控制系统关键数据资源的访问，防止非法用户侵入或合法用户误操作造成的破坏，保证关键数据资源的合法受控使用。

访问控制技术最早是美国国防部资助的研究项目成果，最初的研究目的是防止机密信息被未授权人员访问，之后逐渐扩展到民用商业领域。

访问控制技术包括如下 3 个要素。

（1）主体：是指访问操作中的主动实体，是某一项操作或访问的发起者，可以是某个用户，也可以是用户启动的进程、设备等。

（2）客体：是指被访问资源的实体，包括被操作的信息和资源，如文件数据。

（3）访问控制策略：是指主体对客体的访问规则集，其定义了主体对客体的动作行为，以及客体对主体的约束。

1）访问控制类型

访问控制分为自主访问控制（Discretionary Access Control，DAC）、强制访问控制（Mandatory Access Control，MAC）和基于角色的访问控制（Role-Based Access Control，RBAC）。

（1）自主访问控制：在这种模式下，数据资源的拥有者具有修改或授予其他用户访问该数据资源的相应权限。例如，在 Windows 系统中，数据资源的拥有者可以对其创建的目录或文件设置其他用户、组的读取/写入等权限。数据资源的拥有者可以指定对数据资源的控制策略，使用访问控制列表来限制其他用户对其可执行的操作。自主访问控制是目前应用最广泛的访问控制类型，但是其可被非法用户绕开，安全性较低。

（2）强制访问控制：系统以强制的方式为客体分别授予权限，让主体服从访问控制策略。在这种模式下，每个用户和数据文件都被设定相应的安全级别，只有拥有最高权限的系统管理员才可以确定某个用户或组的访问权限，即便是数据资源的拥有者也不能随意地修改或授予其他用户访问权限。强制访问控制的安全等级有 4 级：绝密、秘密、机密和无级别，安全等级依次递减。强制访问控制的安全性比自主访问控制更强。

（3）基于角色的访问控制：这里的角色是指完成一项任务所需访问的资源和相应操作权限的集合。在这种模式下，对系统操作的各种权限不是直接授予某个具体的用户的，而是授予角色，每个角色都对应一组相应的权限。当为了完成某项具体任务而创建角色，用户被分配适当的角色时，那么该用户就拥有了此角色的所有操作权限。一方面，角色可以依据新的需求被授予新的权限；另一方面，权限可以根据需要从角色中被收回。基于角色的访问控制的优势：创建用户是不需要进行权限分配的操作的，只需要给用户分配相应的角色即可，而角色的权限变更比用户的权限变更少，因此减小了授权管理的复杂性，提高了访问控制策略的灵活性。

以下代码显示了基于角色的访问控制。

```
class User:  #定义一个 User 类来表示用户，每个用户都有一个角色
    def __init__(self, name, role):
        self.name = name
        self.role = role
class DataAccessManager:
    def __init__(self):
        # 假设有一些数据资源和对应的角色
        self.access_control = {
            'sensitive_data': ['admin', 'manager'],   # 只有 admin 和 manager
                                                       可以访问敏感数据
            'regular_data': ['admin', 'manager', 'user'], # admin、manager 和
                                                          user 都可以访问常规数据
        }
    def check_access(self, user, resource):
        """检查用户是否有权访问指定的资源"""
        if user.role in self.access_control.get(resource, []):
            return True
        return False
# 创建用户
admin_user = User('Alice', 'admin')
admin_user = User('Lulu', 'admin')
root_user = User('Pawn', 'user')
root_user = User('Tom', 'user')
manager_user = User('Bob', 'manager')
regular_user = User('Charlie', 'user')
# 创建访问管理器
dam = DataAccessManager()
# 检查访问权限
print(dam.check_access(User('Alice', 'admin'), 'sensitive_data'))
print(dam.check_access(User('Pawn', 'user'), 'sensitive_data'))
print(dam.check_access(User ('Bob', 'manager') , 'sensitive_data'))
print(dam.check_access(User('Charlie', 'user'), 'sensitive_data'))
```

运行结果如下所示。

```
True
False
True
False
```

2）访问控制策略

访问控制策略是指在某个安全区域内（具有某个组织的一系列处理和通信资源），适用于所有与安全相关行为活动的一套访问控制规则。其是由安全权力机构设置，并描述和实现的。

访问控制策略的实施原则包括最小特权原则、最少泄露原则和多级安全策略。

（1）最小特权原则：是指主体在执行访问操作时，按照其所需要的最小权利授予其权利。

（2）最少泄露原则：是指主体在执行相关任务时，按照其所需要的最少信息分配权限，防止其泄密。

（3）多级安全策略：是指权限控制按照绝密（TS）、秘密（S）、机密（C）、限制（RS）和无级别（U）5级来划分安全等级，避免机密信息的扩散。

目前主要实施的访问控制策略包括入网访问控制、网络权限限制、目录级安全控制、属性安全控制、网络服务器安全控制、网络监测和锁定控制、端口和节点安全控制，以及防火墙控制。

（1）入网访问控制。确保只有经过认证的用户或设备才可以接入网络。这通常涉及用户身份认证（如用户名和密码、多因素认证）和设备认证（如MAC地址绑定、数字证书认证）。

（2）网络权限限制。一旦用户或设备接入网络，就需要根据其身份和角色分配合适的访问权限。这包括对网络资源（如共享文件、应用程序）的访问控制，确保用户只能访问他们工作所需的资源。

（3）目录级安全控制。针对文件和目录设置访问控制列表，以细化对文件和目录的访问权限（如读、写、执行权限）的管理。

（4）属性安全控制。通过给数据设置安全属性（如敏感性标记），控制不同安全等级数据的访问和处理，确保敏感数据不被未经授权的用户访问。

（5）网络服务器安全控制。针对网络服务器进行加固，包括操作系统补丁管理、安全配置、日志审计、防病毒和恶意软件保护等，确保网络服务器不成为攻击的突破口。

（6）网络监测和锁定控制。实时监控网络流量和事件，检测异常行为和潜在威胁，如设置IDS和入侵防御系统（IPS）。一旦发现威胁，自动或手动执行锁定措施以阻止其进一步的攻击。

（7）端口和节点安全控制。管理网络设备的端口和节点，确保未使用的端口关闭，防止非法接入，并对网络设备进行安全配置，如使用强密码、加密通信等。

（8）防火墙控制。部署防火墙来控制进出网络的流量，基于预定义的规则过滤掉恶意或不必要的流量，保护本地网络免受外部攻击。

上述访问控制策略相互配合，构成了一个多层次的防御体系，旨在保护网络免受内部和外部威胁，维护数据的完整性和机密性，同时确保网络资源的可用性。在实施这些策略时，企业还需要定期进行安全审计和培训，以适应不断变化的环境和法规要求。

图 8-7 所示为访问控制技术的实现。

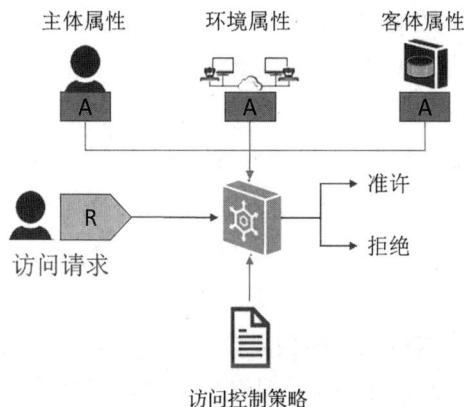

图 8-7　访问控制技术的实现

5. 安全审计

安全审计是指按照制定的安全策略，对系统活动和用户活动等与安全相关的活动信息进行检查、审查和检验，进而发现系统漏洞、入侵行为和非法操作等，提高系统的安全性。

安全审计主要记录和审查对系统资源进行操作的活动。例如，对数据库中的数据表、视图、存储过程等的创建、修改和删除等操作，根据设置的规则，判断违规操作，并且对违规行为进行记录、报警，从而保障数据的安全。

安全审计对系统记录和系统行为进行独立审查和评估的主要目的如下。

（1）对潜在的恶意行为者起到警示和威慑作用。

（2）检查安全相关活动并确定这些活动的责任人，确保其符合安全策略和操作规程。

（3）对安全策略和操作规程中的变更进行评估，为后续的改进提供意见。

（4）为出现的安全事件提供灾难恢复和责任追究的依据。

（5）帮助管理人员发现安全策略的缺陷和系统漏洞等。

安全审计的主要功能包括安全审计自动响应、安全审计数据生成、安全审计分析、安全审计浏览、安全审计事件选择、安全审计事件存储等。

安全审计的重点是评估现行的安全政策、策略、机制和系统监控情况。安全审计的主要步骤如下。

1）制定安全审计计划

实施审计工作的第一步就是制定一份科学有效、详细完整的安全审计计划，其内容包括安全审计的目的，安全审计内容的详细描述、时间、参与人员，参与人员的具体分工和独立机构等。

2）研究安全审计历史

研究和查阅以往的安全审计记录，可以利用已知的安全漏洞和发生过的安全事件，查找安全漏洞隐患和管理制度缺陷，更好地制定和采取安全防范措施。

3）划定安全审计范围

确定一个合适的安全审计范围可以提高审计效率，突出重点。范围过宽可能使审计进度迟缓，范围过窄又可能导致审计不完全，结果不够科学。

4）实施安全风险评估

安全审计的核心就是安全风险评估，其主要包括确定审计范围内的资产及其优先顺序、找出潜在的威胁、检查现有资产是否有安全控制措施、确定风险发生的可能性、确定风险的潜在危害等。

5）记录安全审计结果

完整记录安全审计的实施过程及相关数据，包括安全审计的原因、安全审计计划、必要的升级和纠正、总结等，然后将安全审计的所有文档资料整理完善。

6）提出改进意见

安全审计的最后一步就是提出安全审计的结论，给出提高安全性的建议。

图 8-8 所示为大数据下的安全审计。

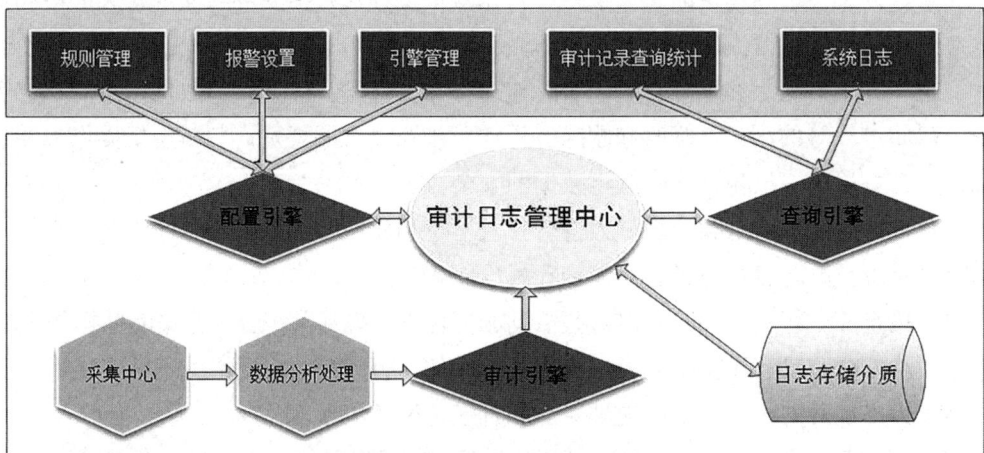

图 8-8　大数据下的安全审计

6. 数据脱敏

1）数据脱敏概述

敏感数据一般指不当使用或未经授权被人接触或修改会不利于国家利益或不利于个人依法享有的个人隐私权的所有信息。《信息安全技术 公共及商用服务信息系统个人信息保护指南》明确要求，处理个人信息应当具有特定、明确和合理的目的，应当在个人信息主体同意的情况下获得个人信息，应当在达成个人信息使用目的之后删除个人信息。这项标准最显著的特点是将个人信息分为个人一般信息和个人敏感信息，并提出了默许同意和明示同意的概念。个人一般信息的处理可以建立在默许同意的基础上，只要个人信息主体没有明确表示反对，便可收集和利用。但对于个人敏感信息，则需要建立在明示同意的基础上，即在收集和利用之前，必须首先获得个人信息主体明确的授权。这项标准还正式提出了处理个人信息时应当遵循的 8 项基本原则，即目的明确、最少够用、公开告知、个人同意、质量保证、安全保障、诚信履行和责任明确，划分了收集、加工、转移、删除 4 个环节，并针对每一个环节提出了落实 8 项基本原则的具体要求。

数据脱敏又称数据漂白、数据去隐私化或数据变形，一般是指对某些敏感信息通过脱敏规则进行数据的变形，实现敏感隐私数据的可靠保护。数据脱敏一般是在涉及用户安全数据或一些商业性敏感数据的情况下，在不违反系统规则条件下，对真实数据进行改造并提供测试使用。目前常见的敏感数据有姓名、身份证号、地址、电话号码、所属城市、邮编、密码类（如账户查询密码、取款密码、登录密码等）、组织机构名称、营业执照号码、银行账号、交易日期、交易金额等。

值得注意的是，对于数据脱敏的程度，一般来说只要处理到无法推断原有的信息，不会造成信息泄露即可，如果修改过多，则容易导致数据丢失原有特性。因此，在实际操作中，需要根据实际场景来选择适当的脱敏规则。例如，可以将电话号码 12345678901 脱敏为 123****8901。

2）数据脱敏的实现方法

数据脱敏的实现方法主要有两种，一种是使用脚本进行脱敏，另一种是使用专门的数据脱敏产品进行脱敏。

（1）使用脚本进行脱敏。事实上，很多用户在信息化发展的早期，就已经意识到了数据外发带来的敏感数据泄露的风险，那时候用户往往通过手动方式直接写一些代码或脚本来实现数据的脱敏变形，如简单地将敏感人的姓名、身份证号等信息替换为另一个人的，或者将一个地址随机变为另一个地址。

（2）使用专门的数据脱敏产品进行脱敏。近年来，随着各行业信息化管理制度的逐步完善、数据使用场景愈加复杂、脱敏后数据仿真度要求逐渐提升，为保证脱敏准确而高效，专业化的数据脱敏产品逐渐成了用户的普遍选择。相比传统的手工脱敏方法，专门的数据脱敏产品除保证脱敏效果可达外，更重要的价值在于提高脱敏效率，在不给用户带来过多额外工作量的同时，最大限度地缩短用户的操作时间。

3）数据脱敏的规则

数据脱敏的规则可分为可恢复与不可恢复两类。可恢复类是指脱敏后的数据通过一定的方式，可以恢复成原来的敏感数据，此类脱敏规则主要指各类加解密算法规则。不可恢复类是指脱敏后数据的被脱敏部分使用任何方式都不能恢复，一般可分为替换规则和生成规则两大类。替换规则即将需要脱敏的部分使用定义好的字符或字符串替换；生成规则则更复杂一些，要求脱敏后的数据符合逻辑规则，即"看起来很真实的假数据"。

以下代码实现了数据脱敏。

```python
import re
def regex_mask(pattern, repl, string):
    """使用正则表达式匹配并替换字符串中的敏感部分"""
    return re.sub(pattern, repl, string)
# 身份证号脱敏，保留前6位和后4位，中间用*代替
id_pattern = r'(^\d{6})\d+(\d{4}$)'
ssn_example = '123456789012345678'
masked_ssn_regex = regex_mask(id_pattern, r'\1********\2', ssn_example)
print(masked_ssn_regex)
# 电话号码脱敏，保留前3位和后4位，中间用*代替
phone_pattern = r'(^\d{3})\d+(\d{4}$)'
phone_example = '12345678901'
masked_phone_regex = regex_mask(phone_pattern, r'\1****\2', phone_example)
print(masked_phone_regex)
```

运行结果如下。

```
123456********5678
123****8901
```

8.2 大数据安全体系

8.2.1 大数据安全体系概述

1. 大数据安全体系认识

随着信息技术的快速发展和广泛应用，企业越来越多地依赖信息技术来支撑自己业务的正常运转。业务运转中产生的大量数据，成为企业核心资产的组成部分，也是企业的核心竞争力的体现，数字型企业越来越多地成为企业的发展标杆和方向。数据为企业发展和各类业务使用对象提供了指导和决策的基础，成为企业重要的资产载体。

但是企业在数据的收集、存储、传输和使用的过程中，由于缺乏必要的保护手段，大量敏感数据的安全性无法得到有效保障，特别是其中的高价值数据，因此面临越来越多的安全风险。一旦出现数据泄露，就会给企业带来不给估量的损失和影响。

在企业应用中，为了保护大数据安全，需要搭建统一的大数据安全体系，通过分层建设、分级防护，达到平台能力及应用的可成长、可扩充，创造面向大数据的安全体系框架。常见的大数据安全体系自下而上可以分为数据分析层、敏感数据隔离层、数据防泄露层、数据脱敏层和数据加固层。

2. 大数据安全体系介绍

1）数据分析层

数据分析层是大数据安全体系的基石，通过收集和整合各类业务系统产生的海量数据，运用关联分析、逻辑推理、风险管理等技术，对海量数据进行统一的加工分析，实现对数据风险的统一监控和未知风险的预警处理。

（1）数据收集和整合。从不同的业务系统、日志文件、数据库及网络流量中收集数据，确保数据源的全面覆盖。此外，对收集到的数据进行预处理，包括去除冗余信息、纠正错误、标准化数据格式，以便进一步分析。

（2）关联分析。利用机器学习和统计方法发现用户行为、系统活动中的异常模式，如登录时间异常、访问频率突增等，并通过时间戳、IP 地址、用户 ID 等关键字段，将来自不同数据源的数据相关联，揭示潜在的安全威胁链路。

（3）逻辑推理。基于已知的安全规则，分析事件间的因果联系，判断某个事件是否可能是安全事件的前兆；针对可疑行为或事件，构建假设场景并进行测试，以验证这些行为或事件是否构成威胁。

（4）风险管理。建立风险评估模型，根据事件的严重性、发生概率及影响范围等因素综合评估数据安全风险等级，并依据风险评估结果，对检测到的潜在威胁和漏洞进行优先级排序，指导安全团队高效应对。

2）敏感数据隔离层

敏感数据隔离层通过数据"指纹"特征采集、内容检测和响应处理 3 个步骤，突破深度内容识别瓶颈，既可以连通网络，又可以保障数据销毁安全性。

（1）数据"指纹"特征采集。首先对数据进行分类，根据其敏感程度打上相应的标签。这一步骤可以通过预设规则或机器学习算法自动完成。然后对敏感数据生成独特的"指纹"（哈希值），这个过程不泄露原始数据内容，但能唯一标识该数据，"指纹"可以用于后续的快速比对和跟踪。

（2）内容检测。利用先进的内容过滤和分析技术，深入解析数据包的内容，不仅能检查文件名或元数据，还能理解数据的实际含义。这包括自然语言处理、图像识别等技术，可以识别潜在的敏感数据。

（3）响应处理。一旦检测到敏感数据，系统就可以自动采取行动，如阻断数据流动、加密敏感部分，或者仅允许经过特定安全处理（如脱敏、加水印）后的数据通过。同时，记录所有敏感数据的流动情况，包括尝试访问、修改、传输的详细日志，便于后续审计和合规性验证。

3）数据防泄露层

数据防泄露层针对数据流动、复制等需求，通过深度内容分析和事务安全关联分析来识别、监视和保护静态数据、动态数据及使用中的数据，达到敏感数据利用的事前、事中、事后完整保护，实现数据的合规使用，同时防止主动或被动的数据泄露。

（1）深度内容分析。首先利用先进的内容识别技术，如正则表达式匹配、关键字搜索、模式识别和机器学习算法，自动识别敏感数据。然后分析数据所在上下文，确保准确识别敏感内容，避免误报和漏报。例如，区分公开的信用卡号样例与真实交易中的信用卡号。

（2）事务安全关联分析。监控用户行为和数据访问模式，识别异常行为，如大规模下载、非工作时间访问敏感数据等。

4）数据脱敏层

数据脱敏层通过独特的数据抽取方法使用户能够快速创建小容量子集，对敏感数据进行脱敏，由此提高数据管理人员的工作效率，同时规避数据泄露风险，为用户的信息资产安全提供完善的保护。

（1）数据抽样与子集创建。首先采用智能化算法，根据数据分布特性和分析需求，快速高效地从大数据集中抽取有代表性的子集，降低处理复杂度和成本。然后根据特定需求定制数据子集，包括选择特定记录、字段或特定时间段内的数据，以便特定分析任务或测试环境使用。

（2）敏感数据识别与分类。利用模式识别、关键词匹配及机器学习技术，自动识别敏感数据，如个人身份证号、银行账号、邮箱地址等，并根据数据的敏感程度和业务需求，对敏感数据进行分类管理，设定不同的脱敏策略。

（3）多维度脱敏技术。在数据存储或分享前，永久性地替换或遮盖敏感数据，如用随机数字替代电话号码中的部分数字。在数据查询或传输过程中临时性地对敏感数据进行变形处理，确保每次显示的数据都不相同，这种方式适用于生产环境中的即时访问控制。此外，在脱敏过程中还需保持数据的格式不变，如保留电话号码的区号和格式，只替换中间的数字，以便进行数据测试和分析数据实用性。

5）数据加固层

数据加固层的核心是让数据保护变得更加牢固，具有数据库状态监控、数据库审计、数据库风险扫描、访问控制、用户登录与会话控制等多种功能，并提供灵活的告警机制。

（1）数据库状态监控。持续监控数据库的运行状态，包括 CPU 使用率、内存占用、磁盘 I/O、连接数等，确保数据库稳定运行。当监测到资源使用异常或性能瓶颈时，立即触发告警，便于及时调优或介入处理。

（2）数据库审计。详细记录所有数据库操作，包括查询、修改、删除等，以及操作者的身份信息、操作时间和内容，并确保数据库操作符合行业安全标准和法规要求，提供合规审计报告。

（3）数据库风险扫描。定期进行数据库安全扫描，识别潜在的安全漏洞、弱口令、过时配置等风险。对发现的风险进行量化评估，并提供针对性的修复建议和最佳实践指南。

（4）访问控制。实现数据库级别的访问控制，根据用户角色和业务需求，精确分配查询、修改等权限，并设置数据库访问的黑白名单，允许或拒绝特定 IP 地址、用户、应用程序的访问；支持灵活的例外处理机制，以应对特殊需求。

（5）用户登录与会话控制。监控用户会话活动，自动结束长时间无操作的会话，减少未经授权访问的风险。

（6）灵活的告警机制。支持用户根据自身安全策略和业务需求，定制告警条件和通知方式（如邮件、短信、系统通知等）。

图 8-9 所示为大数据安全体系的实施过程。在此过程中，首先需要进行数据仓库平台中的数据表分级，通过设置合理的等级，加强对数据表的安全管理，确保敏感数据的增加、删除、修改、查询操作都能够经过适合的授权；然后需要针对数据表中的字段进行适当的安全标准评分；最后需要对用户进行及时的身份认证，以确保每一次操作的安全性。

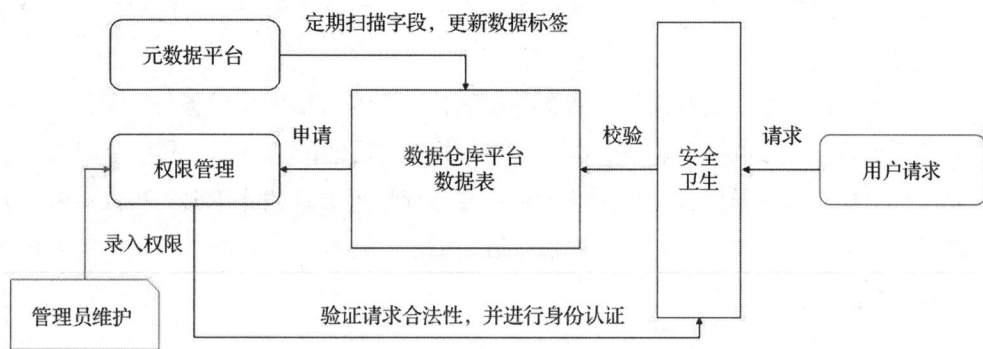

图 8-9　大数据安全体系的实施过程

8.2.2　大数据安全体系加固措施

1. 备份元数据

备份元数据是维护数据完整性和可恢复性的关键步骤，尤其是对于大型系统或云环境而言。元数据包含数据的相关信息，如位置、结构、权限等重要信息。管理员需要对元数据进行异地备份，以保证元数据安全。此外，管理员还可以对元数据进行定期备份及滚动删除备份等。

（1）异地备份。异地备份是满足数据保护和业务连续性要求的关键措施，它是一种重要的灾难恢复策略，通过在远离主数据存储地点的地方保存数据副本，来增加数据的持久性和可用性，确保在遭遇区域性灾难或重大事故时，企业能够迅速恢复关键数据，减少业务中断的影响。值得注意的是，异地备份需要在传输和存储过程中对备份数据进行加密，确保数据在途及静止时的安全，防止数据在备份过程中被窃取或非法访问。此外，在异地备份时还需制定详尽的灾难恢复计划，并定期进行恢复演练，确保在真正需要时能够迅速有效地恢复数据和服务。

（2）定期备份。定期备份是数据保护策略中的基础组成部分，它通过自动化的方式周期性地创建数据副本，以应对数据丢失、损坏或人为误操作等情况。定期备份提供了一种机制，可以定期捕获数据状态，即便原始数据损坏或丢失，也能迅速恢复到最近的一个备份点的数据。可以利用预定的脚本或专业的备份软件自动执行备份任务。这些工具可以按照设定的时间表（如每日、每周或每月）自动备份数据，减少人为干预，提高效率和准确性。对于许多行业标准和法规要求，定期备份是满足数据保留和可恢复性要求的关键步骤。

（3）滚动删除备份。滚动删除备份也称为旋转备份，是一种自动管理备份存储空间的方法，通过定期删除过期或不再需要的备份数据，确保有足够的空间存储新的备份数据，同时维持数据的时效性和恢复的灵活性。该方式可根据业务需求和法规要求，设定不同的数据保留期限。例如，近期的备份数据可能需要长期保留，而较早的备份数据可以设定较短的保留期限。

此外，还可以使用云服务商提供的备份功能，如华为云提供的云备份服务，可以设置备份策略，自动备份元数据和业务数据至云端，并支持灵活的备份周期和保留策略。

通过对元数据实施异地备份、定期备份，并合理设置滚动删除策略，可以有效提升系统的数据安全性和恢复能力。这不仅保护了数据资产，还为应对各种不可预见的事件提供了强大的保障。

2. 使用 Chroot 方式来控制 MySQL 的运行目录

Chroot（Change Root Directory，改变根目录）是 UNIX 和类 UNIX 操作系统中的一种机制，允许用户将一个进程及其子进程的根文件系统更改为文件系统层次结构中的某个子目录。在 Chroot 环境下可以创建一个与主系统隔离的环境来安装、配置和测试软件，而不影响现有系统。这对于软件开发、系统升级前的测试非常有用。

使用 Chroot 环境运行 MySQL 或其他服务程序是一种提高系统安全性的有效方法，尤其是在托管对外提供服务的数据库时。Chroot 操作改变了进程的根目录，使得进程只能访问该目录及其子目录下的文件和资源，而不能访问 Chroot 环境之外的系统文件。

需要注意的是，虽然 Chroot 环境增加了额外的安全层，但它并非绝对安全，因为如果 MySQL 服务本身存在严重漏洞，那么攻击者仍有可能逃逸出 Chroot 环境。因此，定期更新软件、严格控制访问权限、监控系统活动等常规安全措施同样重要。此外，Chroot 操作还需要对系统有较深的理解，否则不当的配置可能会导致服务无法启动或运行不稳定。

3. 网络访问控制

网络访问控制是确保 Hadoop 集群及其他任何网络服务安全的关键措施之一。通过精细的访问控制策略，可以有效防止未授权访问，降低安全风险。例如，为 Hadoop 相关服务（如 HDFS、YARN、Hive 等）配置安全组规则，只允许来自信任的 IP 地址或子网的流量访问必要的端口。HDFS 的 NameNode 默认监听端口为 50070，可以设置规则仅允许内网或特定 IP 地址访问此端口。

此外，在云环境中，可以利用虚拟私有云（VPC）和子网划分内网和外网，确保 Hadoop 集群仅部署在内网子网中，与外网子网逻辑隔离。

通过上述措施，可以显著提高 Hadoop 环境的安全性，确保服务只对授权用户和系统开放，有效抵御外网攻击和未授权访问。

4.　HDFS 安全加固

为了增强 HDFS 数据安全性、增大 HDFS 数据恢复概率及降低 HDFS 故障风险等，需要采取措施对 HDFS 进行安全加固。可通过部署 HDFS 的 Snapshot 功能，增强 HDFS 数据安全性。Snapshot 功能允许用户创建文件系统的快照，其作为一种高效的数据备份和恢复机制，可以在数据误删或损坏时迅速恢复到之前的状态。定期创建快照，可以有效地增强数据恢复的能力。

此外，使用 HDFS 的访问控制列表，可以实现对文件和目录的细粒度访问控制，超越传统的类 UNIX 操作系统权限模型，支持更复杂的权限配置，包括特定用户或用户组的访问权限。

5.　HBase 安全保护

为了保障 HBase 数据的安全性，需要采取措施进行安全加固。常见措施是增加重点数据表的 Snapshot 功能。

此外，为了保证 HBase 安全，还可以启用 Kerberos 身份认证。Kerberos 是一种广泛应用于企业环境的身份认证协议，可以为 HBase 提供强大的身份认证机制，确保只有经过认证的用户和服务才能访问 HBase 集群。通过 Kerberos，可以实现客户端到服务端、服务间通信的双向认证。

6.　开启高可用功能

在大数据集群和关键业务服务中，高可用是确保服务连续性和数据可靠性的关键技术手段。在现代业务环境中，任何服务中断都可能导致严重的经济损失和用户信任度下降。开启服务的高可用功能，意味着在单一节点出现故障时，能够自动或手动切换到备用节点，从而保证服务不间断。

例如，HBase 是一个分布式、可扩展的大数据存储系统，HMaster 是其主控节点，负责数据表的管理、区域分配等。为了提高 HBase 的可用性，可以配置多个 HMaster 实例，利用 ZooKeeper 进行协调，实现故障时的自动故障转移。

开启服务的高可用功能，需要进行细致的规划和配置，包括但不限于网络配置、存储配置、监控和告警机制的建立，以及定期的容灾演练，以便在实际故障发生时，系统能够平滑过渡，维持业务连续性。

7. 用户隐私数据脱敏

用户隐私数据脱敏是确保数据在处理、分析和共享过程中保护个人隐私的重要措施。它涉及对个人身份信息进行处理，使其在不泄露个人身份的前提下仍然可用于数据分析或测试。

为了保护用户隐私，需要提供数据脱敏和个人信息去标识化功能，并提供满足国际标准的用户数据加密服务。

8.3　本章小结

（1）大数据安全威胁存在于数据生产、采集、处理和共享等大数据产业链的各个环节，风险成因复杂交织：既有外部攻击，也有内部泄露；既有技术漏洞，也有管理缺陷；既有新技术、新模式触发的新风险，也有传统安全问题的持续触发。

（2）数据安全主要包括数据采集汇聚安全、数据共享使用安全，以及数据销毁安全。

（3）大数据采集、存储和计算的平台与传统数据管理和加工的平台有很大的不同，因此，原有的数据安全技术在大数据环境下面临着挑战。

（4）大数据安全面临的诸多威胁使得人们为了应对这些问题，需要开发相应的防范技术。

（5）随着信息技术的快速发展和广泛应用，企业越来越多地依赖于信息技术来支撑自己业务的正常运转。业务运转中产生的大量数据，成为企业核心资产的组成部分，也是核心竞争力的体现，数字型企业越来越多地成为企业的发展标杆和方向。

习题 8

（1）数据安全的定义是什么？

（2）个人隐私信息包含哪些内容？

（3）简述对称加密的基本原理。

（4）主要的身份认证技术有哪些？

（5）简述什么是访问控制策略。

（6）大数据安全体系是什么？

第 9 章　数据治理

🦋 **本章学习目标**

- 了解数据治理的概念。
- 了解数据治理的目标。
- 了解数据治理的研究内容。
- 了解企业架构。
- 了解数据治理框架。

9.1　数据治理概述

9.1.1　认识数据治理

数据治理概述

1. 数据治理的概念

数据为人类社会带来机遇的同时带来了风险，围绕数据产权、数据安全和隐私保护的问题日益突出，并催生了一个全新的命题——数据治理。数据治理的概念具有两种含义，分别是对数据的治理和利用数据进行的治理。前者是以数据为治理对象的治理活动，如《通用数据保护条例》《数据隐私保护条例》等；后者是利用数据进行治理的活动，如电子政务服务、一站式政府服务。数据治理的两种含义相互联系，但并不冲突，本书中的数据治理更侧重于对数据本身的治理。

数据治理的核心是为业务提供持续的、可度量的价值。IBM 数据治理委员会对数据治理的定义如下：数据治理是一组流程，用来改变组织行为，利用和保护企业数据，现代企业将其看作一种战略资产。学术界则将数据治理定义为一个指导决策、确保企业数据被正确使用的框架。

因此，综合来看，数据治理是指从使用零散数据变为使用统一数据、从具有很少或没有组织流程到企业范围内的综合数据管控，以及从数据混乱状况到数据井井有条的一个过程。数据治理强调的是一个过程，是一个从混乱到有序的过程。从范围来讲，数据治理涵盖了从前端业务处理系统、后端业务数据库再到业务终端的数据分析，是从源头到终端再回到源头形成的一个闭环负反馈系统，如图 9-1 所示。从目的来讲，数据治理就是要对数据的获取、处理和使用进行监督管理。具体来讲，数据治理就是以服务组织战略目标为基本原则，通过组织成员的协同努力，流程制度的制定，以及数据资产的梳理、采集清洗、结构化存储、可视化管理和多维度分析，实现数据资产价值获取、业务模式创新和经营风险控制的过程。因此，数据治理是一个过程，是一个逐步实现数据价值的过程。

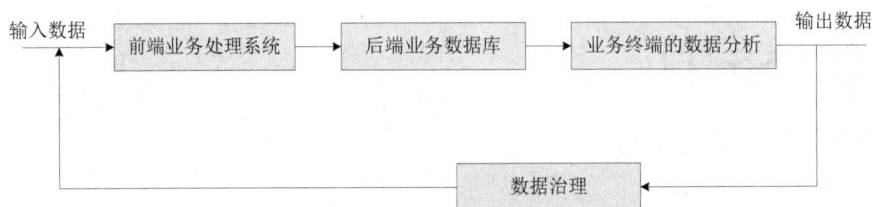

图 9-1　数据治理的过程

值得注意的是，在数据治理中既包含了企业各种前端数据的输入（企业交易数据、运营数据等），也包含了第三方数据（通信数据、客户数据等），甚至还包含了各种采集数据（社交数据、传感数据、图像数据等）。

一般来说，数据治理主要包括以下 3 部分的工作。

（1）定义数据资产的具体职责和决策权。

（2）为数据管理实践制定企业范围内的原则、标准、规则和策略。数据的一致性、可信性和准确性对于确保决策增值至关重要。

（3）建立必要的流程，以提供对数据的连续监视和控制实践，并帮助在不同组织职能部门之间执行与数据相关的决策。

因此，数据治理能够有效帮助企业利用数据建立全面的评估体系，通过数据优化产品，提升运营效率，真正实现数据对业务系统的赋能，提升以客户为中心的数字化体验能力，实现业务量的增长。

不过值得注意的是，数据治理并不是一个临时性的运动，其从业务发展、数据治理意识形成、数据治理体系运行的角度来看，需要一个长效机制来进行保证。

2. 数据治理的发展与作用

在企业发展初期，数据研发模式一般是紧贴业务的发展而演变的，数据体系也是基于业务单元垂直建立的，不同的垂直业务，会带来不同的烟囱式的体系。但随着企业的发展，一方面数据规模在快速膨胀，垂直业务单元越来越多；另一方面基于大数据的业务所需要的数据不仅仅是某个垂直业务单元的。因此，采集类型繁多的数据才能具备核心竞争力。跨垂直业务单元的数据建设接踵而至，混乱的数据调用和拷贝，重复建设带来的资源浪费，数据指标定义不同而带来的歧义，数据使用门槛越来越高等，这些问题日益突显，已成为企业发展必须要解决的问题。

随着企业规模的扩大，越来越多的数据被挖掘出来。这些数据不仅规模巨大，而且非结构化明显，这些都对底层平台提出了更高的要求。针对不同的数据，不仅其量级、特征、生产者不同，其数据价值也差异明显。数据使用方式经历了从离线到在线、从单一业务到混合业务的过程。从数据的处理方式上看，早期企业业务生产数据，并通过离线处理形成仪表盘数据供管理经营决策，被称为面向决策的处理方式。而现今针对个人的大量个性化数据，提供更为实时、更为细粒度的数据分析，则被称为面向服务的处理方式。不同的处理方式对数据承载能力、处理性能等产生了不同的要求。

此外，随着接入数据源的不断增加，越来越多的数据被集中管理起来。这些数据规模巨大、结构不同、使用行为存在差异，这导致混合负载成为一种普遍性的需求。由于现在只承载一类数据、按一种方式使用的场景已经很难找到，因此人们希望通过统一的访问接口（如 SQL 接口），按不同的方式（如离线、在线）使用数据。

针对上面的需求，无论是传统的 IT 架构还是较新颖的大数据架构，都存在种种不足，因此作为数据使用的上层建筑，数据治理逐渐受到企业的高度关注。这主要是因为一方面数据的多源、异构、价值差异等特点导致数据复杂度提高；另一方面数据价值正在被更多的企业关注。如何在企业内部用统一视角看待数据，让数据在企业中存好、用好，发挥出更大价值，是企业数字化转型必然面临的问题。数据治理正是解决这一问题的利器。过去，数据治理往往在高价值数据集中且规范程度较高的企业（如金融企业）受到重视，但现在更多的企业（包括互联网企业）开始重视数据治理的建设。

3. 数据治理的目标

数据治理不只是技术问题，更是一个管理问题。例如，常见的项目管理系统只是一个工具，让项目管理系统与项目管理思想相匹配才是项目管理系统实施过程中的最大挑战，也只有这样才能发挥最大的效果。数据治理也是同样的道理。

目前数据治理常常需要解决以下问题：顶层设计、数据治理环境、数据治理域和数据治理过程。

1）顶层设计

顶层设计是数据治理成功实施的基础，是指根据组织当前的业务现状、信息化现状和数据现状，设定组织机构的职、权、利，并定义符合组织战略目标的数据治理目标和可行的行动路径。

顶层设计提供了一个全面的、高层级的视角，帮助组织从战略层面理解数据治理的需求和愿景。它确保所有的数据治理活动都服务于组织的长期目标和战略方向。通过顶层设计，组织可以构建出数据治理的总体框架，明确数据治理的范围、原则、标准、政策、流程和体系结构。这为后续的具体实施提供了明确的指导和蓝图。根据组织的业务需求和技术现状，顶层设计还会涉及技术架构的选择，确定需要部署哪些数据管理工具和平台，以支撑数据治理的实施。

2）数据治理环境

数据治理环境是数据治理成功实施的保障，它指的是分析领导层、管理层、执行层等等利益相关方的需求，识别项目支持力量和阻力，制定相关制度以确保项目的顺利推进。

在构建有效数据治理环境时，领导层的明确支持和参与是数据治理成功的关键。领导层需要将数据治理视为企业战略的一部分，明确其对企业长期目标的贡献，并在组织内部倡导数据文化。

此外，数据治理还需要跨部门合作。因此数据治理不仅是 IT 部门的责任，而是涉及企业所有部门，需要识别所有利益相关方，包括业务、法务、风险管理等部门，确保相关部门的需求被纳入数据治理框架中。

3）数据治理域

数据治理域是数据治理的相关管理制度，是指制定数据质量体系、数据安全体系、数据管理体系等相关标准制度，并基于数据价值目标构建数据共享体系、数据服务体系和数据分析体系。

4）数据治理过程

数据治理过程是数据治理的实际落地过程，包含确定数据治理目标，制定数据治理计划，梳理执行业务，设计数据架构，采集清洗数据，存储核心数据，实施元数据管理和血缘追踪，并检查治理结果与治理目标的匹配程度。

图 9-2 所示为 GB/T 34960 标准的数据治理框架。该数据治理框架比较符合我国企业和政府的组织现状，全面和精炼地描述了数据治理的工作内容，包含顶层设计、数据治理环境、数据治理域和数据治理过程。

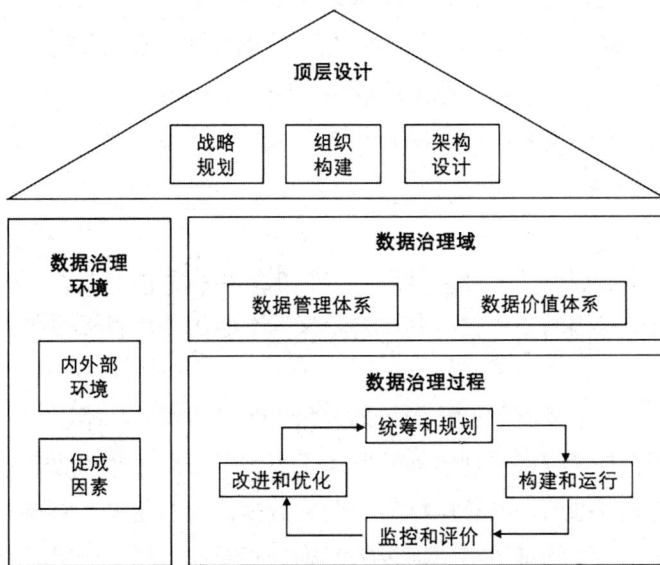

图 9-2　GB/T 34960 标准的数据治理框架

9.1.2 数据治理的研究内容

1. 数据标准建立

数据标准是进行数据标准化、消除数据业务歧义的主要参考依据。随着大数据行业的兴起，数据的重要性不言而喻，对数据进行应用的工具也层出不穷，带来了巨大的经济效益。但是诸多数据问题制约了数据应用的持续发展，而要从根本上解决这些数据问题，那就必须从数据标准建立出发，对数据全生命周期进行规范化管理。数据标准就是企业建立的一套符合自身实际，且涵盖定义、操作、应用多层次数据的标准化体系，通俗地讲就是给数据一个统一的定义，让各系统的使用人员对同一指标的理解是一样的。

数据标准的分类是从更有利于数据标准的编制、查询、落地和维护的角度进行考虑的。数据标准一般包括 3 个要素：标准分类、标准信息项（标准内容）和相关公共代码（如国别代码、邮政编码）。数据标准通常可分为基础类数据标准和指标类数据标准。

1）基础类数据标准

基础类数据标准是按照数据标准管理过程制定的数据标准，目的是统一企业所有业务活动相关数据的一致性和准确性，以解决业务间数据一致性问题和数据整合问题。基础类数据标准一般包括数据维度标准、主数据标准、逻辑数据模型标准、物理数据模型标准、元数据标准、公共代码标准等。表 9-1 所示为行业参考模型实体标准体系定义内容，表 9-2 所示为公共代码标准体系定义内容。

表 9-1 行业参考模型实体标准体系定义内容

行业参考模型实体标准	标准体系属性说明
数据标准编码	根据数据标准编码命名规则进行编写
标准主题	数据标准归属主题
标准子类	数据标准归属类型
中文名称	数据标准中文名称
英文名称	数据标准英文名称
实体编号	根据行业参考模型实体编号命名规则进行编写
实体名称	根据行业参考模型实体名称命名规则进行编写
数据标准版本	该数据标准的版本信息
数据体系分类	根据数据体系分类规则对数据体系进行分类，以保证数据体系的易用性，以及符合用户查找习惯
重要级别	集团规范定义的数据为一级，省公司定义的数据为二级，其他常用的数据为三级
数据提供部门	该数据标准定义数据提供部门
数据提供部门负责人	该数据标准定义数据提供部门负责人
数据维护部门	该数据标准定义数据维护部门
数据维护部门负责人	该数据标准定义数据维护部门负责人
业务主管部门	该数据标准定义业务主管部门，该部门对数据口径、编码取值和相关专业术语有决定权

行业参考模型实体标准	标准体系属性说明
业务主管部门负责人	该数据标准定义业务主管部门负责人
数据来源系统	如 BOSS、CRM、ERP 等
主要依据	关于指标的解释和描述文件,如集团规范、省公司规范、业务部门规范等
业务定义	指标的业务描述口径,一般由业务部门使用业务语言制定

表 9-2 公共代码标准体系定义内容

公共代码标准	标准体系属性说明
数据标准编码	根据数据标准编码命名规则进行编写
公共标准号	引入外部公共标准号
中文名称	数据标准中文名称
英文名称	数据标准英文名称
标准状态	该数据标准的状态,如现行、停止
公共标准机构名称	引入该数据标准的公共机构名称
数据体系分类	根据数据体系分类规则对数据体系进行分类,以保证数据体系的易用性,以及符合用户查找习惯
重要级别	集团规范定义的数据为一级,省公司定义的数据为二级,其他常用的数据为三级
数据标准引入部门	该数据标准的引入部门
数据标准引入部门负责人	该数据标准的引入部门负责人
数据上报系统	最终对数据进行计算和发布的系统,也是各部门唯一获取数据的来源系统

2)指标类数据标准

指标类数据标准一般分为基础指标标准和计算指标(又称组合指标)标准。基础指标具有特定业务和经济含义,且仅能通过基础类数据加工获得;计算指标通常由两个及以上基础指标计算得出。并非所有基础类数据和指标类数据都应纳入数据标准的管辖范围,数据标准管辖的数据通常只是需要在各业务条线、各信息系统之间实现共享和交换的数据,以及为满足监控机构、上级主管部门、各级政府部门的数据报送要求而需要的数据。

在基础类数据标准和指标类数据标准的框架下,企业可以根据各自的业务主题进行细分。细分时应尽可能做到涵盖企业的主要业务活动,且涵盖企业生产系统中产生的所有业务数据。

值得注意的是,在数据标准建立时应以落地实施为目的,并以国家、行业标准为基础,结合现有生产系统的现状,以对现有生产系统的影响最小为原则进行编制,确保标准切实可用,并最终让数据标准回归到业务中发挥价值。

2. 主数据管理

主数据是用来描述企业核心业务实体的数据,它是具有高业务价值的、可以在企业内跨越各个业务部门被重复使用的数据,并且存在于多个异构的应用系统中。

主数据通常需要在整个企业范围内保持一致性、完整性、可控性,为了达成这一目标,就需要进行主数据管理（Master Data Management，MDM）。集成、共享、数据质量、数据治理是主数据管理的四大要素。主数据管理要做的就是从企业的多个业务系统中整合最核心的、最需要共享的数据（主数据），集中进行数据的清洗和丰富，并且以服务的方式把统一的、完整的、准确的、具有权威性的主数据分发给全企业范围内需要使用这些数据的操作型应用和分析型应用，具体包括各个业务系统、业务流程和决策支持系统等。

主数据管理策略应围绕以下 6 个方面构建。

1）成立组织

有效的组织是项目成功的有力保证，为了达到项目预期的目标，在项目开始之前对组织及其责任分工做出规划是非常必要的。主数据涉及的范围很广，牵涉到不同的业务部门和技术部门，是企业的全局大事，如何成立和成立什么样的组织应该依据企业本身的发展战略和目标来确定。在明确了组织机构的同时，还要明确主数据管理岗位，如主数据系统管理员、主数据填报员、主数据审核员、数据质量管理员、集成技术支持员等。主数据管理岗位可以兼职，也可以全职，根据企业实际情况而定。

2）主数据梳理和调研

在主数据管理前，应当首先对所在单位数据的采集、处理、传输和使用进行全面规划。其核心是运用先进的信息工程和数据管理理论及方法，通过总体数据规划，奠定主数据管理的基础，促进实现集成化的应用开发，构建信息资源网，让企业能够对现有数据资源有全面、系统的认识。特别是通过对职能域之间交叉信息的梳理，相关人员能更加清晰地了解企业数据的来龙去脉，有助于相关人员把握各类数据的源头，有效地消除"信息孤岛"和数据冗余，控制数据的唯一性和准确性，确保获取数据的有效性。在这个过程中，需要在既定的数据范围内，摸透企业主数据的管理情况、数据标准情况、数据质量情况、数据共享情况等。这种方法适用于包含咨询的主数据项目建设。

3）建立主数据标准体系

主数据标准体系主要包含主数据分类和编码标准。没有标准化就没有信息化，主数据分类和编码标准是主数据标准体系中最基础的标准。主数据分类就是根据主数据内容的属性或特征，将主数据按一定的原则和方法进行区分和归类，并建立起一定的分类系统和排列顺序，以便管理和使用主数据。主数据编码就是在主数据分类的基础上，将主数据对象赋予有一定规律性的、计算机和人易于识别与处理的符号。

4）建立评估体系

主数据管理需要建立评估体系，主要步骤是根据前期的业务调研情况和数据普查情况，确定参评数据的范围，找出参评数据，并依据打分模板进行打分，识别出企业主数据。对于主数据管理能力的评估，目前已经有了比较成熟的评估模型，典型的有 IBM 数据治理成熟度评估模型、SEI 数据能力成熟度模型、EDM 数据能力成熟度模型、DataFlux 数据治理成熟度模型等。

图 9-3 所示为主数据管理成熟度模型。主数据管理成熟度可以分为初始级、可重复级、

已定义级、已管理级、优化级、创新级 6 个级别。每个成熟度级别是一个完备的进化阶段，反映企业主数据管理能力所能达到的水平。其中，处于初始级的组织内部只有模糊的主数据管理意识，没有专门的机构对其进行管理，而创新级是主数据管理的最高级别，此阶段的主数据管理已经跨越了企业，形成跨企业的行业主数据标准，主数据业务流程能够灵活、创新、敏捷地支撑新流程运作，响应新的产品和服务。

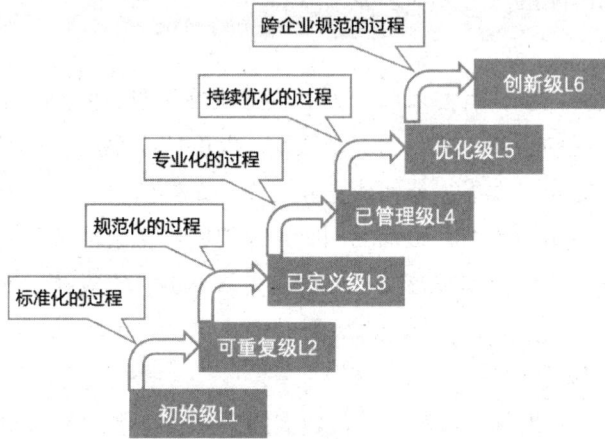

图 9-3　主数据管理成熟度模型

5）建立制度与流程体系

制度和流程体系的建立是主数据管理成功实施的重要保障。建立主数据管理制度和流程体系需要明确主数据的归属部门和岗位，明确岗位职责，明确每个主数据的申请、审批、变更、共享的流程，同时需要做好数据运营工作，定期检查数据质量，并进行数据的清洗和整合，实现企业数据质量的不断优化和提升。

6）建立技术体系

主数据管理技术体系的建立应从应用层面和技术层面两个方面考虑。在应用层面，主数据管理平台需要具备数据管理、数据清洗、数据质量检查、数据集成、数据权限控制、数据关联分析，以及数据的映射/转换/装载的能力。在技术层面，重点考虑系统架构、接口规范、技术标准。在主数据管理工具中，IBM InfoSphere MDM 是当今市场上功能较强大的主数据管理产品，可以处理完整范围的主数据管理需求和用例。IBM InfoSphere MDM 有 4 个版本：Collaborative Edition、Standard Edition、Advanced Edition 及 Enterprise Edition，其中 Enterprise Edition 包含了其他 3 个版本所有的功能。不过值得注意的是，主数据管理问题只有 20%属于技术问题，其余 80%仍然是管理问题。也就是说，软件能解决的只是一部分问题，更关键的是必须结合企业的内部管理。

3. 元数据管理

元数据是描述企业数据的相关数据（包括对数据的业务、结构、定义、存储、安全等各方面的描述），一般是指在 IT 系统建设过程中所产生的数据定义、目标定义、转换规则等相关的关键数据，在数据治理中具有重要的地位。

元数据管理是数据治理的基础和核心，是构建企业信息视图的重要组成部分。元数据管理可以保证在整个企业范围内跨业务垂直协调和重用元数据。元数据管理不会创建新的数据或新的数据纵向结构，而是提供一种方法使企业能够有效地管理分布在整个信息供应链中的各种元数据（由信息供应链各业务系统产生）。

元数据管理一直比较困难，一个很重要的原因就是缺乏统一的标准。在这种情况下，各公司的元数据管理解决方案各不相同。随着元数据联盟（Meta Data Coalition，MDC）的开放信息模型（Open Information Model，OIM）和对象管理组织（Object Management Group，OMG）的公共仓库模型（Common Warehouse Model，CWM）标准的逐渐完善，以及 MDC 和 OMG 的合并，为数据仓库厂商提供了统一的标准，从而为元数据管理铺平了道路。

元数据管理的功能主要包含数据地图、血缘分析、辅助应用优化、辅助安全管理，以及基于元数据的开发管理。

1）数据地图

数据地图是一种图形化的数据资产管理工具。数据地图以拓扑图的形式对数据系统的各类数据实体、数据处理过程及元数据进行分层次的图形化展现，并通过不同层次的图形展现粒度控制，满足开发、运维或业务上不同应用场景的图形查询和辅助分析需要。数据地图包含数据的基本信息和统计信息两部分。其中，基本信息主要包含字段信息、存储信息和描述信息；而统计信息主要包含数据表大小、数据表每天访问次数、数据表的更新时间等各种信息。

2）血缘分析

血缘分析（也称血统分析）是指从某一实体出发，往回追溯其处理过程，直到数据系统的数据源接口。一般来说，数据所有者是指数据归属的某个组织或某个人。数据可以在不同的所有者之间流转、融合，形成所有者之间通过数据联系起来的一种关系，这种关系能够清楚地表明数据的提供者和需求者，称为血缘关系。值得注意的是，在血缘关系中，不同层次数据的血缘关系体现着不同的含义。数据所有者层次体现了数据的提供者和需求者，其他的层次则体现了数据的来龙去脉。通过不同层次的血缘关系，可以很清楚地了解数据的迁徙流转，为数据价值的评估、数据的管理提供依据。不过对于不同类型的数据，血缘关系的层次结构会有细微的差别。对于不同类型的实体，在血缘关系中涉及的转换过程可能有不同类型，例如：对于底层仓库实体，涉及的是 ETL 处理过程；对于仓库汇总表，可能既涉及 ETL 处理过程，又涉及仓库汇总处理过程；而对于指标，除上面的处理过程外，还涉及指标生成的处理过程。血缘分析正是提供了这样一种功能，可以让使用者根据需要了解不同的处理过程，即每个处理过程具体做什么，需要什么样的输入，又产生什么样的输出。

图 9-4 所示为数据血缘分析。某数据开发工程师，为了满足一次业务需求，生成了该图，但是出于程序逻辑清晰或性能优化的考虑，其中使用了很多个数据表。在这里 Table X 是最终给到业务部门的数据表，Table A～Table E 是原始数据表，Table F～Table I 是计算出来的中间数据表，Table J 是其他人处理过的结果数据表。过了一段时间后，业务部门感觉数据开发工程师提供的数据中某个字段总是不太对劲，怀疑是数据出现问题，因此需要追

踪一下这个字段的来源。首先从 Table X 中找到了异常的字段，然后定位到该字段来源于 Table I，再从 Table I 定位到该字段来源于 Table G，再从 Table G 追溯到了 Table D，最终发现是某几天的数据来源有异常。

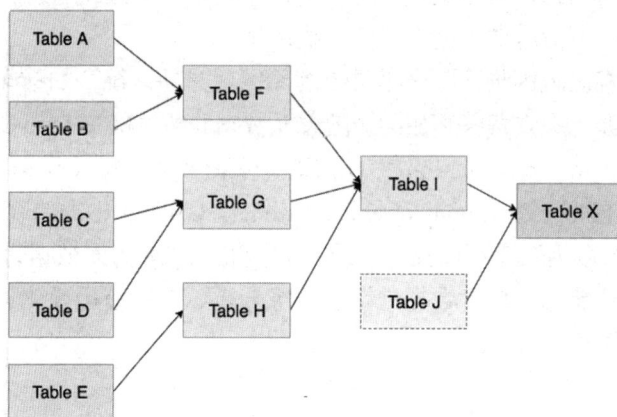

图 9-4　数据血缘分析

3）辅助应用优化

元数据对数据系统的数据、数据加工过程，以及数据间的关系提供了准确的描述，利用血缘分析、影响分析和实体关联分析等元数据分析功能，可以识别与系统应用相关的技术资源，结合应用生命周期管理过程，辅助进行数据系统的应用优化。

4）辅助安全管理

由于企业数据平台所存储的数据和提供的各类分析应用涉及企业经营方面的各类敏感信息，因此在数据系统建设过程中，必须采用全面的安全管理机制和措施来保障系统的数据安全。安全管理模块负责数据系统的敏感数据、客户隐私信息和各环节审计日志记录的管理，对数据系统的数据访问和功能使用进行有效监控。为实现数据系统对敏感数据和客户隐私信息的访问控制，进一步实现权限细化，安全管理模块应以元数据为依据，由元数据管理模块提供敏感数据定义和客户隐私信息定义，辅助安全管理模块完成相关安全管控操作。

5）基于元数据的开发管理

数据系统项目开发的主要环节包括需求分析、设计、开发、测试和上线。开发管理应用可以提供相应的功能，对以上各环节的工作流程、相关资源、规则约束、输入和输出信息等提供管理和支持。

一般来讲，企业可以尝试以下步骤进行大数据的元数据管理。

（1）考虑到企业可以获取数据的容量和多样性，应该创建一个体现关键大数据业务术语的业务定义词库（本体），该业务定义词库应不仅包含结构化数据，还可以将半结构化数据和非结构化数据纳入其中。

（2）及时跟进和理解各种大数据技术中的元数据，提供对其连续、及时的支持。

（3）对业务术语中的敏感大数据进行标记和分类，并执行相应的大数据隐私政策。

（4）将业务元数据和技术元数据进行连接，可以通过操作元数据（如流计算或 ETL 工具所生成的数据）监测大数据的流动；可以通过数据世系分析（血缘分析）在整个信息供应链中实现数据的正向追溯或逆向追溯，了解数据都经历了哪些变化，查看字段在信息供应链各组件间转换是否正确等；可以通过影响分析了解某个字段的变更会对信息供应链中其他组件中的字段造成哪些影响等。

（5）扩充企业现有的元数据管理角色，以适应大数据治理的需要，如可以扩充数据治理管理者、元数据管理者、数据主管、数据架构师，以及数据科学家的职责，加入大数据治理的相关内容。

元数据管理实施常常通过元数据管理模块来实现，元数据管理模块如图 9-5 所示。

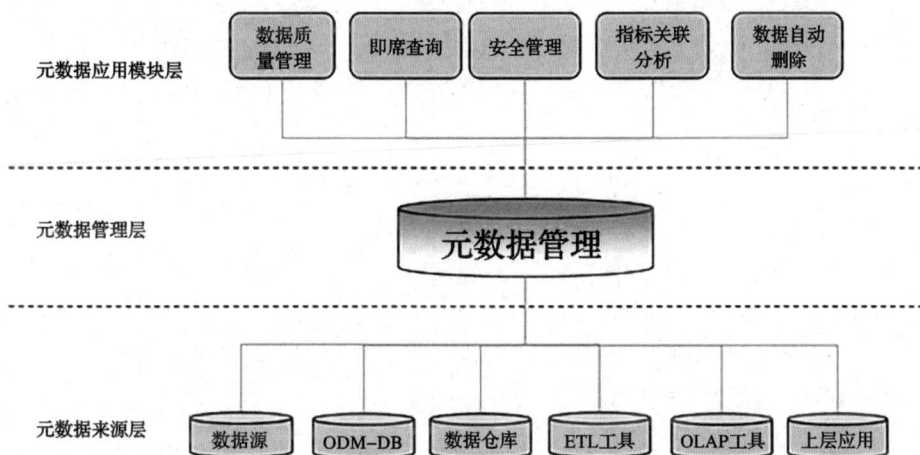

图 9-5　元数据管理模块

以下代码为 Python 生成的元数据管理模块，可用于实现元数据的添加和查询。

```python
import pymysql
# 数据库配置
DB_HOST = 'localhost'
DB_USER = 'root'
DB_PASSWORD = '123456'
DB_NAME = 'data'
# 创建数据库连接
def create_connection():
    connection = pymysql.connect(
    host=DB_HOST,
        user=DB_USER,
```

```
        password=DB_PASSWORD,
        database=DB_NAME,
        charset='utf8mb4',
        cursorclass=pymysql.cursors.DictCursor
    )
    return connection
# 关闭数据库连接
def close_connection(connection):
    connection.close()
# 添加元数据
def add_metadata(connection, name, description, creator):
    with connection.cursor() as cursor:
        # 创建一个新的记录
        sql = "INSERT INTO metadata (name, description, creator) VALUES
(%s, %s, %s)"
        cursor.execute(sql, (name, description, creator))
    # 提交事务
    connection.commit()
# 查询元数据
def list_metadata(connection):
    with connection.cursor() as cursor:
        # 查询所有记录
        sql = "SELECT * FROM metadata"
        cursor.execute(sql)
        # 获取所有记录列表
        results = cursor.fetchall()
        for row in results:
            print(row)
# 主程序
def main():
    # 创建连接
    connection = create_connection()
    try:
        # 添加元数据
        add_metadata(connection, 'Dataset1', 'Description of Dataset1',
'Creator1')
        add_metadata(connection, 'Dataset2', 'Description of Dataset2',
'Creator2')
        # 查询并列出元数据
        list_metadata(connection)

    finally:
```

```
        # 关闭连接
        close_connection(connection)
if __name__ == '__main__':
    main()
```

运行结果如下。

```
{'id': 1, 'name': 'Dataset1', 'description': 'Description of Dataset1',
'creator': 'Creator1'}
    {'id': 2, 'name': 'Dataset2', 'description': 'Description of Dataset2',
'creator': 'Creator2'}
```

4. 数据集成

数据集成把一组自治、异构数据源中的数据进行逻辑或物理上的集中，并对外提供统一的访问接口，从而实现全面的数据共享。数据集成是企业数据管理的基础，是伴随企业信息化建设的不断深入而形成的。数据集成的核心任务是将互相关联的异构数据源集成到一起，使用户能够以透明的方式访问这些数据源。数据集成涉及的数据源通常是异构的，数据源可以是各类数据库，也可以是网页中包含的结构化信息（如表格）、非结构化信息（如网页内容），还可以是文件（如结构化 CSV 文件、半结构化 XML 文件、非结构化文本文件）等。

1）数据集成的难点

目前数据集成的难点主要有以下几点。

（1）异构性。被集成的数据源通常是独立开发的，具备异构性，给集成带来了很大的困难。数据源之间的异构性主要体现在以下几个方面：数据管理系统的异构性、通信协议的异构性、数据模式的异构性、数据类型的异构性、数据取值的异构性，以及语义异构性等。数据集成在将多个数据库整合为一个数据库的过程中，存在需要着重解决的 3 个问题：模式匹配、数据冗余，以及数据值冲突。来自多个数据库的数据在命名上存在差异导致等价的实体具有不同的名称，因此给数据集成带来了挑战。怎样才能更好地对来源不同的多个实体进行匹配是摆在数据集成面前的第一个问题，解决该问题就需要用到前面提到的元数据。

（2）分布性。在数据集成中，有时数据源是异地分布的，极大程度上依赖网络传输数据，这就存在网络传输的性能和安全性等问题。

（3）自治性。在数据集成中，由于各个数据源有很强的自治性，因此数据源可以在不通知数据集成系统的前提下改变自身的结构和数据，这给数据集成系统的健壮性提出了挑战。

2）常见的数据集成方式

常见的数据集成方式主要有点对点数据集成、总线式数据集成、离线批量数据集成，以及流式数据集成。

（1）点对点数据集成。点对点数据集成是最早出现的数据集成方式，采用点对点的方式开发接口程序，把需要进行信息交换的系统一对一地集成起来，从而实现整合应用的目标。点对点数据集成在连接对象比较少的时候，确实是一种简单和高效的方式，具有开发周期短、技术难度低的优势。但是，当连接对象多的时候，连接路径就会以指数方式剧增，效率和维护成本是最大的问题。

（2）总线式数据集成。总线式数据集成在中间件上定义和执行集成规则，其拓扑结构不再是点对点数据集成形成的无规则网状，而主要是星形结构或总线结构。采用总线结构可以显著减少编写的专用集成代码量，提升集成接口的可管理性。

（3）离线批量数据集成。在传统数据集成的语境下，离线批量数据集成通常是指基于 ETL 工具的离线数据集成。关于 ETL 工具的内容详见 4.3.1 节。

（4）流式数据集成。流式数据集成也叫流式数据实时数据处理，通常是采用 Flume、Kafka 等流式数据处理工具对 NoSQL 数据库进行实时监控和复制，然后根据业务场景做对应的处理（如去重、去噪、中间计算等），最后写入对应的数据存储器中。因此，Kafka 就是一个能够处理实时流式数据的新型 ETL 解决方案。

5. 数据库建模

模型是现实世界里某些特征的模拟和抽象。模型一般可分为实物模型与抽象模型。实物模型通常是客观事物的外观描述或功能描述，如汽车模型、飞机模型、轮船模型、火箭模型等。抽象模型通常是客观事物的内在本质特征，如模拟模型、数学模型、图示模型等。

一般在建立数据库模型时，会涉及 3 种具体的数据模型，分别是概念模型、逻辑模型和物理模型。

1）概念模型

概念模型是现实世界到数据世界的一个过渡层次，它是数据库设计人员进行局部设计的有力武器，也是数据库设计人员与用户交流的语言。因此，概念模型具有简单、易懂的特点。

概念模型的相关概念如下。

（1）实体。实体是客观存在并相互区别的事物，如一棵树、一个水杯、一本图书等都是实体。

（2）实体集。实体集是指同类实体的集合，如全体学生就是一个实体集。

（3）属性。属性是指实体所具有的某一特性，如学生的学号、姓名、性别、年龄、籍贯等都是学生实体的属性。

（4）联系。联系是指实体与实体之间及实体与组成它的各个属性间的关系。在具体的表示中，一般常用 E-R 图来描述实体及其属性之间的关系。用矩形框表示实体，用圆角矩形表示属性，用菱形表示实体与实体之间的关系，并用线段连接实体与其属性。

2）逻辑模型

从定义上讲，逻辑模型是以概念模型为基础，对概念模型的进一步细化、分解。逻辑模型通过实体和实体之间的关系描述业务的需求和系统实现的技术领域，是业务需求人员和技术人员沟通的桥梁和平台。

逻辑模型直接反映了业务部门的实际需求和业务规则，同时对物理模型的设计和实现具有指导作用。它的特点就是通过实体和实体之间的关系勾勒出整个企业的数据蓝图和规划。逻辑模型一般遵循第三范式，与概念模型不同，它主要关注细节性的业务规则，同时需要解决每个主题域包含哪些概念范畴和跨主题域的继承和共享的问题。

3）物理模型

物理模型是对真实数据库的描述，是逻辑模型的延伸。物理模型能够针对逻辑模型所说的内容，在具体的物理介质上实现出来。

具体来说，物理模型是在逻辑模型的基础上，考虑各种具体的技术实现因素，进行数据库体系结构设计，真正实现数据在数据库中的存放。物理模型的建模内容包括确定所有的表和列，定义外键用于确定表之间的关系，基于用户的需求进行范式化等内容。在物理实现上的考虑，可能会导致物理模型和逻辑模型有较大的不同。

在物理模型确定以后，就可以进一步确定数据的存放位置和存储空间的分配，最后生成定义数据库的 SQL 命令。值得注意的是，在逻辑结构中，人们无须顾及具体的数据库实现，只要关注业务含义即可。一旦到了逻辑模型向物理模型转化的阶段，数据库的选择就是一件不可以忽略的事情了。物理数据库设计要考虑到在最终数据库平台上实现的具体部署模型，这部分设计将严重依赖于目标 RDBMS 的功能和实现手段，而不同的数据库平台会有不同的解决方案。

图 9-6 所示为 PowerDesigner 运行界面。PowerDesigner 是一款由 Sybase 公司开发的全面而强大的数据库设计工具，广泛应用于信息系统的分析、设计和建设过程中。它支持软件开发的整个周期，从需求分析、概念设计、逻辑设计到物理设计和数据库的建设维护等多个阶段。图 9-7 所示为在 PowerDesigner 中对表结构的设计，图 9-8 所示为生成的物理模型。

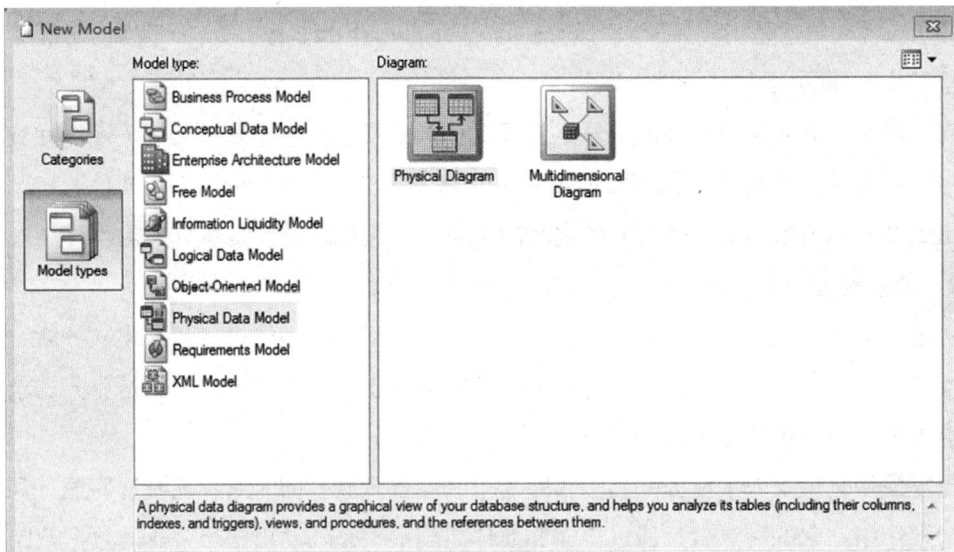

图 9-6　PowerDesigner 运行界面

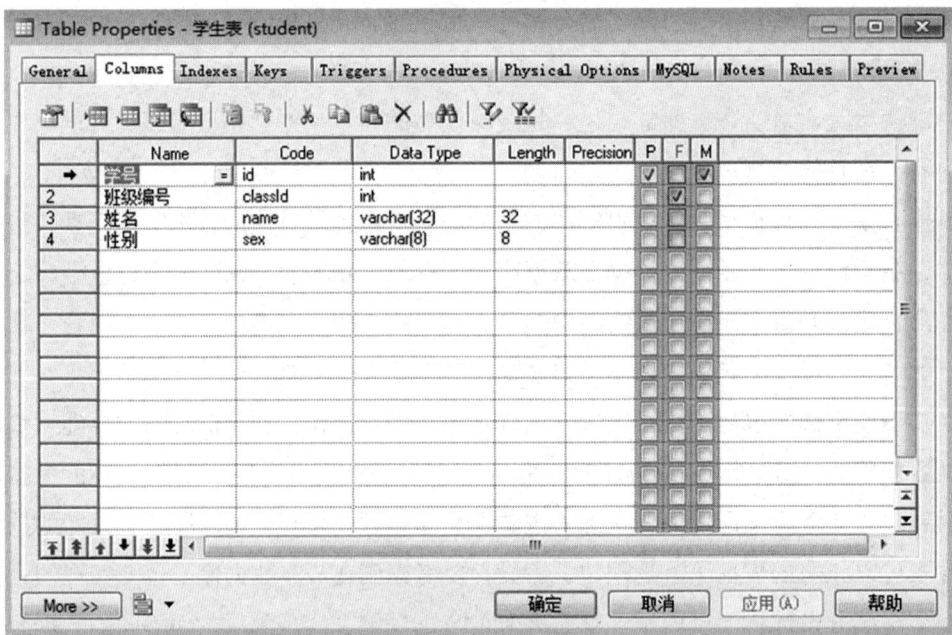

图 9-7　设计表结构

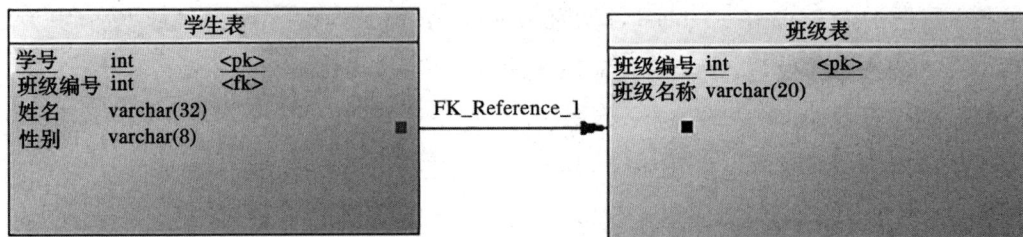

图 9-8　物理模型

6. 数据仓库建模

数据仓库建模部分内容详见 4.3.1 节。事实表通常有 3 种类型：事务事实表、周期快照事实表、累积快照事实表。其中，事务事实表记录的是事务层面的事实，保存的是原子数据，也称原子事实表；周期快照事实表以具有规律性的、可预见的时间间隔来记录事实，时间间隔有天、月、年等；累积快照事实表和周期快照事实表有些相似之处，它们存储的都是事务数据的快照信息。但是它们之间也有着很大的不同，周期快照事实表记录确定的周期的数据，而累积快照事实表则记录不确定的周期的数据。

图 9-9 所示为事实表和维度表。值得注意的是，事实表一般是没有主键的，数据的质量完全由业务系统来把握；而维度表一般是有主键的，并且维度表的主键一般都取整型值的标志列类型，这样是为了节省存储空间。例如，一个"销售统计表"就是一个事实表，而"销售统计表"里面统计数据的来源离不开"商品价格表"，因此"商品价格表"就是"销售统计表"的一个维度表，不过在数据仓库中，事实数据和维度数据的识别必须依据具体的主题问题而定。

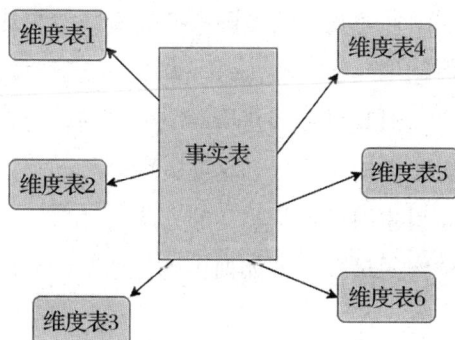

图 9-9　事实表和维度表

此外，维度建模的模型可分为 3 种：星形模型、雪花模型、星座模型。

（1）星形模型。星形模型是维度模型中最简单的形式，也是数据仓库及数据集市开发中使用最广泛的形式。星形模型由事实表和维度表组成，一个星形模型中可以有一个或多个事实表，每个事实表引用任意数量的维度表。在星形模型中，事实表居中，多个维度表呈辐射状分布于四周，并与事实表连接。

（2）雪花模型。雪花模型是一种维度模型中表的逻辑布局模型，"雪花化"就是将星形模型中的维度表进行规范化处理。与星形模型相同，雪花模型也是由事实表和维度表组成的。当所有的维度表完成规范化后，就形成了以事实表为中心的雪花形结构，即雪花模型。

（3）星座模型。数据仓库由多个主题构成，包含多个事实表，而维度表是公共的，可以共享，当两个事实表共用一些维度表时，就叫作星座模型，这种模型可以看作星形模型的汇集，因而称作星座模型。

9.2 企业架构

9.2.1 认识企业架构

架构是针对特定目标系统的具有体系性的、普遍性的问题而提供的通用解决方案，是对复杂形态的一种共性的体系抽象结构。通常来讲架构是系统的基本组织形式，体现在构成系统的组件、组件之间的关系、组件与环境之间的关系，以及用于系统设计和演进的治理原则上。

1. 企业架构简介

企业架构（Enterprise Architecture）简称 EA，是对企业信息系统中具有体系的、普遍性的问题而提供的通用解决方案，更确切地说，企业基于企业架构来理解、分析、设计、构建、集成、扩展、运行和管理信息系统。

企业架构理论和实践在国外尤其是欧美国家已经发展得非常成熟，应用历史超过了 20 年，一方面源于欧美国家信息化发展较早，另一方面受益于他们善于将知识进行体系化。

虽然企业架构理论繁多，但其目标都是指导人们创建符合自己企业特点的企业架构，以及使用合适的方式维护企业架构，使之与企业的发展相同步。为了达到这一目标，各种企业架构都在如下两个方面阐述创建企业架构的方法论。

（1）创建和维护企业架构的过程，即如何创建企业架构，以及如何确保企业架构的正确演进。

（2）企业架构的内容描述，即企业架构的内容如何分类，以及每一类都应该包含哪些内容。

实际上当前企业架构理论的发展逐渐趋同，在这些企业架构理论中，企业架构的生命周期都被描述成一个循环演进的过程，并且在演进过程中需要施以适当的治理，从而保证每一次演进都在一种有序、受控的环境下进行。在企业架构的开发过程中，大多数企业架构理论还推荐使用企业架构成熟度模型来对企业架构的状态进行评估。

2. 企业架构构成

企业架构通常分为两大部分，即业务架构和 IT 架构。

1）业务架构

业务架构是以实现企业战略为目标，构建企业整体业务能力规划并将其传导给技术实现端的结构化企业能力分析方法。业务架构能够帮助技术人员理解、归纳业务人员的想法和目标，从而让业务人员和技术人员处于同一个语境之中。同时，业务架构是企业治理架构、商业能力与价值流的正式蓝图，它定义了企业的业务能力、组织结构、业务流程及业务数据。其中，业务能力定义企业做什么，业务流程则定义企业该怎么做。例如，一个在银行信息科技部工作的业务架构师，要研究战略、领会战略，需要把战略作为推动业务架构设计的原动力，定义出详细的业务架构蓝图。此外，在具体实施中业务架构还包括企业业务的运营模式、流程体系、地域分布等内容，并体现企业的所有业务逻辑。图 9-10 所示为业务架构。

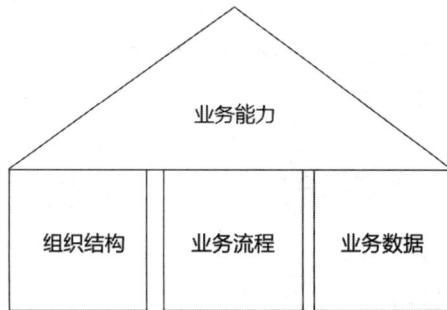

图 9-10　业务架构

2）IT 架构

IT 架构是指导 IT 投资和设计决策的 IT 框架，是建立企业信息系统的综合蓝图，主要包括数据架构、应用架构和技术架构等多个组成部分。数据架构是一套设计和组织数据存储、处理和访问的逻辑框架，它会根据各个系统的应用场景、不同时间段的应用场景，对数据进行异构、读写分离、缓存使用、分布式等处理。在数据架构的设计过程中，主要涉及 3 个部分内容：数据定义、数据分布与数据管理。数据架构如图 9-11 所示。应用架构体现了实现业务逻辑的各个应用的定位、分工和衔接关系，在应用架构的设计过程中，主要涉及 4 个部分内容：应用需求、应用项目、应用集成及研发管理。应用架构如图 9-12 所示。技术架构也叫作 IT 基础设施架构，它支撑应用实现和数据模型落地，在技术架构领域，当前的主导思想是平台化和组件化，近年来的企业数字化转型和企业计算云化大趋势都对当前企业的技术架构设计有深刻的影响，在技术架构的设计过程中，主要涉及 5 个部分内容：技术需求、技术选型、物理选型、分布设计及选型管理。技术架构如图 9-13 所示。

图 9-11　数据架构

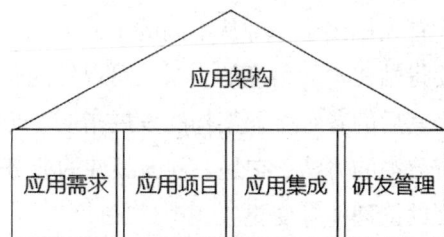

图 9-12　应用架构

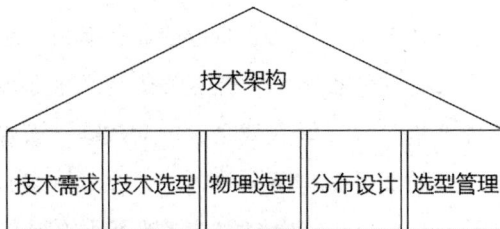

图 9-13　技术架构

企业架构实施全景如图 9-14 所示。值得注意的是，企业管理层通常是企业战略的提出者，业务架构师通常是业务蓝图（业务架构）的设计者，最后的解决方案则由数据架构师、应用架构师和技术架构师来合作完成。

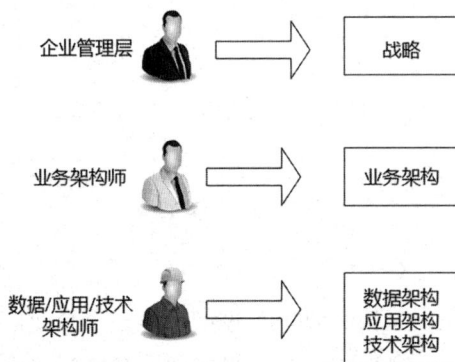

图 9-14　企业架构实施全景

9.2.2　主流的企业架构

虽然企业架构理论所面对的问题是同样的，但是由于它们出现的历史背景和研发团体都不相同，因此它们的适用范围和侧重角度有较大的差异。下面介绍几种主流的企业架构。

1. Zachman 架构

Zachman 架构是企业架构中的基本形式，它提供了一种从不同角度查看企业及其信息系统的方法，并显示企业的组件是如何关联的。作为一个被广泛承认的企业架构，Zachman 架构首先提出了一种从不同的干系人的视角来对信息系统的各个方面进行描述的方法，从而使得站在不同角度的干系人可以针对信息系统的建设使用相同的描述方式进行沟通，这也为其后的各种企业架构的发展指明了方向。同时，Zachman 架构提供了一种对组织结构进行分类的方法。它是一种前瞻性的业务工具，可用于建模企业的现有功能、元素和流程，并帮助管理业务变更。

Zachman 架构是一种逻辑结构，目的是为 IT 企业提供一种可以理解的信息描述，它对企业信息按照特定的要求进行分类，从不同角度进行描述。在实现上 Zachman 架构采用了一种 6 行 6 列的格式，其中 6 行（即纵向维度）反映了 IT 架构层次，从上到下包括目标范围、业务模型、信息系统模型、技术模型、详细展现、功能系统；而 6 列（即横向维度）采用 5W1H（What、How、Where、Who、When、Why，即什么、怎样、哪里、谁、何时、为何）进行组织，分别为数据、功能、网络、角色、时间、动机。Zachman 架构如图 9-15 所示。

图 9-15 中有 36 个方格，每个方格就是一个角色（如企业拥有者）和每个描述焦点（如数据）的交汇。当人们在表格中水平移动（如从左到右）时，从同一个角色的角度，会看到系统的不同描述；而当人们在表格中垂直移动（如从上到下）时，则会看到从不同角色的角度，如何观察同一个焦点。

此外，Zachman 架构也是一个综合性分类系统，它通过分类矩阵，把企业架构涉及的基本要素（而不是企业本身）划分成不同的单元，并清楚地定义了每个单元中的内容（组件、模型等）、性质、语义、使用方法等。在实际应用中 Zachman 架构可以提供关于在过程的不同阶段需要什么类型的工件的指导。根据 Zachman 架构提供的基本结构，组合后的应用程序可以产生可预测的、可重复使用的结果。

	数据（什么？）	功能（怎样？）	网络（哪里？）	角色（谁？）	时间（何时？）	动机（为何？）
目标范围	列出对业务至关重要的元素	列出业务执行的流程	列出与业务运营有关的地域分布要求	列出对业务重要的组织部门	列出对业务重要的事件及时间周期	列出企业目标、战略
业务模型	实体关系图	业务流程模型（物理数据流程图）	物流网络（节点和连接）	基于角色的组织层次图，包括相关技能规定、安全保障问题	业务主进度表	业务计划
信息系统模型	数据模型（聚合体、完全规格化）	关键数据流程图、应用架构	分布式系统架构	人机界面架构（角色、数据、入口）	依赖关系图、数据实体生命历程（流程结构）	业务标准模型
技术模型	数据架构（数据库中的表格及属性）、遗产数据图	系统设计（结构图、伪代码）	系统架构（硬件、软件类型）	用户界面（系统如何工作）安全设计	"控制流"图（控制结构）	业务标准设计
详细展现	数据设计（反向规格化）、物理存储器设计	详细程序设计	网络架构	屏显、安全机构（不同种类数据源的开放设定）	时间、周期定义	程序逻辑的角色说明
功能系统	转化后的数据	可执行程序	通信设备	受训的人员	企业业务	强制标准

图 9-15　Zachman 架构

2. FEA

1999 年，预算管理办公室（OMB）提出了联邦企业架构（Federal Enterprise Architecture，FEA），并成立了 FEA 项目管理办公室（FEAPMO）。FEA 的目的是将整个联邦政府所有机构的错综复杂的关系当成一个大型的组织系统，根据信息化和电子政务的基本规律，大胆地规划网络环境下的全新的联邦政府行政管理体系。值得注意的是，FEA 并不是一种理论化的企业架构开发方法论，而是联邦政府所要建立的企业架构本身，以及在架构的建设过程中所需要的各种管理和规划工具。FEA 用于指导联邦政府改善其对信息技术的投资，并着眼于在全联邦政府范围内共享可重用的信息技术资源。

FEA 分为 5 个参考模型，它们共同提供了联邦政府的业务、绩效与技术的通用定义和架构。在 FEA 体系中，业务参考模型（BRM）是其基础，决定后面的性能参考模型（RPM）、服务参考模型（SRM）、数据参考模型（DRM）、技术参考模型（TRM）的具体评估内容。

3. TOGAF

TOGAF 即开放群组架构框架（The Open Group Architecture Framework）的缩写，是一个架构框架或工具，用来指导架构创建、使用和维护。它基于一个迭代的过程模型，由一些最佳实践和一套可重用的已有架构资产支持。TOGAF 是一个可靠的、行之有效的方法，以发展能够满足商务需求的企业架构为目标，它主要描述了如何定义企业架构中的业务架构、数据架构、应用架构和技术架构，如表 9-3 所示。TOGAF 中 4 种架构的关系如图 9-16 所示。

表 9-3　TOGAF 对企业架构的描述

架构类型	描述
业务架构	业务战略、治理、组织和关键业务流程
数据架构	各类逻辑和物理资产，以及数据管理资源的结构
应用架构	描述被部署的单个应用系统与系统之间的交互，以及它们与组织核心业务流程之间关系的蓝图
技术架构	对于支持业务、数据和应用服务的部署来说必需的逻辑软、硬件能力

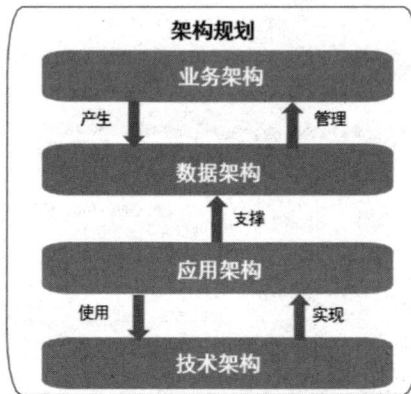

图 9-16　TOGAF 中 4 种架构的关系

TOGAF 所包含的各种企业架构相关方法与工具在企业的业务愿景、驱动力和业务能力之间建立起一座沟通的桥梁，从而使得作为企业发展蓝图的业务愿景与各种驱动力可以一起通过一种有条理的方式促进企业业务能力的实现和发展。借助 TOGAF 理论体系帮助企业建设企业架构，将有助于企业节约成本，增加业务模式的灵活性，更加个性化，随需应变，并提高信息系统应用水平，还可以对客户的业务模式创新起到推动作用。

9.3　数据治理框架

目前，常见的数据治理框架有 ISO38500 数据治理框架、DAMA 数据治理框架、DGI 数据治理框架、IBM 数据治理框架，以及 DCMM 数据治理框架等。

9.3.1　ISO38500 数据治理框架

国际标准化组织（ISO）于 2008 年推出了第一个 IT 治理的国际标准：ISO38500，它的出现标志着 IT 治理从概念模糊的探讨阶段进入了正确认识的发展阶段，而且标志着信息化正式进入 IT 治理时代。ISO38500 提出了 IT 治理框架（包括目标、原则和模型），并认为该框架同样适用于数据治理领域。

在目标方面，ISO38500 认为 IT 治理的目标就是促进组织高效、合理地利用 IT。在原则方面，ISO38500 定义了 IT 治理的 6 个基本原则：职责、策略、采购、绩效、符合和人员行为，这些原则阐述了指导决策的推荐行为，每个原则描述了应该采取的措施，但并未说明如何、何时及由谁来实施这些原则。在模型方面，ISO38500 认为组织的领导者应重点关注 3 项核心任务：一是评价现在和将来的 IT 利用情况；二是对治理准备和实施方针及计划做出指导；三是建立"评价→指导→监控"的循环模型。ISO38500 数据治理模型如图 9-17 所示。

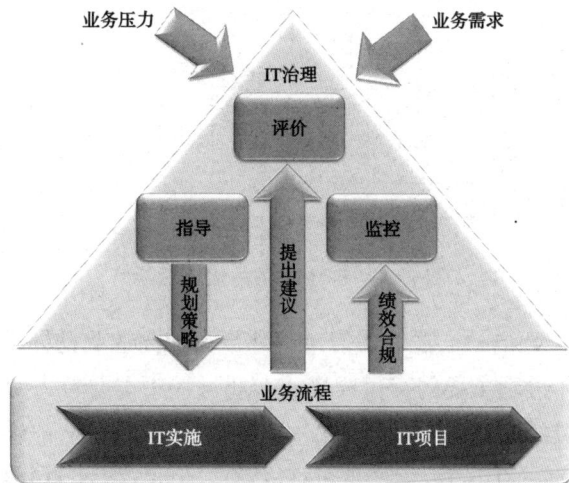

图 9-17　ISO38500 数据治理模型

9.3.2　DAMA 数据治理框架

国际数据管理协会（DAMA）借助其丰富的数据管理经验，提出了最为完整的数据治理框架。DAMA 数据治理框架首先总结了数据管理的主要功能，包括数据治理、数据架构管理、数据仓库和商务智能管理、数据质量管理、元数据管理、数据安全管理、数据开发、数据操作管理、参考数据和主数据管理、文件和内容管理等，并把数据治理放在核心位置，如图 9-18 所示；然后详细阐述了数据治理的核心环境要素，如目标和原则、活动、主要交付物、角色和职责、技术、实践和方法，以及组织和文化等；最终建立起主要功能和核心环境要素之间的对应关系，认为数据治理的重点就是解决主要功能与核心环境要素之间的匹配问题。主要功能是 DAMA 数据治理框架中的核心议题，这些议题构成了数据治理的主要内容。而如何进行有效的数据治理，需要在 DAMA 数据治理框架核心环境要素中，按照一定的逻辑结构进行分析，保证数据治理的目标和其在实际商业过程中的贡献。

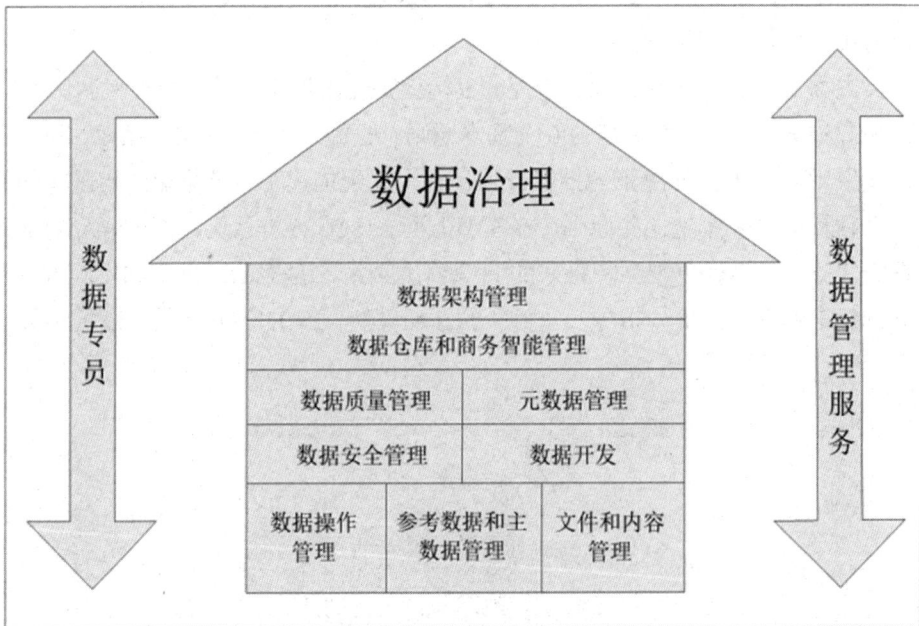

图 9-18　DAMA 数据治理框架

DAMA 数据治理框架的核心逻辑可以概括如下：在商业驱动因素下，从数据治理的输入端，到主要的活动，再到主要的交付成果。在此过程中需要首先明确数据治理过程对供应方、参与方与消费者的影响，并在每个数据治理的车轮维度上，认真地思考商业价值导向与目标导向，最终形成有效的数据治理可行方案。因此，尽管 DAMA 数据治理框架非常复杂，但商业价值驱动目标导向是 DAMA 数据治理框架的最大特点。理解数据治理的商业驱动，有利于在数据治理的时候，保证正确的方向，使数据治理真正服务于企业的经营，服务于企业市场竞争能力的提升，从而使得企业数字化转型不能只为转型而转型，必须服务于企业战略。

9.3.3　DGI 数据治理框架

数据治理研究所（DGI）认为数据治理不同于 IT 治理，其应建立独立的数据治理理论体系。DGI 认为数据治理指的是对数据相关事宜的决策制定与权利控制，具体来说，数据治理是处理信息和实施决策的一个系统，即根据约定模型实施决策，包括实施者、实施步骤、实施时间、实施情境，以及实施途径与方法。因此，DGI 从组织、规则、流程 3 个层面，总结了数据治理的 10 大关键要素，创新地提出了 DGI 数据治理框架，如图 9-19 所示。

DGI 数据治理框架偏重于对实践操作的培训，通过 10 个组件回答了数据治理的经典问题（Why、What、Who、How、When）。DGI 按照 3 个层次描绘了数据治理框架，在规则层，前 6 个组件分别为愿景、重点区域（目标、评估标准、推动策略）、数据规则与定义、决策、职责和控制，其中愿景回答了为什么进行数据治理的问题（Why），其他组件负责规定数据治理的具体规则（What）。在组织层，第 7~9 个组件将相关人员分为数据利益相关者、数据治理办公室和数据管理员（Who）。在流程层，最后一个组件是数据治理流程（How），同时设定了数据治理项目的典型时间节点（When）。DGI 的方法论条理清晰，对实际治理实施的指导性很强。

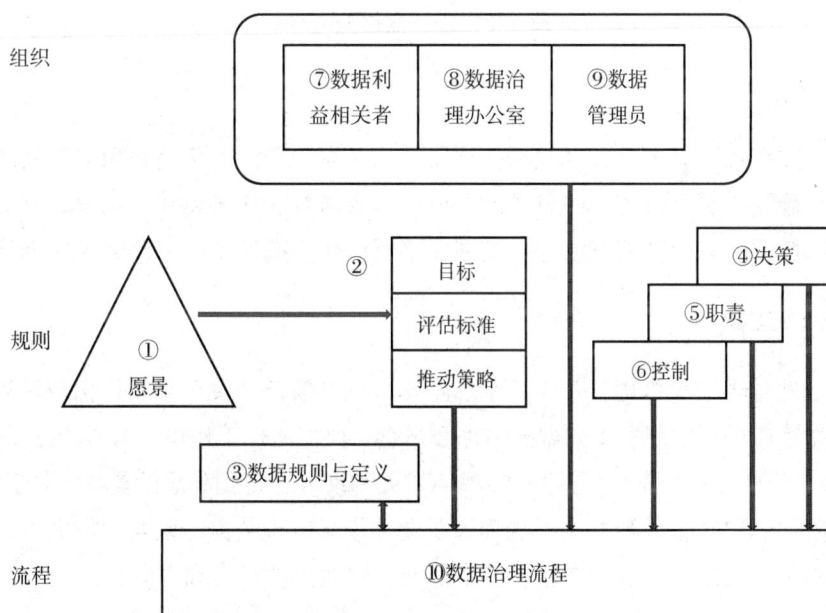

图 9-19　DGI 数据治理框架

数据治理需要高层支持，DGI 在数据治理过程中用了 3 个阶段来强化这个意识，其整个数据治理生命周期包括 7 个阶段，其他 4 个阶段是设计、部署、实施和绩效考核等常规内容。首先需要发掘数据治理的价值，然后制定实施路径，最终在获取高层支持后完成计划、获取投资。

9.3.4 IBM 数据治理框架

IBM 可能是最先提出数据治理概念的公司，基于其非凡的管理咨询与 IT 咨询的经验，同时基于其大数据平台的开发，IBM 提出了自己的数据治理框架。IBM 数据治理框架分为目标、支持条件、核心规程和支持规程 4 个层次，如图 9-20 所示。

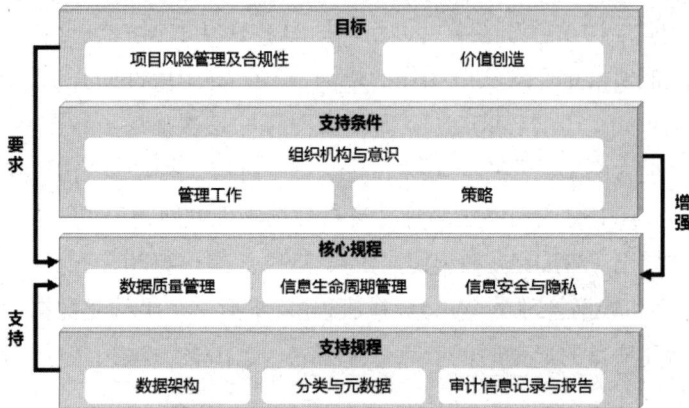

图 9-20　IBM 数据治理框架

1. 目标

目标是数据治理计划的预期结果，通常致力于降低风险和创造价值。项目风险管理及合规性用来确定数据治理与风险管理的关联度及合规性，用来量化、跟踪、避免或转移风险。价值创造通过有效的数据治理，实现数据资产化，帮助企业创造更大的价值。

2. 支持条件

支持条件包含组织机构与意识、管理工作，以及策略。关于组织机构与意识，数据治理需要建立相应的组织机构（如数据治理委员会、数据治理工作组等），并安排相应人员开展数据治理工作，同时需要建立数据治理的相关制度并且得到高层的支持。关于管理工作，数据治理需要制定数据质量控制的规程和制度，用来管理数据，以实现数据资产的增值和风险控制。关于策略，企业应在数据战略层面设置明确的目标和方向。

3. 核心规程

核心规程包含数据质量管理、信息生命周期管理，以及信息安全与隐私。数据质量管理包含提升数据质量，保障数据一致性、准确性和完整性的各种方法。信息生命周期管理包含对各种类型数据（如结构化数据、非结构化数据、半结构化数据）全生命周期管理的相关策略、流程和分类。信息安全与隐私包含降低数据安全风险的各种策略、实践和控制方法。

4. 支持规程

支持规程包含数据架构、分类与元数据，以及审计信息记录与报告。数据架构指系统体系结构设计，支持向适当的用户提供和分配数据。分类与元数据通过元数据技术，对企业的业务元数据、技术元数据进行梳理，形成数据资产的统一资源目录。审计信息记录与报告指数据合规性、内部控制、数据管理审计相关的一系列管理流程和应用。

IBM 数据治理流程由 14 个步骤组成，如图 9-21 所示，具体包含定义业务问题、获取高层支持、执行成熟度评估、创建路线图、建立组织蓝图、创建数据字典、理解数据、创建元数据存储库、定义度量指标、治理主数据、治理分析、管理安全和隐私、治理信息生命周期、度量结果。

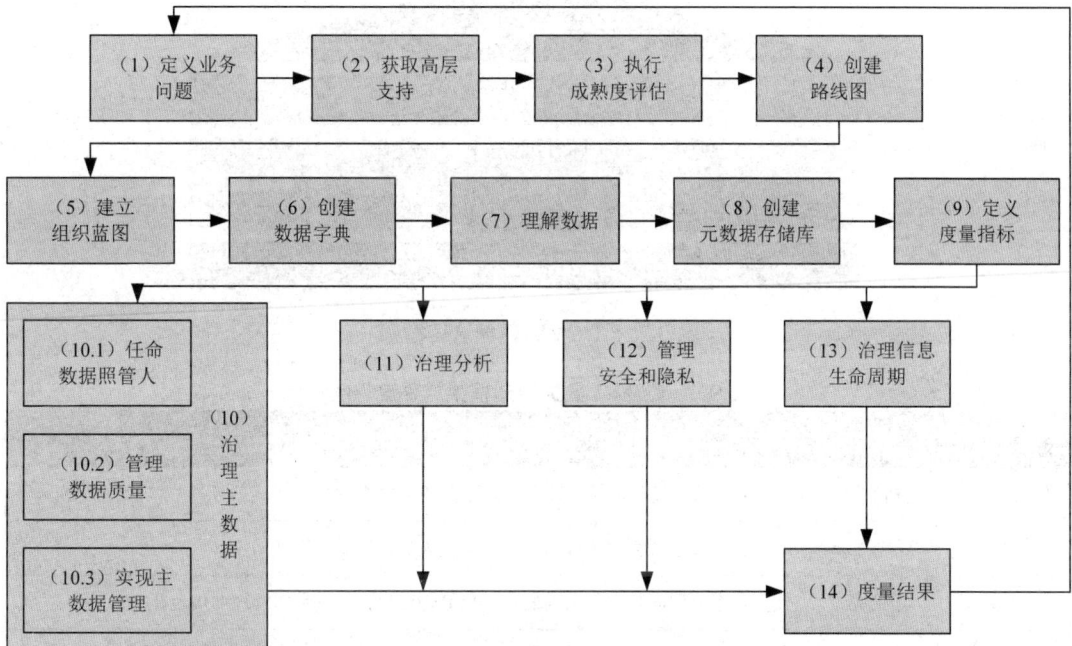

图 9-21　IBM 数据治理流程

IBM 数据治理流程是一个操作流程和项目导向的流程，最终形成了一次数据治理的闭环。值得注意的是，IBM 数据治理流程使用 InfoSphere Business Glossary 与 InfoSphere Discovery 工具，能够揭示数据治理的深层次问题，方便企业进行大数据配置方案的选择，从而使其数据治理方案能够彻底落地实施。

9.3.5　DCMM 数据治理框架

DCMM 数据治理框架是我国推出的针对数据管理能力成熟度的评估模型，旨在帮助企业系统性地评估和提升其数据管理的成熟度和效率。该框架是一个全面的数据管理指导体系，它不局限于数据治理，而是涵盖了数据管理的多个关键方面，但数据治理作为其核心领域之一，扮演着至关重要的角色。在实际应用中，DCMM 数据治理框架是推进数字化发展的重要抓手，在提升我国数据管理方面的国际话语权、完善国家数据管理体系、规范各方数据活动、推动数据管理实践等方面有重要作用。

DCMM 数据治理框架基于 GB/T 36073—2018 标准，定义了 8 个核心能力域，包括数据战略、数据治理、数据架构、数据标准、数据质量、数据安全、数据应用和数据生命周期，如图 9-22 所示。DCMM 数据治理框架通过 5 个成熟度等级（初始级、受管理级、稳健级、量化管理级、优化级）来衡量企业在数据管理上的成熟度，如表 9-4 所示。

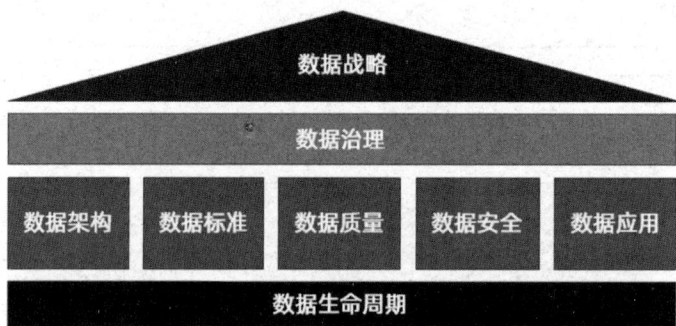

图 9-22　DCMM 数据治理框架

表 9-4　DCMM 数据治理框架成熟度等级

等级	名称	描述
1	初始级	企业没有统一的管理流程，主要是被动式管理
2	受管理级	企业制定了管理流程，指定了相关人员进行初步管理
3	稳健级	在企业层面制定了系列的标准化管理流程，促进数据管理的规范化
4	量化管理级	数据被认为是获取竞争优势的重要资源，数据管理的效率可以量化分析和监控
5	优化级	数据被认为是企业生存和发展的基础，相关管理流程能实时优化，能在行业内进行最佳实践分享

数据治理是 DCMM 数据治理框架中的一个核心领域，强调了企业对数据治理的控制和指导机制。在 DCMM 数据治理框架下，数据治理不仅关注策略和规则的制定，还包括确保数据治理机制在企业内的实施和持续改进。DCMM 数据治理框架通过量化评估和明确的治理路径，为数据治理提供了实操层面的指导和支持，帮助企业识别数据治理中的不足，制定针对性的改进措施，以实现数据治理的最佳实践。

图 9-23 所示为 DCMM 数据治理框架评估流程，可分为以下 3 步：差距分析、能力建设和测量评估。

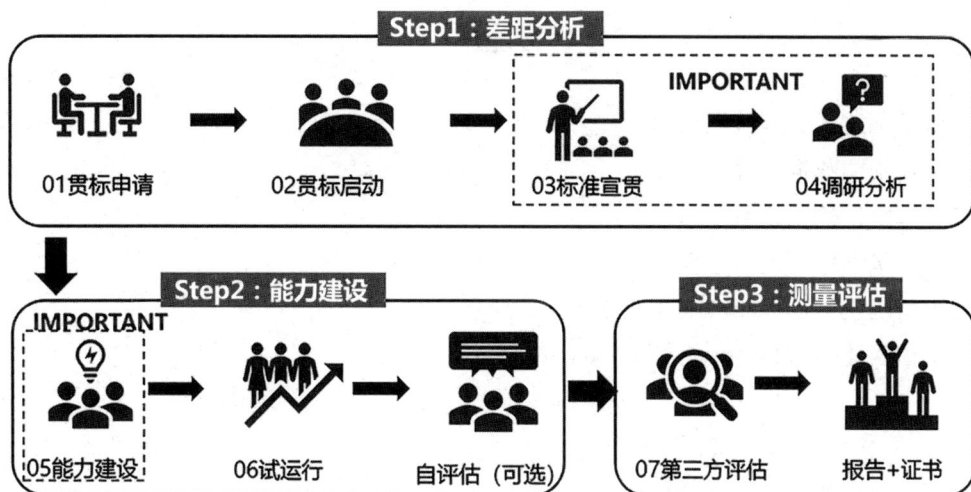

图 9-23　DCMM 数据治理框架评估流程

数据治理是企业管理数据的实践活动，而 DCMM 数据治理框架则是评估和提升这些实践活动成熟度的工具。二者共同作用，推动企业的数据管理水平向更高层次发展，确保数据能够更好地服务于企业的战略目标和业务需求。

9.4　本章小结

（1）数据治理的核心是为业务提供持续的、可度量的价值。

（2）数据治理不只是技术问题，更是一个管理问题。

（3）数据标准是进行数据标准化、消除数据业务歧义的主要参考依据。

（4）主数据是用来描述企业核心业务实体的数据，它是具有高业务价值的、可以在企业内跨越各个业务部门被重复使用的数据，并且存于多个异构的应用系统中。

（5）一般在建立数据库模型时，会涉及 3 种具体的模型，分别是概念模型、逻辑模型和物理模型。

（6）企业架构（Enterprise Architecture）简称 EA，是对企业信息系统中具有体系的、普遍性的问题而提供的通用解决方案，更确切地说，企业基于企业架构来理解、分析、设计、构建、集成、扩展、运行和管理信息系统。

（7）Zachman 架构是企业架构中的基本形式，它提供了一种从不同角度查看企业及其信息系统的方法，并显示企业的组件是如何关联的。

（8）目前，常见的数据治理框架有 ISO38500 数据治理框架、DAMA 数据治理框架、DGI 数据治理框架、IBM 数据治理框架，以及 DCMM 数据治理框架等。

习题 9

（1）请阐述什么是数据治理。

（2）请阐述数据治理的目标。

（3）请阐述什么是数据架构。

（4）请阐述什么是物理模型。

（5）请阐述 Zachman 架构的特点。

（6）请阐述 DCMM 数据治理框架的特点。

第 10 章　大数据的应用

🦋 **本章学习目标**

- 了解大数据在旅游业中的应用。
- 了解大数据在工业中的应用。
- 了解大数据在交通中的应用。

10.1　旅游大数据

10.1.1　旅游大数据的发展

旅游是一个城市的名片，是一个城市的品牌生产力，也是一个城市综合能力的重要体现。近年来，随着我国国民经济的持续增长，旅游已经成为衡量现代生活水平的重要指标，旅游也已经成为一个时尚的话题。

1. 智慧旅游的概念

智慧旅游也被称为智能旅游，其不可或缺的因素是综合性的云计算、物联网等高科技信息技术的应用，旅游经营者可以利用网络为广大游客及时发布相关企业动态和旅游信息；游客用手机、计算机和其他主动感知类网络终端设备，可以合理地安排旅游行程，为提前出行做好准备，如预订机票、酒店、餐厅等。这种智能化的旅游模式，为游客提供了方便，同时在推动旅游企业管理中发挥了巨大作用。

2. 智慧旅游的发展

智慧旅游的发展为旅游业做出了深刻的实践探索，并且为旅游业的进一步发展奠定了基础，使得旅游业发展的智慧形式越来越多样化。比较常见的应用是一些地方的旅游景区、景点纷纷与各大门户网站建立紧密合作关系，建立动态监测旅游景区评价系统，以便游客了解动态的旅游信息。

10.1.2　大数据对旅游业的影响

随着大数据应用的不断深入，旅游大数据也得到了业界的高度重视。通过在旅游业中引入大数据，可以更加贴近游客，深刻理解游客需求，高效分析信息并做出预判。大数据对旅游业的影响主要包括以下几点。

1.　有助于品牌精确定位

旅游品牌是旅游服务的前提和保证，基于市场数据进行分析和调研是进行品牌定位的第一步。在旅游业中充分挖掘品牌价值，需要架构大数据战略，以拓宽旅游业调研数据的广度和深度。在调研中，应从海量数据中充分了解旅游业市场构成，细分市场特征、游客需求和竞争者状况等众多因素，并在科学系统的信息数据收集、管理、分析的基础上，提出更好的解决问题的方案和建议，以保证旅游品牌市场定位独具个性。

2.　提高服务质量

大数据公司利用旅游业数据库进行分析建模，并依托行业数据分析推演，进而可以有效地了解旅游政府部门和景区的公共服务体系建设，真正提高旅游公共服务满意度。

例如，大数据可以将分散、海量的旅游信息，以更友好的方式呈现出来，以方便游客计划和安排行程。

又例如，旅游政府部门和景区管理者可以通过分析游客的评价和反馈数据，识别公共服务设施（如卫生间、休息区、信息咨询点）的使用频率和满意度，指导相关部门进行合理布局和改善，提升游客满意度。

再例如，景区利用地理信息系统和大数据分析，合理规划紧急医疗、安全救援站点，确保快速响应各类突发事件。

3.　改善经营管理

大数据公司通过对大量数据的挖掘和分析，能有效指导旅游政府部门和景区的管理工作。大数据公司可以根据游客的特征和偏好，提供有力的旅游产品和服务，并利用大数据进行公司运行状况分析，有效地监测运行，对公司实施有效的管理，从而推动旅游业的建设。

例如，通过对大量数据的分析和挖掘，进行指导和管理工作，酒店可以更加精准地根据游客特征和偏好推荐有吸引力的旅游产品和服务；景区可以更好地进行客流疏导和调控；旅行社可以更方便地整合信息资源而开发出更有针对性的旅游产品等。

4.　改变营销策略

大数据公司通过各种旅游数据可以了解游客画像数据，掌握游客的行为和偏好，真正做到"投其所好",并最终实现推广资源效率和效果的最大化。

例如,大数据时代中的旅游公司可以采用离线商务模式,通过打折、服务预订等方式,把线下商店的消息快速推送给互联网用户。

10.1.3 大数据在旅游业中的应用

1. 大数据在旅游景区中的应用

首先,通过大数据可以建立一个旅游景区的数据统计网站,包含景区人数、车辆、天气,以及景区承载量等多项数据。景区管理公司可以将现场入园数据及时汇聚到网上,游客便可以根据人数统计结合景区承载量,来判断在一段时间内是否适合进入该景区。同时,停车位的统计可以帮助游客选择去景点的方式,是自驾还是乘坐公交工具。

其次,利用旅游数据的分析可以适当地引导游客的出行,如将游客引导至人数不太多的景区。通过大数据的分析和预测,不仅可以给游客一个愉快的旅游感受,还能减缓景区的压力,避免造成一些不必要的旅游纠纷,而且可以适当均衡热门景区和冷门景区。数据的公开透明是旅游业发展的趋势,游客可以充分利用大数据来打造一个适合自己的旅游方式。

2. 大数据在旅行社中的应用

大数据的产生对旅行社的经营者来说,机会与威胁并存。机会有以下两点:第一,通过大数据,经营者可以知道游客喜欢什么样的产品,进而开发"适销对路"的产品;通过大数据,经营者可以了解到游客主要来自哪些地区,从而有针对性地进行营销和制定游客所喜欢的线路。第二,通过大数据的公开化和透明化,相关资源的组合能在最大限度上降低旅行社的经营成本,实现利润的最大化。

同时,大数据的公开化和透明化给旅行社的经营者带来了很大的威胁。一方面,旅行社之间的竞争日益激烈;另一方面,游客掌握了相关的信息之后选择自助游也是一种大的趋势,势必给旅行社的经营者造成了一定的压力。在这样透明的环境之下,旅行社只有不断提高自身的服务能力,以特色的旅游线路和优质的服务才能适应环境的变化,才能得以生存。

3. 大数据在酒店中的应用

1)大数据有助于精确酒店行业市场定位

一个成功的市场定位,能够使一个企业的品牌成长速度加倍,而基于大数据的市场数据分析和调研是企业进行品牌定位的第一步。酒店行业的企业要想在无硝烟的市场中分得一杯羹,需要架构大数据战略,拓宽酒店行业调研数据的广度和深度,从大数据中了解酒店行业市场构成，细分市场特征、消费者需求和竞争者状况等众多因素，在科学系统的信息数据收集、管理、分析的基础上，提出更好的解决问题的方案和建议，保证企业品牌市场定位独具个性，提高企业品牌市场定位的行业接受度。

2）大数据成为酒店行业市场营销的利器

从搜索引擎、社交网络的普及到人手一部智能手机，互联网上的信息总量正以极快的速度不断暴涨。人们每天在微博、微信、论坛、电商平台上分享的各种文本、照片、视频、音频等数据高达几百亿甚至几千亿条，这些数据涵盖着商家信息、个人信息、行业资讯、产品使用体验、商品浏览记录、商品成交记录、产品价格动态等海量信息。这些数据通过聚类可以形成酒店行业大数据，其背后隐藏的是酒店行业的市场需求、竞争情报，闪现着巨大的财富价值。

在酒店行业市场营销工作中，大数据的作用一是通过获取数据并加以统计分析来帮助企业充分了解市场信息，掌握竞争者的商情和动态，了解产品在竞争群中所处的市场地位，达到"知彼知己，百战不殆"的目的；二是企业通过积累和挖掘酒店行业消费者档案数据，分析消费者的消费行为和兴趣爱好，便于更好地为消费者服务和发展忠实客户。

3）大数据支撑酒店行业收益管理

收益管理作为实现收益最大化的一门理论学科，近年来受到酒店行业人士的普遍关注和推广运用。收益管理意在把合适的产品或服务，在合适的时间，以合适的价格，通过合适的销售渠道，出售给合适的消费者，最终实现企业收益最大化的目标。要达到收益管理的目标，需求预测、细分市场和敏感度分析是此项工作的 3 个重要环节，而这 3 个环节推进的基础就是大数据。

4）大数据创新酒店行业需求开发

随着微博、微信、论坛、电商平台等媒介在 PC 端和移动端的创新和发展，公众分享信息变得更加便捷自由，而公众分享信息的主动性促使了网络评论这一新型舆论形式的发展。成千上亿条的网络评论形成了交互性大数据，其中蕴藏了巨大的酒店行业需求开发价值，值得企业管理者重视。

4. 大数据在旅游交通中的应用

1）应用大数据解决交通堵塞

通过对手机和 GPS 信号进行分析，得到一张完整的道路交通状况地图，可以在地图上表示自己所在的位置，把自己作为数据源进行准确的分析，这样就可以根据自己的实际情况选择最不拥挤的道路，尽快到达目的地。

2）应用大数据处理恶劣天气下的道路损失

使用气象信息站和高速公路数据的信息，可以对恶劣天气进行监测，监测其持续时间及道路遭受损失的程度，以及之后修复需要耗费的时间，从而提高处理道路损失的效率，确保游客在旅行过程中的生命财产安全和整个旅行计划的顺利完成。

3）应用大数据评估路况

旅游客车的司机和自驾游的司机通过大数据的分析，来评估关键路段行驶的可靠性，从而确定在哪条道路上行驶。

10.1.4　旅游大数据面临的问题

1. 数据收集渠道单一，缺乏统一标准

随着互联网的快速发展，大数据已成为智慧旅游发展中的重要工具，但目前的旅游数据还存在收集渠道单一、缺乏统一标准、准确度低、利用率低的弊端。现在数据量巨大，但如何根据已有的大数据进行数据挖掘，发挥大数据的实际功效是之后的研究重点。旅游业要想更好地应用大数据，就必须改变现有的弊端。

2. 大数据分析人才短缺

大数据应用的根本在于，从不相关的数据中找到相关性，这需要具有旅游背景的专业人才客观地对旅游大数据做出精准研判，需要具有大数据技术和旅游背景的复合型人才进行专业分析。但目前国内从事数据分析工作的主要以网络信息人才为主，这类人才往往熟谙信息编程和软硬件管理，但不精于对旅游大数据的挖掘和整理，具有旅游背景的应用型人才极其欠缺，这给当下智慧旅游大数据的建设带来了现实阻滞。

3. 开放性与隐私的冲突

隐私是大数据时代的又一大挑战。数据开放共享是大数据竞争的战略核心，但随之而来的是数据安全与数据隐私方面的问题。如何处理数据开放性与隐私的平衡问题，是大数据应用的一个难题。旅游大数据研究需要开放的数据，但目前我国的数据开放程度达不到应用的要求，一些敏感数据在所有权和使用权未明确界定的情况下，资源共享带来的隐私问题必将成为最大的挑战，如何进行数据保护已成为当务之急。

10.2　工业大数据

随着社会经济的快速发展，信息化和工业化技术不断发展创新，智能制造在工业领域引起了新一轮的工业革命。随着智能制造的发展及互联网技术的发展，工业大数据作为贯穿整个产品生命周期的新的要素，在一定程度上推动了智能制造的升级。大数据时代的来临，对工业制造的变革和发展起到了重要的作用。

10.2.1 认识工业大数据

工业大数据即难以通过传统的分析工具进行有效分析的工业数据的集合。利用大数据技术有效对工业数据进行分析，深入挖掘其中的数据价值，才能创造出新的商业价值。通过工业大数据，可以以全方位、数字化的视角对工业的发展进行剖析，将结构化、非结构化的数据进行有效的分析，从而建立相应的数据模型，使得企业实现智能化的生产制造。

1. 工业大数据概述

当前，以大数据、云计算、移动物联网等为代表的新一轮科技革命席卷全球，正在构筑信息互通、资源共享、能力协同、开放合作的制造业新体系，极大地扩展了制造业创新与发展的空间。工业大数据是指在工业领域中，围绕典型智能制造模式，从客户需求到销售、订单、计划、研发、设计、工艺、制造、采购、供应、库存、发货和交付、售后服务、运维、报废或回收再制造等整个产品全生命周期各个环节所产生的各类数据及相关技术和应用的总称。工业大数据包括企业信息化数据、工业物联网数据及企业外部物联网数据，是工业互联网的核心要素。因此，发展工业大数据，包括工业大数据的理论、技术、产品和保障条件，对于促进工业互联网的蓬勃发展具有重要的价值和意义。

企业信息化数据是工业领域传统数据资产，也是工业大数据的第一个来源。企业信息系统存储了高价值密度的核心业务数据，其中积累的产品研发数据、生产制造数据、供应链数据，以及客户服务数据存在于企业或产业链内部，是工业领域传统数据资产。

近年来，全球物联网技术高速发展，工业物联网数据已经成为工业大数据新的、增长较快的来源，通过设备联网，可以实时自动采集生产设备与交付产品的状态及工况数据。

目前，互联网与工业的深度融合使企业外部物联网数据成为工业大数据不容忽视的重要来源，如影响设备作业的气象数据、影响产品市场预测的宏观经济数据，以及影响企业生产成本的环境法规数据等。

值得注意的是，近年来，人工产生的数据规模的比重正逐步降低，企业信息化和工业物联网中机器产生的海量时序数据是工业数据规模变大的主要原因，机器数据所占据的比重将越来越大。

2. 工业大数据的特点

一般意义上，大数据具有数据量大、数据种类多、数据价值高、处理速度快的特点，在此基础上，工业大数据还有三大特点。

一是多模态，工业大数据形态多样，特别是非结构化数据。这是由工业生产社会化的属性所决定的，生产环节复杂、产业链跨度长、上下游发展程度不均衡、各参与主体任务属性特征差异巨大等因素，导致了数据的多样组织、表达、定义和呈现，共同构成了工业大数据的多模态特点。

二是实时性强，工业大数据重要的应用场景是实时监测、实时预警、实时控制。在工业生产中，每时每刻都在产生大量数据，如生产机床的转速、能耗，食品加工的温度、湿度，火力发电机组的燃烧和燃煤消耗，汽车的装备数据，物流车队的位置和速度等。自工业从社会生产中独立成为一个门类以来，工业生产的数据采集、使用范围逐步加大。特别是随着信息、电子、数学、传感器、物联网等技术的发展，一批智能化、高精度、长续航、高性价比、微型传感器面世，以物联网为代表的新一代网络技术在移动数据通信的支持下，可以在任何时间、任何地点采集、传送数据。

三是强关联，工业大数据具有强关联的特点，这个特点尤其重要。工业现场的数据在语义层有复杂的显性和隐性强关联，不同物理变量之间的关系，既有工业机理方面，也有统计分析方面，不能孤立、局部、片面地看待，否则满足不了工业对于严格性、可靠性和安全性方面的要求。特别是在工业 4.0 的背景下，生产过程变得越来越复杂，涉及从原材料采购到产品交付的整个链条。强关联要求在分析数据时考虑整个价值链的上下文，而不是孤立地看待某个环节。这有助于识别并优化全局效率，减少浪费，提升供应链的响应速度和韧性。值得注意的是，在高度自动化的工业环境中，数据关联性分析对于确保系统安全和可靠性至关重要。通过识别和监控关键变量之间的相互作用，可以及时发现潜在的安全隐患，采取措施避免事故发生，同时提升系统整体的稳定性和韧性。

通过一个具体的制造业场景来举例说明工业大数据的来源。

假设有一家汽车制造厂，其工业大数据的来源可能包括但不限于以下几个方面。

传感器数据：在汽车装配线的每个环节上都布满了各种传感器。例如，焊接机器人上的传感器会监测焊接温度和压力，确保每个焊点的质量；涂装车间的湿度和温度传感器会维持理想的喷漆环境；生产线末端的质量传感器则用来检验整车的装配是否达到设计标准。

机器生成的数据：生产线上的每台设备都会生成大量运行数据，包括运行时间、停机时间、故障代码、效率指标等。例如，冲压机的生产周期时间、模具更换频率和维护需求数据，能够反映生产线的整体健康状况和效率。

生产管理系统数据：企业内部的 ERP 系统记录着从订单接收、生产计划、物料需求、库存管理到成品发货的全过程信息。这些数据可以帮助管理层优化生产调度，降低库存成本，提高响应速度。

质量检测数据：自动检测站会对每一辆汽车进行多项质量检测，如车身尺寸、漆面缺陷、零部件匹配度等。这些质量检测数据会被收集并分析，以持续改善生产工艺和提高产品质量。

供应链数据：从供应商的原材料供应、物流运输的实时位置到仓库的库存水平，供应链的每一个环节都在产生数据。通过这些数据，工厂可以更好地管理库存，预防供应中断，优化物流路线。

消费者反馈数据：通过售后服务、社交媒体和市场调研收集的消费者反馈数据，如车辆性能评价、驾驶体验感受、售后服务满意度等，为产品迭代和市场策略提供依据。

通过整合和分析这些来源的数据，汽车制造厂能够实现精细化管理，提高生产效率，减少浪费，提升产品质量，并快速响应市场需求变化。

10.2.2　工业大数据实施的关键因素

工业大数据是实现智能制造的基础原料，是提升工业生产力、竞争力、创新力的关键要素。但大数据与工业的深度融合，是一项非常复杂的系统性工程，还需政府部门与工业企业协同配合，科学、有序、规范地共同推进。

从我国目前发展来看，近年来，我国工业与大数据技术融合发展态势良好，但与发达国家相比，在融合的行业数量、应用深度、业务规模、发展均衡性等方面还存在一定的差距。

1.　工业大数据分析技术的应用

工业大数据分析是利用统计学分析技术、机器学习技术、信号处理技术等手段，结合业务知识对工业过程中产生的数据进行处理、计算、分析并提取其中有价值的信息、规律的过程。它是大数据分析的通用版本在工业制造中的"一种实现"，可以采用具有一定普适性的大数据分析的通用方法和过程。

直观地讲，实施工业大数据分析战略或项目的目的是帮助企业更好地了解其业务、运营及其所在的市场。工业大数据分析擅长为企业解释"为什么会发生这些事情""如果这种趋势持续下去会怎样""将来会发生什么"，以及"理想情况是什么"等问题。当然，工业大数据分析只是一大类应用的统称，在特定场景下它有着相应的术语称呼，如统计分析、趋势预测、预测建模和优化分析等。这些应用的部署应该建立在业务和技术之上，并确实能够为企业提供及时、有效的业务决策支持。在具体实施中，工业大数据分析宜采用"业务导向+技术驱动+数据支撑"的方式，基于技术可行性的客观评价，并考虑全生命周期和后续迭代，统筹规划建设。

例如，企业可以借助工业大数据分析对物料交货时间、生产时间、审查周期、运输和移动时间、质量保证期限，以及每个地点的成本差异等数据进行采集建模分析，最大限度地减少安全库存，从而减少资本投资，同时满足现有服务策略。

再例如，某家电制造企业利用工业大数据分析技术对供应链进行优化，改变了传统供应链系统对于固定提前期概念的严重依赖。在制造企业中通过分析相关数据并由此创建更具有弹性的供应链，能够缩短供应周期，使企业获得更大的利润。

2.　工业知识图谱的构建

工业知识图谱是实现工业智能化的关键技术。在设备运维中，除设备档案数据外，通常还存在大量的故障案例、设备维修记录等非结构化数据。这些数据中蕴含着大量的故障征兆、排查方法等实操经验，对后续的运维有很大指导和借鉴作用。通用的文本分析，由于缺乏行业专有名词（专业术语、厂商、产品型号、量纲等）、语境上下文（包括典型工况描述、故障现象等），分析效果欠佳。这就需要构建特定领域的行业知识图谱（即工业知识图谱），并将工业知识图谱与非结构化数据语义查询模型融合，实现更加灵活的查询。

知识图谱从互联网领域迁移到工业领域，由于两大领域场景差异较大，自下而上的知识图谱构建思路也转向自上而下。就工业领域中构建的知识图谱来看，可以分为两类：一类是已有设备信息、生产信息的数字化知识图谱，如将设备维护手册、故障应用案例、一线专家经验数字化，并构建相应的知识图谱；另一类则是将设备信息、设备及数字化系统工作过程信息，甚至整个生产流程部分或全部数字化，并将其中不同垂直领域的数据关联起来，构建相应的知识图谱。

3. 工业大数据平台的使用

由于工业大数据来源广泛，并且装备物联网数据（半结构化数据）和外部互联网数据（非结构化数据）都要与企业信息系统（结构化数据）进行集成，因此要重构数据支撑平台，甚至替换"旧系统"。为有效支撑海量异构工业数据的存储与查询，有机融入现有的知识、经验与分析资产，消除技能对工业大数据应用发展造成的障碍，需要构建一套支撑工业大数据分析的工业大数据平台技术，包括数据存储与查询、分析建模与执行，以及数据和资产安全的保证手段。以行业数据模型为基础，大数据平台能够提供基于图搜索技术的语义查询模型，并以友好的方式支撑设备管理分析。图 10-1 所示为使用工业大数据平台来对工业数据进行存储与分析的示意图，图 10-2 所示为使用工业大数据平台来对工业数据进行监控的示意图。

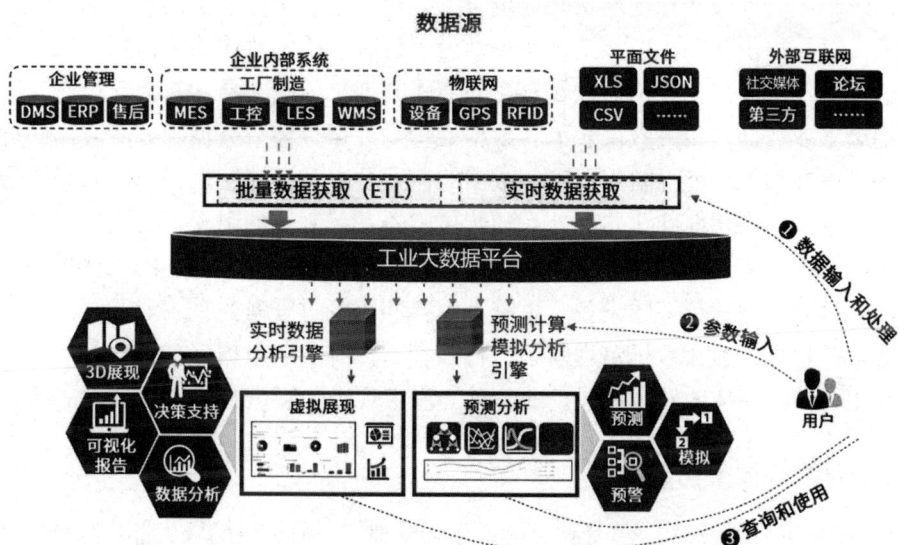

图 10-1　使用工业大数据平台来对工业数据进行存储与分析的示意图

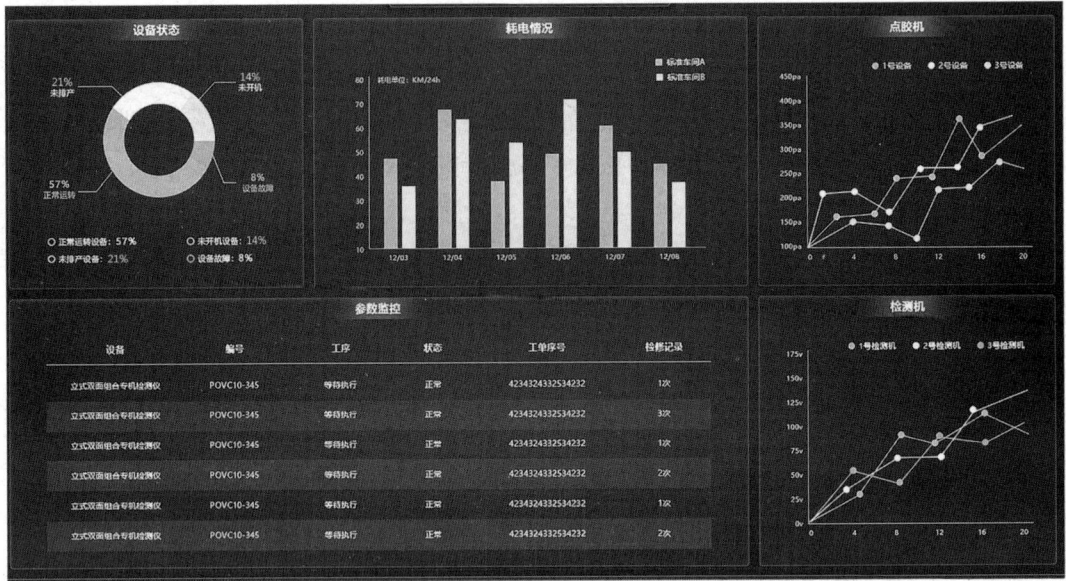

图 10-2 使用工业大数据平台来对工业数据进行监控的示意图

4. 工业大数据的安全与治理

随着新一代信息技术与制造业的深度融合发展，新的数据采集与使用方式不断创新传统生产方式和制造流程，工业数据成为重要的战略资源，有力地推动了制造业在更大范围、更深层次实现更有效率、更加精准的资源配置，在极大地促进了全社会要素资源的网络化共享、集约化整合、协作化开发、高效化利用的同时，面临着泄露、过度或非法利用的风险。工业大数据蕴涵着工业生产的详细情况及运行规律，也承载了大量市场、客户、供应链等信息，是工业企业的核心机密和工业互联网的核心要素，工业互联网产业联盟发布的《2018 工业企业数据资产管理现状调查报告》显示，超过半数的被调查企业表示需要使用外部数据或对外提供数据，但大量企业表示由于没有明确的法律法规保障，以及成熟的技术解决方案支撑，许多工作仍以行业自律的模式开展，数据交易共享缺乏可靠保障。与此同时，围绕工业数据的相关数据表示、数据处理、数据存储、数据服务等方面的标准体系尚未建立，这在很大程度上阻碍了工业数据的流通共享和价值挖掘，因此有必要通过数据治理逐渐促进技术应用标准化。此外，随着传感器和控制器的引入、云平台的广泛应用、通用有线/无线网络技术的发展、工业控制系统的进一步软件化等，传统工业控制的专有性和封闭性被打破，越来越多的设备、系统、生产和服务过程暴露在工业互联网上，数据安全面临威胁。建立工业大数据治理体系，将有利于提升工业数据保护过程的严密性和合规性，明确相关各方主体的安全保护责任，进一步实现风险管理和价值挖掘的平衡。

5. 工业核心体系的建立

工业大数据的挖掘需要一整套技术体系作为支撑，任何一环的缺失都将降低工业大数据的应用价值。面对不同的生产对象，基于数据的汇总、分析、预测和决策等都对应着不同的数据处理机制、模型和方法。特别是信息物理系统的应用，将搭载一套多维度的智能技术体系，提升整个数据处理流程的智能化水平，实现虚拟和现实生产空间的映射与融合。当前，我国还处于促进制造业智能化升级的探索阶段，对大多数企业而言，能够自我感知、自我记忆的数据采集感应系统尚未建立，处理复杂数据结构的数据处理技术仍需优化，高效的数据库维护和管理机制还需完善。因此，我国需进一步规划和探索建立挖掘工业大数据价值的核心智能技术体系，以支撑智能制造环境下对工业生产与管理的高效决策。

6. 工业 App 的研发与应用

工业 App 是指面向特定工业应用场景，开发者通过调用工业互联网云平台的资源，推动工业技术、经验、知识和最佳实践模型化、软件化、再封装而形成的应用程序。工业 App 基于工业互联网，承载工业知识和经验，是工业技术软件化的重要成果，也是工业大数据价值的物化。工业大数据挖掘和分析的结果可广泛应用于企业研发设计、复杂生产过程、产品需求预测、工业供应链优化和工业绿色发展等各个环节。而作为工业软件的一种工具、要素和载体的工业 App，为制造业建立了一套信息空间与物理空间的闭环赋能体系。相对于传统工业软件，工业 App 具有轻量化、定制化、专用化、灵活和复用的特点。用户复用工业 App 而被快速赋能，机器复用工业 App 而被快速优化，工业企业复用工业 App 则可以实现对制造资源的优化配置，从而创造和保持竞争优势。例如，研发和使用面向生产制造的工业 App，就能够利用工业大数据技术分析整个生产流程，有助于制造商改进其生产工艺。此外，工业 App 还可以利用工业大数据技术，挖掘产品质量特性与关键工艺参数之间的关联规则，抽取过程质量控制知识，为在线工序质量控制、工艺参数优化提供指导性意见。不少企业的实践证明，借助工业互联网平台，应用工业模型和工业 App，是实现工业生产的数字化转型的最佳路径。

要研发与应用工业 App 需要注意以下几点：一是建设工业 App 标准体系。加快研制工业 App 接口、协议、数据、质量、安全等重点标准，推动行业建立共识，引导和规范工业 App 培育。二是建设通用的工业 App 开发环境。整合主流工业系统和平台的各种 API，开发适用于多种框架、语言、运行环境的开发环境插件，从而保证开发人员快速、便捷地实现功能。三是推动开发工具的开发和共享。提供强化的实现功能，包括对运行环境进行仿真的开发沙盘、资源管理工具等。四是加快建设工业知识库。推动工业知识关键技术研发，鼓励大型企业围绕产品设计、制造、服务等各生产周期，以及工业数据采集、传输、处理、分析等各数据周期提炼专业工业知识，进行软件化、模块化，并封装成可重复使用的标准模块。五是建立工业 App 测评认证体系。围绕协议异构、数据互通、应用移植、功能安全、可靠性等测试需求，建设工业 App 测试平台，提供在线测试认证等服务。

综上所述，开展工业大数据关键技术研究，深化工业大数据采集、传输、处理、分析等核心技术创新，结合各工业领域典型需求，突破工业大数据中数据处理、存储管理、建模分析及知识推理等高端新型工业软件核心技术，将有助于实现对海量工业数据的全生命周期管理与应用能力，提高国产高端工业大数据产品和系统供给能力，并有效保障工业数据与工业系统的安全性。

10.2.3 工业大数据的应用

大数据技术兴起后，诞生了一大批以工业大数据为核心应用方向的企业，推出了一系列智能预测分析解决方案，对生产过程中的不同阶段进行归类后，有 5 个主要的应用方向，分别是预防性维护、生产过程优化、智慧供应链、智能营销和个性化定制。

1. 预防性维护

预防性维护主要面向设备的运用环节。工业运维经历了 4 个阶段，目前已经从事后（应对性）维护逐渐向预防性维护发展。通过实施预防性维护，而不是应对性维护，可以降低设备整个生命周期内的费用，这样就有机会大幅提升大多数生产设施的盈利水平。这有助于优化能源利用，减少设备停机，以及获得在其他方面的提升。

预防性维护主要依赖于数据和建模，主要有两种思路，一种基于机理辨别，对未知对象建立参数估计，进行阶次判定、时域分析、频域分析，或者建立多变量系统，进行线性和非线性、随机或稳定的系统分析等，试图揭示系统的内在规律和运行机理。基于机理的分析方法通过上述技术手段，不仅能够帮助工程师理解设备的正常工作原理，更重要的是，它还能揭示故障发生的先兆，为制定有效的预防性维护策略提供科学依据。然而，由于实际系统的复杂性和不确定性，这种方法往往需要大量的专业知识和高质量的数据作为支撑。另一种则是基于人工智能相关的灰度建模思路，利用专家系统、决策树、基于主成分分析的聚类算法、SVM 和深度学习等相关方法，对数据进行分析和预测。与基于机理的方法相比，人工智能和机器学习技术更擅长处理非线性、高维度、复杂关联的数据集，无须完全理解系统底层物理机制即可进行预测和分类。

图 10-3 所示为企业运用工业互联网平台实现设备故障诊断与预防性维护。

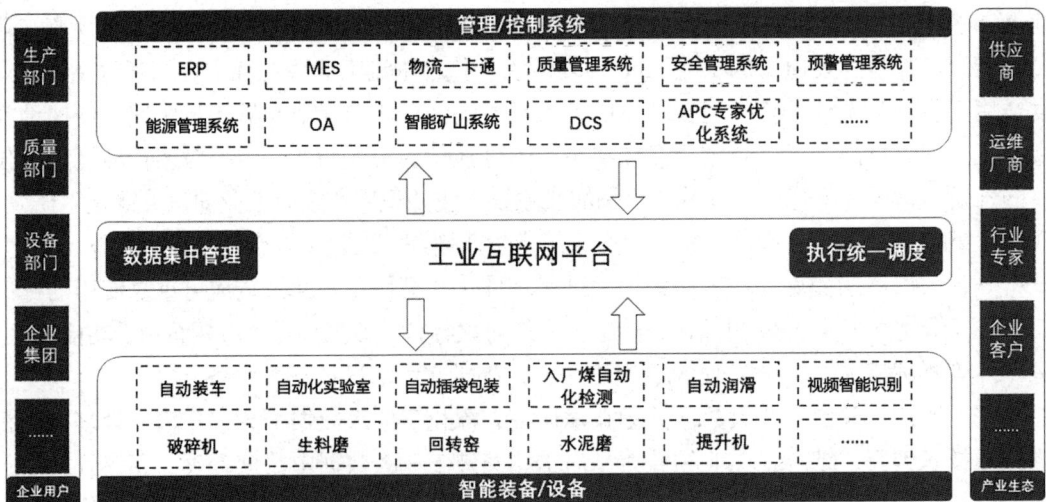

图 10-3　企业运用工业互联网平台实现设备故障诊断与预防性维护

例如，某风电装备企业利用大数据技术建立结冰动力模型，对风机特征进行动态观测，重点观测和分析风机利用率、环境温度等特征，并对监测和诊断到的早期结冰状况进行及时处理，防止出现严重结冰，由此提高风机运行效率和电网的安全性。

又例如，为了实时监控发动机的状况，现代民航大多安装了飞机发动机健康管理系统。飞机发动机健康管理系统可以分析由发射系统、信号接收系统、信号分析系统等系统采集的大量数据，从而实现对发动机运行状况的实时监控。

再例如，在智能电网的运维中，高压输电线路的健康状况直接影响着电力系统的稳定性和供电可靠性。通过安装在高压输电线路上的传感器（如红外热像仪、振动传感器、导线张力监测器等），可以实时监测线路的温度、振动频率、张力变化等数据。利用机器学习算法，尤其是时间序列分析和异常检测技术，可以识别出线路过热、松弛、绝缘子损坏等潜在问题，及时安排维修，避免因线路故障导致的大面积停电事故。

目前在汽车制造业，预防性维护已逐渐成为提升车辆可靠性和客户满意度的关键。通过车联网技术，车辆可以持续发送运行数据（如发动机工况、制动系统状态、电池健康度等）到汽车制造厂的云平台。利用人工智能算法分析这些数据，不仅可以提醒车主进行常规保养，还能提前识别出即将发生的故障，如发动机部件磨损、电池容量衰退等，从而提供定制化的维修建议或主动召回服务，减少意外故障，延长车辆使用寿命。汽车制造厂利用生产线上的机器和传感器收集的大量运行数据，结合高级分析技术（如机器学习技术），便能预测设备故障的发生。这样在实际故障发生前，维护团队就能安排维修或更换零件，避免突发停机造成的生产损失。

以上实例展示了预防性维护在不同行业的广泛应用，通过深度融合大数据、物联网和人工智能技术，实现了对关键设备和基础设施的精准监控和维护，显著提升了运营效率和安全性。

2.　生产过程优化

传统方法下的生产过程优化以系统理论的实际应用为主，具有较大的局限性，不能针对具体的问题进行调整优化。而基于大数据的生产过程优化，在制造过程数字化监控的基础上，用大数据、人工智能算法建立模型，研究不同参数变化对设备状态与整体生产过程的影响，并根据实时数据与现场工况动态调优，提供智能设备故障预警、工艺参数调优推荐、降低能耗、提升良品率、提高工作效率等一项或多项功能，对于一些危险生产行业，还能用于控制和降低风险，概括起来即：提质、增效、降耗、控险。

在具体实现中，目前无所不在的传感器、互联网技术的引入使得产品故障实时诊断变为现实，而大数据应用、建模与仿真技术则使得预测动态性成为可能。首先，在生产工艺改进方面，在生产过程中使用工业大数据，就能分析整个生产流程，了解每个环节是如何执行的。一旦有某个流程偏离了标准工艺，就会产生一个报警信号，能更快速地发现错误或瓶颈所在，也就能更容易地解决问题。其次，在生产过程中可以对工业产品的生产过程建立虚拟模型，仿真并优化生产流程，当所有流程和绩效数据都能在系统中重建时，这种透明度将有助于制造商改进其生产流程。最后，在能耗分析方面，在设备生产过程中利用传感器集中监控所有的生产流程，能够发现能耗的异常或峰值情形，由此便可在生产过程中优化能耗，对所有流程进行分析将会大大降低能耗。

例如，某生产企业通过对工艺流程中相关参数的数据采集和筛选，利用筛选出的关键参数建立模型，并依据该模型来优化实际生产的燃煤消耗，最终达到了能耗优化的目的。

3. 智慧供应链

智慧供应链是结合物联网技术和现代供应链管理的理论、方法，在企业中和企业间构建的，实现供应链的智能化、网络化和自动化的技术与管理综合集成系统。与传统供应链相比，智慧供应链具有以下几个特征。

（1）技术的渗透性更强。在智慧供应链的语境下，供应链管理和运营者会系统地主动吸收包括物联网、互联网、人工智能等在内的各种现代技术，主动将管理过程适应引入新技术带来的变化。

（2）可视化、移动化特征更加明显。智慧供应链更倾向于使用可视化的手段来表现数据，采用移动化的手段来访问数据。

（3）更人性化。在主动吸收物联网、互联网、人工智能等技术的同时，智慧供应链能更加系统地考虑问题，考虑人机系统的协调性，实现人性化的技术和管理系统。

图 10-4 所示为智慧供应链，该供应链以客户为中心，利用大数据分析、云计算、物联网、人工智能等先进技术，对供应链中的各个环节进行优化和整合，从而提高效率、降低成本，并能快速响应市场需求变化。

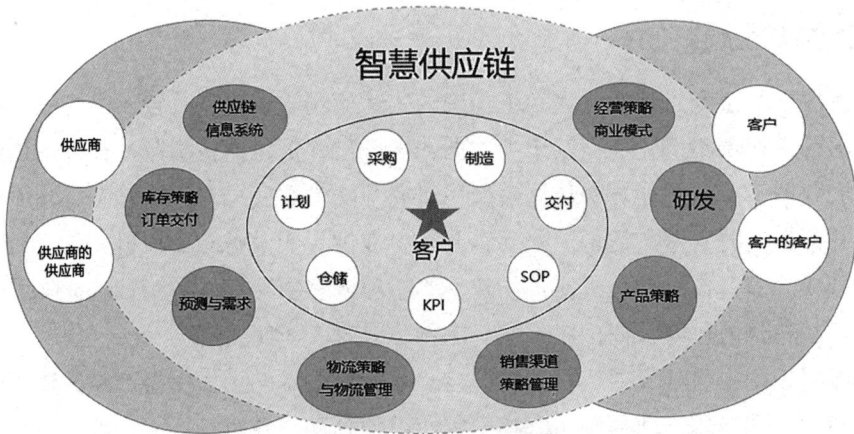

图 10-4　智慧供应链

例如，某家电制造企业利用大数据技术对供应链进行优化，改变了传统供应链对于固定提前期概念的严重依赖，通过分析相关数据创建更具有弹性的智慧供应链，从而缩短供应周期，使企业获得更大的利润。

再例如，电子商务企业京东商城，通过大数据技术提前分析和预测各地商品需求量，从而提高配送和仓储的效能，保证了次日到货的客户体验。

4. 智能营销

智能营销是大数据、物联网等信息技术同当代品牌营销领域新思维、新理念、新方法、新工具，以及人的创造性、创造力、创意智慧融合的产物。面对消费者无时无刻的个性化、碎片化需求，为满足消费者动态需求，建立在工业 4.0、柔性生产与数据供应链基础上的全新营销模式，智能营销将消费者纳入企业生产营销环节，实现全面的商业整合。智能营销是以人为中心，以网络技术为基础，以创意为核心，以内容为依托，以营销为本质目的的消费者个性化营销，实现品牌与实效的完美结合，将体验、场景、感知、美学等消费者主观认知建立在文化传承、科技迭代、商业利益等企业生态文明之上，最终整合虚拟与现实的当代创新营销理念与技术。

智能营销的特点如下。

（1）技术支撑与数据驱动。通过收集和分析海量消费者数据，识别消费趋势、偏好变化，实现精准市场定位和个性化推广，并将人工智能技术大量应用于智能推荐、情感分析、聊天机器人等方面，以提升消费者体验，优化营销决策。

（2）实施以消费者为中心的策略。基于消费者画像，如图 10-5 所示，提供定制化产品、内容和服务，满足消费者的独特需求，实施线上线下无缝衔接，创造一致且连贯的品牌体验，无论消费者在哪个触点都能获得相关信息。

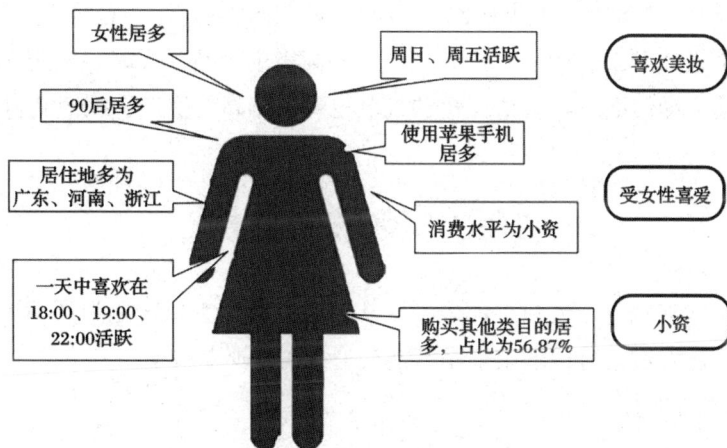

图 10-5　消费者画像

（3）创意与内容的衔接。通过创建高质量、有价值的内容来吸引和保持消费者的注意力，通过故事讲述、教育性内容等形式建立情感连接，结合文化、艺术、设计等元素，创造出既有美感又能触动人心的营销活动，提升品牌形象。

5. 个性化定制

个性化定制是工业大数据应用的一个重要方向，它通过深度挖掘和分析客户数据，使企业能够更精准地理解市场需求，提供定制化的产品和服务，从而增强消费者满意度和市场竞争力。

（1）实施流程。从多个渠道收集消费者数据，包括购买历史、浏览行为、社交媒体互动、消费者服务记录、反馈调查等，形成全面的消费者视图。运用数据分析和机器学习技术，识别消费者偏好、购买模式、需求趋势等，对消费者群体进行细分。基于历史数据和当前市场趋势，预测消费者的未来需求和潜在兴趣点。根据分析结果，设计或调整产品特性、包装、营销信息及服务方案，以更好地匹配细分市场的特定需求。最终通过智能推荐系统、定制化营销内容、一对一沟通等方式，提供个性化的购物体验和售后服务，增加消费者粘性。

（2）实施步骤。首先企业构建数据仓库和数据湖，整合来自不同源的数据，确保数据质量和安全性。利用数据分析工具创建详细的消费者画像，包括人口统计学特征、行为习惯、偏好等。根据消费者画像将市场分割成多个具有共同特征的细分市场。针对每个细分市场，设计不同的产品、服务、营销和沟通策略。最后推出个性化产品和服务，通过持续收集反馈和效果监测，不断优化和调整策略。

个性化定制不仅能提升消费者满意度和忠诚度，还能帮助企业更高效地利用资源，减少不必要的库存，提高市场响应速度，是企业在激烈竞争中脱颖而出的关键策略之一。

借助消费者偏好分析和订单数据，汽车制造厂可以更灵活地调整生产流程以满足个性化定制需求。例如，通过挖掘销售数据发现某区域市场对特定颜色或配置车型的需求增加，汽车制造厂能够迅速调整生产线，优先生产这些高需求产品。同时，利用先进的生产调度系统，汽车制造厂即使面对高度个性化的订单也能保持高效生产，缩短交付周期。

10.3　交通大数据

在当今的技术支持下，大数据的表现成功地将人类的想象转化为现实，并逐渐渗透进人们的生活，交通大数据时代的来临是智能交通发展的必然趋势。

10.3.1　认识交通大数据

随着智慧交通系统的出现，交通大数据已经成为基础性资源，并应用在物流、保险、金融等多个行业中。交通大数据内容丰富、结构复杂，具备多源异构的特点，在数据资源中占有举足轻重的地位。

1. 交通大数据概述

当下，大数据概念愈发火爆，随着智慧交通的普及，大数据深刻影响着人们的出行方式。人们通过上传数据、共享数据，共同完成数据收集的过程，分享数据处理的结果，以此形成良性循环，解决交通拥堵问题。大数据对于智慧交通的意义在于，人们可以应用大数据跨越行政区域的限制，实现数据信息的共享，在信息集成优势和组合效率上，有助于建立综合性立体的交通信息体系；另外在车辆安全、交通资源配置、交通预测水平上都有着极大的帮助。

交通大数据时代的来临是智慧交通发展的必然趋势，不过在这个进程中人们也将面临前所未有的问题和挑战，主要有以下方面：一是交通数据分散在不同部门（我国与交通相关的部门有 10 多个），而部门之间又缺乏开放互通，因此造成了交通数据资源的条块化分割和信息碎片化等现象；二是由于交通检测方式多样，信息模式复杂，因此数据种类繁多，且缺乏统一的标准；三是目前尚缺乏有效的市场化推进机制，基于大数据的交通信息服务产业链、价值链尚未真正形成。

因此，如何利用大数据解决交通拥堵、车务管理等问题，越来越成为各类汽车服务公司、交通管理部门关注的焦点和亟须攻破的难关。如何真正找到有效、扎实的商业模式，成为摆在每一个交通类数据处理创业者面前的重要课题。交通大数据的意义已不仅是预测结果，改善交通状况，更重要的是带给决策者一种新的思维方式：利用已知的现在去预测未知的未来。

2. 交通大数据的作用

交通大数据主要具有对实时交通服务进行优化、提高交通服务的智能化水平、维护交通秩序，以及保证交通运输能够安全进行等作用。

1）对实时交通服务进行优化

应用交通大数据具有很多优点，包括能够更快地集成信息、突破地区性限制、优化资源配置等，但是最为显著的优点是能够对信息进行实时处理。该种优势能够实时监控交通流量，对行车有效途径进行高效、准确的配置，保证公交信息的实时性，能够有效提升交通运行效率，缓解交通压力。例如，使用交通大数据对路况进行预测，并将备用路径告知驾驶员；使用交通大数据软件能够将公交运行状况、车内人流量、与最近车站的距离等告知乘客。交通大数据具有的实时处理能力不仅能够进行交通引导、缓解交通压力，还能提高公交的服务质量，便于市民更加方便地乘车，提高出行体验。例如，根据美国洛杉矶研究所的研究，在车辆运营效率增加的情况下，减少 46%～84%的车辆运输就可以提供相同或更好的运输服务。又如，英国伦敦市利用交通大数据来缩短交通拥堵时间，提高运转效率。当车辆即将进入拥堵地段时，传感器可告知驾驶员最佳解决方案，并帮助驾驶员在短时间内找到停车位。

2）提高交通服务的智能化水平

交通大数据技术不仅能够提高交通服务的智能化水平，促进交通连续性，还能通过大数据预测能力预警道路交通情况与道路环境。另外，当前针对智慧交通的研究大部分为被动式引导，并没有考虑到驾驶员真正的需求。因此需要将这种被动式向主动式（如协商方式）进行转变。例如，在驾驶员需要停车时，向其推送附近区域中能够使用的停车场信息，或者进行实时预约停车。完善的智慧交通不能局限于使用交通大数据技术将交通信息准确、快速地提供给用户、帮助驾驶员掌握路况信息等，而需要与大众的智慧进行结合，提高交通路线规划的主动性、交通管理的智能性，对交通服务进行逐步优化。

3）维护交通秩序

交通大数据能够保证交通环境的有序性与合理性，还可以改善在高峰时期容易发生的交通拥堵等，提高资源分配的合理性，对交通路线进行有效规划，以此满足智能调度中的个性化需求。例如，在交通运输中，为保证货物运输能够有序进行，需要对配送路线进行进一步优化。在配送货物过程中，使用无线传感器对车辆行进路线、资源消耗量数据进行实时收集，然后通过监控交通流量，进行信息的总结，判断路线是否通畅，对配送路线进行实时调整。与此同时，调度中心能够对货车装载情况是否超标与货物实时配送情况进行监控与收集，将这些信息与实时交通状况、天气状况进行结合，通过机器学习方式建立车辆调度模型，对货物实行先进后出，优化车载方案。

4）保证交通运输能够安全进行

随着应急救援系统的逐渐完善，交通运输安全性能不断提高。大数据的预测能力与实时性能够主动对交通系统中的事故进行预警，实现事故发生概率的预测，或者在事故发生时及时采取对应的处理措施。例如，使用云计算分析方式对大数据进行处理，能够对道路、天气情况进行分析与了解，在极端天气情况下能够有效地降低事故发生概率。加强大数据技术在交通中的运用，在保证出行满意度的基础上保证物流配送能够稳定与安全地进行。在运输一些具有一定危险性的化学品、易爆品时，交通大数据能够对驾驶员、车辆、货物、道路情况进行多角度全景监控，显著提高运输安全性，当可能出现危险事件时发出主动预警。

3. 交通大数据存在的问题

尽管交通大数据近年来发展迅猛，但目前看来仍然存在着以下问题。

1）数据采集问题

交通大数据的采集主要依靠综合交通运输体系中的基础设施联网及自动识别与监控系统实现，然而传统交通基础数据主要掌握在基层管理部门，由于基层管理部门资金补助不到位、信息化建设跟不上、数据采集缺乏统一标准、各部门之间缺乏协作机制等问题，因此采集的基础数据的质量受到影响。

2）数据安全问题

在"互联网+交通"背景下，交通大数据涉及的内容越来越广泛，不仅包括道路、车辆、驾驶员、交通量等基础数据，还包括涉及国家安全和个人隐私的数据，如个人所在位置、个人出行习惯、用户车辆信息及用户最喜欢的行车路线等。一旦个人察觉到这些私密信息有泄露，就容易抵制大数据管理系统的广泛应用。

因此，在数据开发与利用过程中，如何在充分挖掘交通大数据使用价值的基础上，保障其安全与隐私成为亟待解决的问题。目前，由于交通大数据在开发与利用过程中缺乏统一的规范和管理标准，因此交通大数据的传输及与外网之间的互联互通缺乏安全性。

3）计算效率问题

交通大数据在为用户提供服务的过程中，需要进行快速反应，这就对数据的计算效率提出了更高的要求。以出行引导系统为例，用户在提出出行引导需求时，智慧交通系统要在瞬间完成数据的识别、采集、分析、反馈等多个步骤，及时为用户推荐出行比选方案。

4）数据存储问题

交通大数据的突出特点是"大"，无论是历史数据，还是新采集的数据及数据的传输均需要数据存储技术的支撑，数据存储技术的发展速度远跟不上交通大数据的更新速度，这就给交通大数据特别是非结构化连续采集的数据的存储带来了一定的压力。为缓解交通大数据的存储问题，当前主要采用数据滚动存储的办法，即存储系统中只保留固定时段长度的数据，新数据补充后，同样时段长度的历史数据将自动清除，不仅降低了交通大数据的存储质量，还将对交通大数据的开发利用造成一定的影响。

10.3.2　交通大数据实施的关键因素

交通大数据实施的关键因素主要有 3 个：交通大数据的采集、存储与计算，交通模型的建立，以及交通大数据平台的使用。

1. 交通大数据的采集、存储与计算

交通大数据主要分为静态交通大数据与动态交通大数据。

静态交通大数据主要包括城市交通的基础空间数据（地表模型、高清正射影像等）、城市及周边基础地理信息（城市路网、交叉口布局、城市基础交通实施信息）、道路交通网络基础信息（道路等级、长度、收费信息）、道路交通客运信息（客运班线、客运票务、市区公交信息、车站线路辐射图、客运企业信息、交通换乘点等）、航班信息、列车信息、水运信息（船次、起止码头、开船时间等）、停车场信息（停车场位置、名称、总泊位数、开闭

状态、空闲泊位数等)、交通管理信息(警区界限、安全界限、警力分布、交通岗位、执法站、车管所、检测场、考试场、过境检查站),以及交通抽样调查数据等。

动态交通大数据来源广泛、形式多样,主要包括通过卫星遥感、航空摄影测量获取的数据,低空无人机应急平台、地面测量车、地面视频等遥感手段获取的数据,以及在地面智慧交通系统中,通过视频、手机、公交卡、地感线圈等传感设备和移动终端采集的人、车、路等交通要素的数据。

对于交通大数据的存储计算需要使用分布式存储和计算框架,以满足当前海量、多样化数据的存储和计算需求,并结合对交通主体、行为、态势、路网拓扑和环境等机理的理解,基于数据的标准规范,收集、存储与分析海量的数据,发掘交通出行规律,快速处理交通难题,解决大面积交通拥堵问题,提倡绿色出行理念,以及实现各种交通业务创新。

图 10-6 所示为使用多种方式采集交通大数据的示意图。

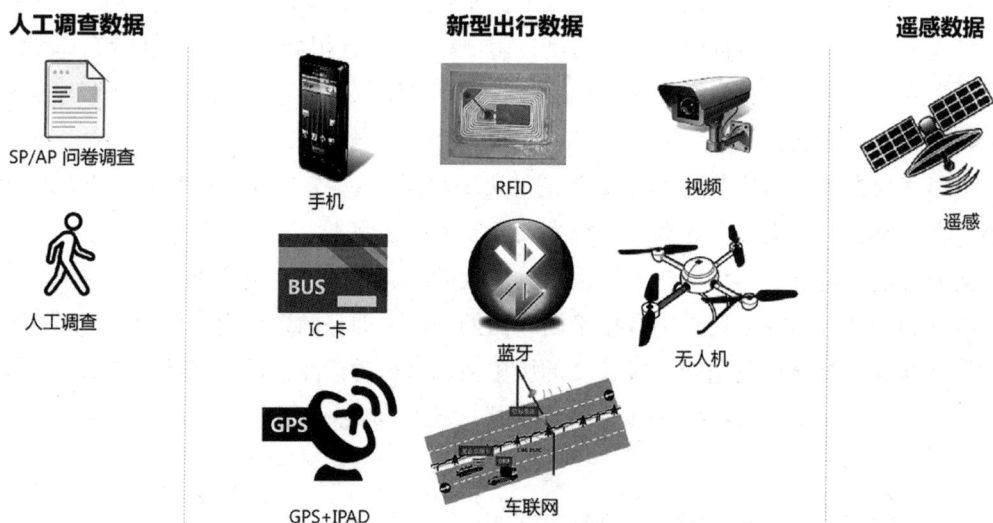

人工调查数据

SP/AP 问卷调查

人工调查

新型出行数据

手机

RFID

视频

IC 卡

蓝牙

无人机

GPS+IPAD

车联网

遥感数据

遥感

图 10-6　使用多种方式采集交通大数据的示意图

2. 交通模型的建立

交通大数据离不开交通模型的研发和应用。交通模型是反映人、车及货物交通规律的数学模型,需要基于大量、全面的基础数据,并通过严谨的模型理论和数理算法实现。交通模型的要素包括基础数据和模型两个主要组成部分。其中,数据是交通模型的基本原材料,没有数据,交通模型就无法建立,数据质量和完整度在很大程度上决定了所建交通模型的可靠性和精度。"互联网+交通大数据"给交通模型带来丰富的原材料,随着智慧交通技术的发展,交通信息的采集手段和来源越来越丰富,为交通模型提供了更加全面的原始数据。

交通模型是基于交通调查数据,应用专业的软件进行标定的数学模型。其中交通调查数据包括传统的人工调查和信息化技术采集的数据。例如,地铁通行卡数据可完整记录轨道交通乘客的站间 OD（起止点），并反映不同时段的客流情况；公交 IC 卡数据可通过一定算法推算出通勤者搭乘公共汽车的车站 OD；应用车载 GPS 数据可以获取出租汽车的路段车速、出行 OD 及乘客的乘坐距离等。在交通模型建立过程中，基础数据采集、数据库构建及数据综合校核分析是重要的工作。交通模型计算的核心数据主要包括土地利用及人口、就业岗位分布、综合交通网络数据、基于交通调查的模型参数等。这些核心数据作为交通模型的输入条件，直接影响模型计算的输出结果。

交通大数据的主要特点是采集手段自动化、覆盖面广、规模巨大、具有较细的空间分辨率和时间分辨率等，为交通模型的精细化研究提供了足够的条件。例如，使用居民出行调查数据来标定出行空间分布模型的参数，由于受到调查样本量的限制，通常无法研究较小区域的客流吸引范围分布。使用手机信令数据、车载 GPS 数据分析商圈、工业园区等区域的出行分布特征，一方面解决了样本量不足问题，另一方面通常基站分区比交通分区精细很多，可从空间精度上满足小区域的分析要求。

值得注意的是，大数据和传统交通模型都可以独立进行决策分析。大数据可以作为交通模型的基础数据，也可以经过技术处理后直接应用于决策参考。由于很多大数据并不是为服务交通规划决策分析而产生的，数据难以直接应用于决策分析，数据的副产品增加了利用难度，因此需要进行一系列的技术处理，实现信息挖掘。传统交通模型的技术处理过程一般是数据综合、参数标定、结果计算、决策分析，而大数据的技术处理过程一般是特征挖掘、融合分析、关联分析、决策分析。大数据进行特征挖掘及融合分析后，便可作为交通模型数据综合和参数标定的原材料。大数据和传统交通模型具有互补和相互促进的作用，一方面大数据对传统交通模型的计算精度具有促进作用，另一方面传统交通模型结合大数据可以分析出更多结论。

3. 交通大数据平台的使用

构建智慧交通离不开交通大数据平台，一般交通大数据平台主要包括城市交通信息数据系统、城市交通综合监测和预警系统、城市交通碳排放实时监测系统、公交管理系统、公众出行信息服务系统。

（1）城市交通信息数据系统：是基于大数据应用技术的交通行业信息共享交换中心，数据中心建立以后，将成为城市交通信息的枢纽。

（2）城市交通综合监测和预警系统：可以实现对整个城市交通状况的实时监测。交通管理部门可以对城市交通中可能发生的大面积交通瘫痪做出有效的预判。同时，该系统可以引导公众出行，为公众提供全面、及时的出行信息，真正达到绿色交通的出行要求。

（3）城市交通碳排放实时监测系统：是一个实时碳排放监测系统，可以实现全市的实时碳排放监测。在一定时期内，车辆的碳排放情况可以一目了然。为改善城市空气环境，治理汽车尾气排放提供数据支持。

（4）公交管理系统：其作用包括客流区域的监测、公交走廊的监测、公交安全监测与评价，以及投资效益分析。该系统的应用有助于提升城市内公交的运行效率。公交管理部门可通过适时调整公交运力、运量，合理配置公交资源，使公交出行更加便捷、顺畅。

（5）公众出行信息服务系统：是交通路况信息的发布平台。政府及相关管理部门可通过该系统，以多种媒体形式向公众发布信息。公众依靠这些信息可以调整自己的出行路径和方式，避开拥堵路段，更加快速地到达目的地，有效地节约了时间和资源，有效地提升了城市交通的服务水平。

目前我国常见的高速交通大数据平台基于丰富的交通数据、高效率的大数据分布式存储和并行计算，以及弹性可扩展的云计算基础环境，利用先进的大数据技术对海量数据进行整合、挖掘和分析，增强了路网的事前预警能力，使高速公路交通管理由传统的经验决策模式逐步转变为数据决策模式，帮助管理者及时调整和优化运营策略，从而大幅提升了高速公路的管理水平及决策效率。

10.3.3　交通大数据的应用

随着时代的进步及科技的不断发展，人们的日常生活发生了巨大的变化，大数据技术和人工智能技术的广泛应用让人们的生活变得更加方便快捷，而以此为基础创建智慧交通管理模式，能够使我国目前的交通拥堵问题得到有效解决，让我国的交通行业实现规范发展，提高交通方面的管理效率。

1. 智慧交通概述

智慧交通是在智能交通的基础上发展起来的。智能交通通常也叫作智能交通系统，它是将先进的信息技术、数据通信技术、传感器技术、电子控制技术及计算机技术等有效地综合运用于整个交通运输管理体系，从而建立起的一种大范围、全方位发挥作用的，实时、准确、高效的综合运输和管理系统。

智慧交通则是在智能交通的基础上，通过全方位地融入物联网、云计算、大数据、移动互联等高新 IT 技术来实现的，它是智慧城市的一个组成部分，同时是一个独立运行的子系统。例如，智慧交通中对车辆监控的基本功能包括对车辆闯红灯的识别、车牌识别、专用车道的识别、压线检测、逆行检测等。

2. 智慧交通中的核心技术

1）智能识别技术和无线传感网络技术

智能识别技术和无线传感网络技术是物品感知和标识的主要方式，也是建设智慧交通的基础技术条件。

智能识别技术就是物品具有二维码等能够代表其身份的识别标签，其中记载着物品独有的位置信息和特征，通过人工智能设备能够对这些信息进行准确识别，随后将读取出的信息上传到控制系统中心，进行分析与决策。

无线传感网络技术主要是在监控目标区域中设置大量微型传感器，并由其组成全面的监控网络，各个传感器节点之间通过无线网络进行信息交流，其突出优势就是部署方便、运行成本低和布置灵活等。

2）云计算技术

智慧交通系统中的各个模块目前还处于一种"单独作战、信息分离"的状态，从而无法促进各种数据信息之间的有效连接，导致数据浪费现象较为严重。智慧交通云就是以优化交通服务水平为主要目标的一种融合云计算技术的管理技术。它具有云计算技术中的资源统一分析、信息安全与海量信息存储等优势，从而为城市交通的数据管理和共享提供有效的渠道。

3）大数据处理技术

智慧交通系统中的数据信息具有异构性、多样性和海量性等特征，从而增加了数据信息的处理难度。从简单的对来往车辆、各种交通设施的数据收集到复杂的交通事件中的检测判断等工作，都离不开大数据处理技术。常见的大数据处理技术包括数据可视化、数据活化、数据挖掘、数据融合等，此外，还应该对数据进行选择上传，从而保护好个人隐私。

4）智能控制技术

现代城市发展过程中的一大问题就是交通拥堵，想要彻底解决这一顽疾，就需要以现代化高科技技术为支撑，建造城市中的智能控制系统。一般来说，智能控制系统包括即时反馈、集中指挥、云端处理等几个重要的模块。

综上所述，智慧交通系统是一种比较复杂的管理系统，其中涉及各种方面的内容，需要多种系统和行业部门之间的有效配合。

10.4 本章小结

（1）随着大数据应用的不断深入，旅游大数据得到了业界的高度重视。在旅游业中引入大数据，可以更加贴近消费者，深刻理解消费者需求，高效分析信息并做出预判。

（2）工业大数据是实现智能制造的基础原料，是提升工业生产力、竞争力、创新力的关键要素。

（3）当下，大数据概念愈发火爆，随着智慧交通的普及，交通大数据在各个方面影响着人们的出行方式。

习题 10

（1）请阐述什么是旅游大数据。

（2）请阐述什么是工业大数据。

（3）请阐述什么是交通大数据。

（4）请阐述交通大数据的应用。